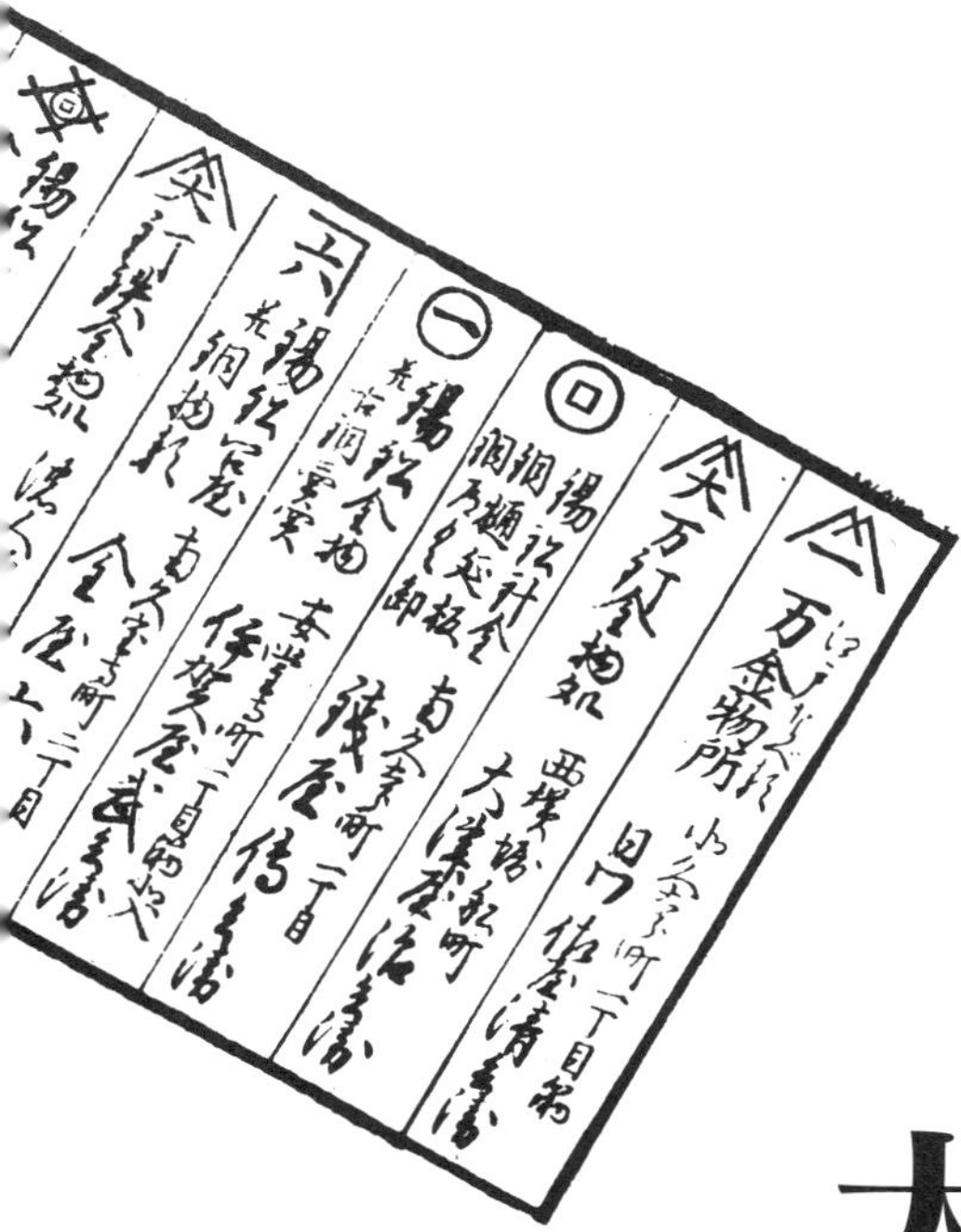

今井典子

近世日本の銅と大坂銅商人

思文閣出版

〈図表目次〉

第三章

第四章

近世日本の銅と大坂銅商人

序章

第一節　本書の目的

本書は、近世日本における銅の生産・流通の歴史を、銅の最大の市場である大坂において銅商人社会が成立・変容する過程を軸にして、通覧することを目的とする。銅貿易の動向や幕府の統制、長崎会所・藩・山元（鉱山）などとの関係は可能な限り視野に入れる。

近世を通じて銅の用途の第一は輸出であった。長崎の輸入貿易では周知のとおり、主要輸入品である白糸を対象にして早くから糸割符制度という独占策が施行されたが、輸出では銅は長年、銅商人が外国商人と値段や数量を交渉して取引した。それが元禄十年（一六九七）から、長崎会所が輸出入を一元的に経営あるいは管理するようになった。やがて主要輸出品である銅は国内相場より安く赤字で輸出するようになり、十数年を経て赤字を輸入貿易の利益で補塡するのが長年の慣行となった。国内でも銅は銅座が管理する統制品となった。銅取引のこのような激変はいかにして起こったのか。かつて銅を外国商人に自由に販売した銅商人は、変化の過程でいかに行動し、その結果どのような存在になったのであろうか。銅商人社会の変容を把握することは、銅の歴史を解明するひとつの重要な糸口である。

近世日本は銅資源に恵まれ、産出する銅の大半を輸出した。古代に盛大であった産出が衰退し、再び上昇した十五世紀以来、銅は中国・朝鮮に輸出された。近世初頭には朱印船・ポルトガル船・唐船・オランダ船の貿易で、銅は当時最大の輸出品であった銀に次ぐ重要輸出品であった。この貿易の傾向は、いわゆる鎖国になっても大きな変化はみられなかった。日本銅は、中国・インド・東南アジア・朝鮮などで、銅製の小額貨幣（銅銭・銅貨）をはじめとして、さまざまな器物・雑貨の材料として需要があり、銅を日本から搬出した商人たちは概して大きな利益を獲得した。

まずオランダ東インド会社の銅輸出をみると、それは単なる売買益の獲得だけでなく、ごく一時期ではあるがヨーロッパの銅相場を動かすために日本銅を国際政治の場で利用したこともあった。通常、銅はオランダのアジア域内貿易の基軸商品であり、とくに南アジアで小額通貨や種々の日用品の素材であった。十八世紀に産業革命のはじまったイギリスが自国の銅を持ち込んだが、オランダは日本銅が国際的にみて安かったので、持ちこたえたとされる。またオランダは早い時期に棹銅を輸出銅の形状の標準にしたことによって、日本の銅生産・流通に多大の影響を与えた(1)。

次に近世を通じて最大量の銅輸出先であった中国（清）は、もっぱら鋳銭用に日本銅を使用し続けた(2)。はじめ清政府は海商の反清活動（その代表が鄭氏勢力であった）を制圧するために、一六八四年（日本の貞享元年、清の康熙二十三年）までは日本への渡航を禁止した。鄭氏ら海商は仲介貿易で日本銅を輸出し、また銅を輸出した唐船には鄭氏らに属さずに、渡航禁止をくぐった船もあったようである。清が渡航を解禁すると唐船の来航は急増し、ちょうど最盛期に差しかかった日本銅を輸出した。この時から唐船の銅輸出高の順位がオランダと逆転した。

こうした長崎貿易における銅輸出高を示す単一の一貫した史料はなく、いくつかの史料を集めたものを図１に示す(3)。

一方、対馬口（朝鮮貿易）、薩摩口（琉球貿易）からも銅は盛んに輸出された。このうち朝鮮では十七世紀末と

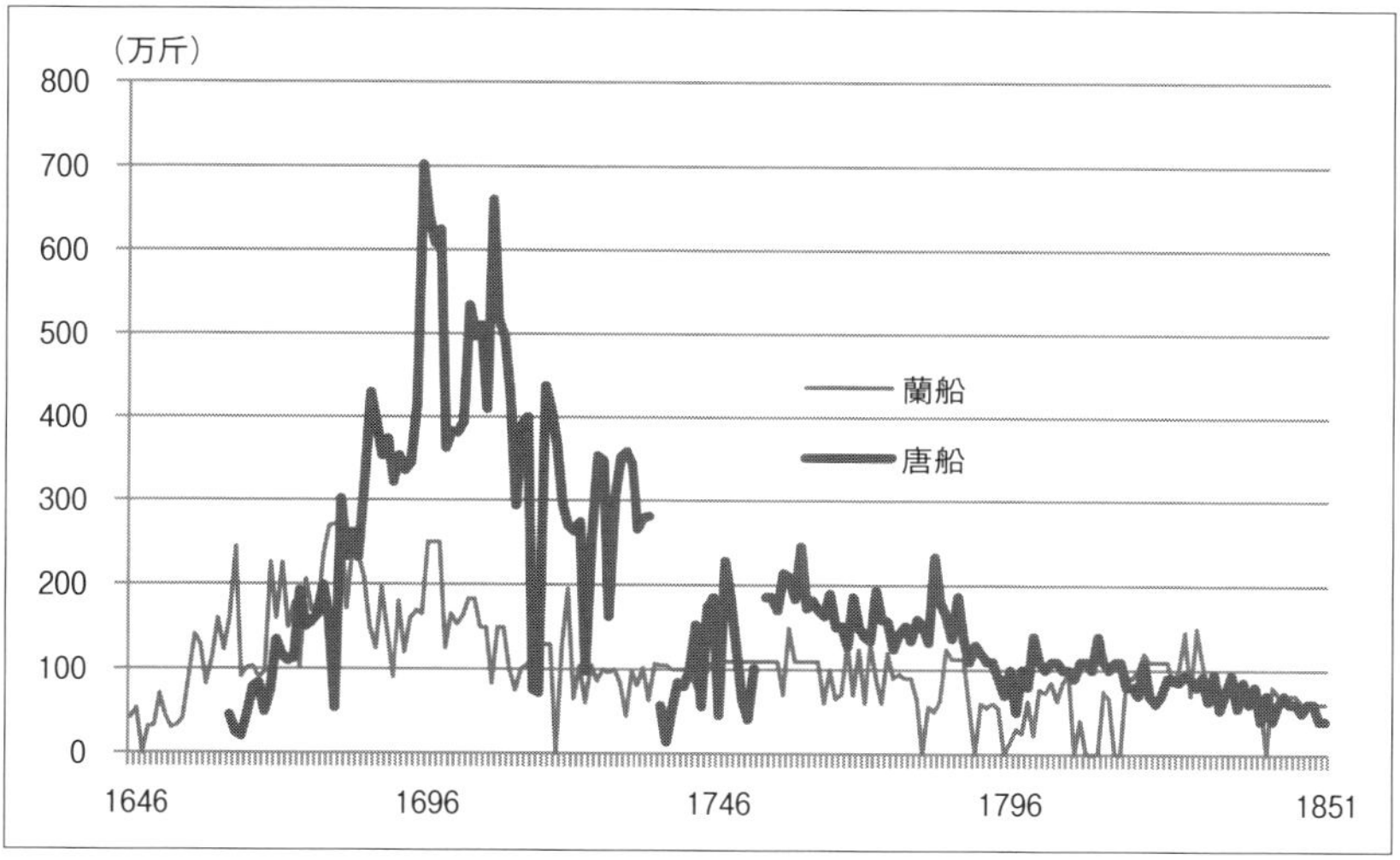

図１　長崎唐船・オランダ船銅輸出高（正保３〜嘉永４年＝1646〜1851）

十八世紀中期に銅銭の大量鋳造があり、銭の使用が普及した。原料の銅は日本からの輸入品で、流通銭は不足に陥りがちであった。朝鮮の経済にとっても対馬藩の対朝鮮貿易にとっても、日本の銅は重要であった[4]。さらに薩摩から琉球へ持ちこまれた日本銅は、進貢船・接貢船によって中国へ数千斤程度輸出され、これも鋳銭原料とされた[5]。これら対馬・薩摩で調達される銅は、日本国内では「地売銅」（国内向けの銅）に属していた。

このような日本銅の海外における需要は近世を通じて持続した。ちなみに近代になって銅山の近代化・再開発によって産出が拡大した。国内需要も増大したが、輸出がまず拡大し、第一次大戦まで日本は銅の輸出国であった[6]。その後も現在まで銅は外国産の鉱石を原料として日本の主要産業の一角を占めている。

近世日本銅の産出と用途別の推移をまず概観しておく。図1では、長崎の銅輸出は十七世紀後半著増し、同世紀末から十八世紀初頭にかけての十数年間が最盛期である。銅生産全体の動向もこれに並行するものと考えられ、これに鋳銭用銅と細工向き銅の数量（それらは後述する）を合わせると、年産八〇〇〜一〇〇〇万斤（四八〇〇〜六〇〇〇トン）と推定される。年産一〇〇〇万斤というのはごく一時的には世界一であったとされる。生産はその後漸減し、同じく図1では十八世紀末から十九世紀の長崎の銅輸出は二〇〇万斤で、細工向き銅一〇〇万斤弱（後述する）との合計三〇〇万斤弱となり、この数量は最盛期の三分の一程度である。その途中の元文三〜延享二年（一七三八〜四五）には鋳銭の高まりがあり（後述する）、産出の漸減が一時鈍化したと推定される。ただし鋳銭は高まると同時に採算割れとなり、寛永通宝銅一文銭の鋳造はこの時期をもって終了した（後述する）。

銅は最盛期の輸出高の多さのゆえに、銀に代替する主要輸出品として位置づけられた。その最盛期は短期間であったが、十八世紀半ばまでは最盛期に次ぐ輸出高を維持した。このような産銅高・輸出高・ほかの用途の概要は、基礎的事項として確認しておきたい。このほかに古銅（銅スクラップ）の流通も次第に無視できなくなるが、数量的な把握は困難である。

次に以下の諸視角から銅の生産・流通における変動をみて研究の課題を指摘したい。

〈1〉長崎銅貿易の仕法による時期区分は、銅商人の関与の仕方によって、①銅商人が荷主、②長崎会所が荷主または窓口、に大きく分けられる。①の時期の銅貿易は商売（営利事業）、すなわち黒字輸出である。さらに細分化すると、最初の時期はだれでも自由に参加できる、次に古来銅屋が独占する、その次は桔梗屋ら（古来銅屋ではない商人）が高額の運上をもって一手に請負うがすぐ撤退し、輸出が自由化、その後すぐ元禄銅座が設置され、①の最終段階である銅吹屋仲間長崎廻銅請負いは商売として辛うじて成立、ということになる。右の一手請負いと元禄銅座の時期、銅輸出の荷主は請負人・銅座であり、銅商人は荷主へ輸出銅を商売として供給した。

②の時期の銅貿易は仕入れ値段が輸出値段を上回る赤字輸出である。最初は御割合御用銅（幕府勘定所が荷主、長崎会所が窓口）、次に第一次長崎直買入れ（これ以後ずっと長崎会所が輸出の荷主、輸出銅の供給元は多様）となり、

その次は元文銅座（銅座が御用銅を供給）、第二次長崎直買入れ（山元が御用銅を供給）、明和銅座（銅座が御用銅を供給）と変遷する。輸出値段は①の時期は外国商人と交渉して決めたが、②の時期にはほぼ固定され、ある時期以後はまったく固定される。その経緯は従来の研究で明らかにされておらず、この解明は本書の課題である。

〈2〉国内消費用の細工向き銅については、京都が古くから銅製品の加工地かつ中心市場であった。十七世紀半ばに棹銅が輸出銅の標準になったため、その製造地大坂が銅市場として台頭した。徳川幕府の貨幣制度である三貨制の一角をなす寛永通宝を鋳造する銭座が各地で間歇的に活動し、その銅需要は具体的には不明であるが、京都・大坂の細工向き銅と拮抗したと考えられる。十七世紀後半、産銅が著増すると、増産分の多くは長崎の輸出向けとして大坂で棹銅にされ、ほかに寛永通宝用も相当あっていわゆる文銭が鋳造されたと考えられる。十七世紀末から十八世紀初頭には大坂が最大の銅市場となり、京都は依然として最終製品の製造地ではあるが、地金の多くが大坂から供給されたと考えられる。

このころから大坂銅市場の細工向き銅の動向については、銅吹屋仲間の関与の仕方によって、①銅吹屋が掌握した時期、②銅仲買が台頭した時期、の二期に分けられる。①の時期、とくに銅吹屋仲間が長崎廻銅を請負った正徳二～五年（一七一二～一五）、各地の鋳銭用以外の銅は大坂に集中し、銅吹屋は銅座同様の存在として、輸出銅はもちろん、細工向きの地金もその多くを製造した。大坂の銅加工業も発展し、京都の高級品に対して大衆向けの実用品を製造するという分業関係が展開しはじめたと考えられる。細工向き銅をめぐる分業はさらに発展し、真鍮産業の発展が原動力となって地売銅市場で仲買が台頭し、②の時期に移行するものと考えられる。真鍮産業の発展や細工向き銅市場における分業の展開は、現在必ずしも十分に明らかになっていない。大坂銅商人社会の実態とその変遷を追う作業は、分業関係とその展開を解明する基礎的作業として本書の課題である。

〈3〉最後に銅座による統制について。近世には銅座が三度設置され、設置時期で区別して、元禄銅座、元文銅座、明和銅座と呼ばれる。その要項を列記すると次のとおりである。

①元禄銅座

設置期間・別称　元禄十四〜正徳二年（一七〇一〜一二）、第一次銅座

設置形態・役所の所在　銀座加役の臨時の役所、大坂銀座役所近隣ほか

幹部役人　銀座年寄・元〆

主要業務　長崎御用銅を銅吹屋から購入し長崎で輸出

銅吹屋の業務　御用棹銅売上げを独占、荒銅《あらどう》・吹銅《ふきどう》は自由売買

②元文銅座

設置期間・別称　元文三〜寛延三年（一七三八〜五〇）、第二次銅座

設置形態・役所の所在　銀座加役の臨時の役所、大坂銀座役所近隣

幹部役人　銀座年寄・元〆

主要業務　荒銅を独占購入（後半は御用銅分のみ）、御用棹銅を長崎会所へ販売、吹銅を市販

銅吹屋の業務　荒銅吹立てを独占、御用銅を大坂・長崎で保管、後半は地売銅を自由売買

③明和銅座

設置期間・別称　明和三〜明治元年（一七六六〜一八六八）、第三次銅座

設置形態・役所の所在　勘定・長崎・大坂町奉行支配の恒久役所、過書町元長崎御用銅会所を改編

幹部役人　勘定所・長崎会所・大坂町奉行所役人

主要業務　荒銅を独占、御用棹銅を長崎会所へ販売、吹銅値段公定のち直売、さらにのち入札払い、銅を備蓄

銅吹屋の業務　荒銅吹立てを独占、御用銅を大坂・長崎で保管、銅座統制の吹銅を売買

銅座は銅の専売機関として幕府が銅を強力に統制したと広く認識されている。しかし設置の理由や目的、統制の実態は、従来の研究で明瞭であるとはいえない。前記〈1〉〈2〉の課題を視野に入れつつ研究する必要がある。銅座設置の時期には銅相場が上昇しており、幕府はそれに対処しようとしたことは間違いないが、従来それに触れた研究はない。とくに元文銅座は経営の実態はもとより目的も不明な点が多い。

本書は、銅商人社会の成立と変容の考察を糸口として、近世日本の銅の歴史を通覧するものである。その理由はまず、研究にとって不可欠な関連史料が豊富に存在するからである。とくに銅吹屋兼別子銅山師で大坂の代表的な商人でもある住友家の文書がある。これに対して、幕府の銅に関する施策や長崎貿易・長崎会所の展開、銅山山元の推移などを軸にした銅の歴史の叙述は当面は困難である。例えば幕府の銅関連施策は必ずしも一貫性統一性をもっておこなわれたとはいい難く、考察には広い視野をもった判断が必要である。長崎貿易や長崎会所経営は多岐にわたり、その展開に銅の問題を適切に位置づけるのは簡単ではない。また山元は、とくに前近代の日本では、鉱床の状況に影響されるところが大きいので、社会経済史的な考察には種々の限界がある。近世中後期の銅山史は個別研究の蓄積がまだまだ必要である。

銅商人社会を糸口とする研究では、銅相場の変動への反応という視点は欠かせない。銅相場関連史料は豊富とはいえず、使用にあたって記載内容の背景を把握することは必ずしも簡単ではないが、ぜひとも活用する必要がある。

第二節　先行研究と問題点

小葉田淳氏は日本の鉱山史研究の開拓者にして指導的立場の研究者である。その研究は貨幣史・貿易史・鉱山

社会史を視野に入れており、古代と近世における鉱山の繁栄は歴史的意義が大きく画期的であったとする。鉱山現場の生産組織・技術と統治権力による領主的管理法を類型化・一般化して把握し、産出量を確実な史料に基づいて明らかにすることに努めた。その上で研究の重心を、次第に金銀鉱山から近世銅山へ、さらには小銅山へと移した。住友家文書に接してからは、住友の歴史研究の指導にも当たった。銅山史の研究でも貨幣史・貿易史・鉱山社会史を視野に入れて研究し指導したが、小銅山の研究は個別研究にとどまり、それらを含めて集大成するには至っていない。鉱山史の研究としては、『鉱山の歴史』、『日本鉱山史の研究』、『続日本鉱山史の研究』、『日本銅鉱業史の研究』、『貨幣と鉱山』がある。[7] 小葉田氏がとりあげた銅山および銅を産出する鉱山、銭座の個別研究を、初期の概説書『鉱山の歴史』を除く右の四著作から挙げると次のとおりである。

足尾銅山（下野）　面谷《おもだに》銅山（越前）　三光《さんこう》銅山（若狭）　治田銀銅山（伊勢）　熊野銅山（紀伊）
多田銀銅山（摂津）　但播州の銅山（但馬・播磨）　生野銀山（但馬）　小泉銅鉛山（備中）
椎葉銅山・延岡銅山（日向）
秋田の銭座　佐渡の銭座　京銭座（大銭）　大坂高津新地銭座

右のうち足尾銅山は日本最大の銅山であるが、近世の繁栄は十七世紀の間だけである。ほかは生野や多田を含めて銅山としては中小規模の銅山である。

荻慎一郎『近世鉱山をささえた人びと』は、幕府や大名の支配と法、社会集団、労働と生活、闘争など、鉱山社会を中心に近世鉱山を概観した近年の成果である。同氏の金銀鉄鉱山（大葛金山・院内銀山・南部鉄山）を分析した詳細な研究『近世鉱山社会史の研究』に基づき発展させている。[8]

近世銅山のうち大銅山で、住友が開坑から閉山まで一貫して一手稼行した別子銅山（伊予）は、関連史料の伝存が豊富で、個別実証研究が最も進んでいる銅山である。『住友別子鉱山史』[9]は小葉田氏が監修・分担執筆した成果である。その後、安国良一氏[10]・末岡照啓氏[11]による研究が蓄積され、経営合理化の実態の解明が進んでいる。この成果の上にたって今後研究を進めるには、初期の繁栄期との対比や、ほかの大小の銅山との比較が必要であろう。

同じく大銅山である秋田銅山（出羽）については、「近世産銅政策についての一考察」(一)(二)をはじめとする佐々木潤之介氏の一連の研究がある[12]。銅をめぐって幕府の長崎廻銅政策による桎梏を強調する研究であるが、幕府によるよりも藩財政と藩の鉱業政策による規制をより大きく考える必要がある。また国際比較の必要性の指摘もあるが、それは地質・冶金専門家との協業とともに、鉱業史研究の今後の課題である。尾去沢《おさりざわ》銅山（陸奥）については、麓三郎『尾去沢・白根鉱山史――近世銅鉱業史の研究――』がある[13]。小石川透「盛岡藩における銅山直轄経営について――藩財政との関わりから――」[14]は、明和二年（一七六五）にそれまでの請負い経営から藩の直轄経営に移行してからほぼ十八世紀末までの間に、藩が幕府や諸商人から資金を導入した経過を明らかにしたもので、諸商人の背景や生産部門の検討は今後の課題としている。

小銅山では、尾太《おっぷ》銀銅鉛山（陸奥）に関する長谷川成一氏の一連の研究[15]があり、幸生《さちゅう》銅山（出羽）については今井の論考がある[16]。小銅山の研究では、地域社会との関連という視点が不可欠である。原田洋一郎『近世日本における鉱物資源開発の展開――その地域的背景――』[17]は、人文地理学の立場から、繁栄期をすぎた鉱山がいくつも存続し、再開発された事例を発掘し、それらが可能であった条件を検討した成果である。

近世の銅の生産・流通にとって、長崎における銅貿易は密接な関係がある。長崎貿易の制度と実態については、『新長崎市史』第2巻（近世編）[18]が、これまでの研究の到達点を示している。中村質『近世長崎貿易史の研究』[19]は、時期も対象も幅の広い研究であるが、貿易の主体である長崎の町や十八世紀の長崎貿易制度については、史料の博捜と検討においてまず第一に参照するべき研究である。同書に収録される唐・蘭貿易額の制度的変遷をまとめた表（三七二頁以下掲載）は銅貿易の基礎的資料として研究者に広く活用されている。

大坂銅商人の歴史にとって、鈴木康子『近世日蘭貿易史の研究』[20]の、銅専門の売込み商人登場の指摘と、輸出銅の標準が棹銅になったという指摘、それに十七世紀に内外の銅値段にあまり差がなかったという指摘は重要である。すなわち、オランダ商館が平戸にあった時期の商館への売込み商人には銅専門の商人はまだなく、長崎出島へ移転した後に住友などの銅商人が登場したという指摘（第二章）と、慶安二年（一六四九）以後輸出銅の大部分が棹銅になったという指摘（一四四頁）、それに十七世紀の内外の銅値段に関する指摘（二〇六頁）である。これらは大坂銅商人社会の成立を側面から実証し、輸出は内外商人同士の相対売買であったことを傍証する指摘である。同書ではオランダ商館の銅取引を文化二年（一八〇五）まで記帳に則して表示し、海外の販路も表示している。ほかに、銀・小判・樟脳の取引も検討している。

オランダ史料によってオランダ商館の銅貿易を考察した研究は次のとおりである。まず、山脇悌二郎『長崎のオランダ商館　世界のなかの鎖国日本』[21]は、出島の商館の活動をオランダ東インド会社の支店網のなかに具体的に位置づけ、日本銅は十八世紀の会社にとって「ダンスのパートナー」であるという総督の言を紹介し、それに見合う事実を帳簿に基づいて提示する先駆的業績である。次に、八百啓介『近世オランダ貿易と鎖国』[22]は、いわゆる鎖国を単に政治史的にだけではなく経済的な対外関係としても位置づけようという立場に立ち、オランダ東インド会社の日本商館における貿易の実態を、帳簿の詳細な分析を通じて解明している。規制となる日本当局の種々の指示や日本市場の動向、海外市場の情報をふまえた上部組織の指示を念頭において分析検討するという作業は、国内史料なら当然であるが、八百氏はオランダの帳簿による研究を深化させた点で評価できる。銅代物替の実態研究は価値ある成果である。木村直樹『幕藩制国家と東アジア世界』[23]は、主として政治史的な対外関係を考察する立場から、長崎を主な舞台とする外交事象を取り上げ、幕藩制国家の対外姿勢を具体的に検証する。銅貿易では、寛政半減令の実態をオランダについて検討し、オランダ貿易の新たな意義を幕末の対外関係に認め、幕府の寛政改革の一環としての内政的側面と結合させて考察している。

荒居英次『近世海産物貿易史の研究――中国向け輸出貿易と海産物――』[24]は、中国向け海産物貿易に関する開拓的かつ代表的な研究である。海産物貿易初発の十八世紀初期については『唐蛮貨物帳』を分析し、次にオランダ史料によって十八・十九世紀の中国向け輸出海産物の詳細とともに、銅輸出高を表示している。うち寛延三～宝暦四年（一七五〇～五四）は日本側史料が欠けており、銅輸出高はここにしかない。

ところで、長崎会所が銅を一〇〇斤につき唐人に一一五匁、オランダに六一匁七五という値段で赤字輸出し、その赤字を輸入の利益で補塡したのは事実である。それを古くからのしきたりかつ常態とみる認識は、おそらく会所貿易の経験者から引き継がれて、長崎に永く存在したようである。『長崎市史』[25]は、赤字輸出を長崎貿易時代を通じてのこととし、それに符合しない事実について必ずしも追求しなかった。赤字輸出を続けた理由については、外国商人を優遇して来航を誘引するためと、国内の銅資源開発を刺激せず抑制するためとした。外国商人優遇策という見解は、検証を経ないまま現在まで定説となっている。例えば、真栄平房昭「中世・近世の貿易」[26]がある。そのような効用があったことは、島田竜登氏も指摘[27]するところであるが、それが政策的かつ意図的であったとは考え難い。

これまで長崎における銅貿易は、赤字輸出に加えて、御用銅の買上げ値段が地売銅相場より低い点にも注目され、それが幕府の銅政策の核心であると認識されている。例えば、石井孝「幕末における幕府の銅輸出禁止政策」[28]の主旨は、幕末に締結した通商条約で棹銅は輸出が禁止されたが、そのほかの銅が相当に輸出されたので、幕府が外交交渉や国内流通統制によってその事実上の禁止を実現した過程を明らかにすることにあった。禁止策が必要であったのは銅産出が減少したからで、それは幕府の銅輸出逓減政策の結果であり、その中心に銅の専売制と銅価格政策、すなわち御用銅を国内相場より安く買上げ、それを買上げ値段よりさらに安く赤字で輸出した政策があり、輸出銅は朝貢に対する頒賜品、御用銅は幕府に対する貢納品であったと主張したが、赤字輸出や国内相場より安い御用銅買上げ値段がいつ、いかなる局面で出現したのかは述べていない。しかし近世長崎貿易の中後期の特質を指摘した石井氏の見解はその後、山脇悌二郎「日清銅貿易の諸問題」(29)、永積洋子「大坂銅座」(30)、佐々木潤之介前掲「近世産銅政策についての一考察」(31)(一)(二)、沼田次郎「江戸時代の貿易と対外関係」(32)などによって受け継がれ、石井氏の見解は現在ではほとんど定説化された感がある。

銅輸出値段が唐人向け一一五匁、オランダ向け六一匁七五というのがいつからなのかは、この見解を検討する際の要点のひとつであるが、それを追求したのはまず山脇悌二郎氏であった。前掲「日清銅貿易の諸問題」で、唐船向けが享保年代(一七一六〜三六)から、原価をも償わない一〇〇斤一一五匁であったとした。次に『長崎の唐人貿易』では、享保六年(一七二一)、蘭船六一匁七五となったのと同年に唐船一一五匁になったと推定し、その次の「統制貿易の展開」においては、享保期(一七一六〜三六)以降輸出値段を低く固定し出血輸出した、とした(33)。

岩崎義則「近世長崎銅吹所について」(34)は、長崎銅吹所について絵図を紹介し、その概要を述べるとともに当時の貿易構造を取り上げ、長崎銅吹所の設置は正徳新例以後の長崎「困窮」対策であったとした論考である。貿易構造では長崎会所が、享保七〜十八年(一七二二〜三三)、輸出銅買入れ値段が輸出値段を上回り赤字になる分だけ貿易枠を拡大(「銅値上り増」と呼ぶ)するという方法で、銅輸出の損を回避したことを指摘した。輸出値段はオランダ向けは六一匁七五で、唐人向けは六七匁七五であった。この論考は長崎貿易史研究の長年の謎であった銅輸出値段の仕組みの解明に取り組んだ成果である。

また島田竜登氏は、幕府が銅山に対して国内市場価格より低い価格で数量を割り当てて供出させ、それより安く輸出するという銅価格メカニズムをとっていたと主張する。同氏によると、かつての先行研究はその解明に努めてきたが、実証研究の積み重ねだけではうまくいかないとして、それを合理的に説明する方法を案出するという試算を提示した[35]。しかしながらこれは、背景の異なる銅価格資料を同列に並べた架空の試算といわざるをえず、資料の背景にさかのぼる検討が必要である。

長崎会所が銅を大幅な赤字で輸出したことは近世長崎貿易の顕著な特色であり、そこに幕府の強力な統制の働きを見ようとするのは自然なことである。産出する銅の大半が輸出向けで、その輸出が大幅な赤字であったということは、銅の生産・流通を考察するうえで取り組まねばならない重要な課題である。オランダ向けが享保六年（一七二一）に六一匁七五となり、唐人向けがその後に一一五匁になった経緯については本書第三章で考察するところであり、制度としての大幅赤字輸出が始まった経緯の解明は、長崎貿易史研究の隘路を打開する糸口のひとつであると考える。

長崎奉行については、鈴木康子『長崎奉行の研究』[36]が長崎奉行に関する従来にない研究で、長崎奉行の制度を初期から概観したうえで、とくに十八世紀中期に長崎奉行を勤めた大森時長・萩原美雅・松浦信正・石谷清昌について、出自から履歴と事績・人脈を詳細に明らかにし、長崎での施策を考察した成果である。長崎貿易制度研究が山脇・中村両氏の精密な研究以後、次の方向が見出せずにいる現在、新たな視覚から推進した意義がある。ただ、萩原・松浦が元文改鋳・元文銅座への対応という課題、石谷が明和銅座設置という課題を抱えていたことを踏まえれば、考察はもっと立体的になったであろう。

銅座については、永積洋子前掲「大坂銅座」[37]が長年唯一の論考であった。紙数に制約のある条件のもとで史料を博捜した概説で、当時の研究水準を示している。銅座に関してはほかに、宮本又次「銅座の変遷と住友家」、「銅座掛屋と住友家と維新前後の銅座」[38]がある。小葉田淳「第一次銅座と住友　銅貿易と幕府の銅政策」[39]は元禄銅座の研究である。岩崎義則「近世銅統制に関する一考察――明和銅座設立期を中心に――」[40]は、明和銅座設置の意義として、中井信彦氏が幕府の貨幣政策上必要な輸入銀の見返りとしての輸出銅の確保をあげているのに対して、銀の必要は認めつつもその確保には銅吹屋から出る灰吹銀の方がより重要であり、それを出す銅吹屋の経営安定のために地売銅を統制することに設置の意義を認めている。従来の研究より数段進んだ考察であるが、銅吹屋と競合する仲買台頭の理由を地売銅の不足に帰しているのはもっと掘り下げる必要がある。また灰吹銀の銅座統制についても銀座による買上げ値段など検討する必要がある。安国良一「幕末期の銅座とその終焉」(一)(二)[41]は、住友の長崎産物会所掛屋業務の分析を通じて、幕末開港後の銅座の機能の衰退を明らかにしようとする論考である。賀川隆行「文政・天保期の大坂銅座の財政構造」[42]は、明和銅座の掛屋を住友と共同で勤めた三井の記録による研究で、明和銅座の業務や経営に関して、実証的かつ広汎に検討し、興味深く有益な知見を提示している。三井は長崎で輸入貨物の入札に参加する本商人で、落札貨物の代銀を長崎会所に納める必要があった。三井越後屋長崎方の経営に関する研究をふまえて、落札代銀の流れと銅座との関係を具体的かつ変遷を含めて解明したところに意義がある。

以上みてきたように、銅の歴史を近世を通して扱った研究はこれまでになかった。また銅の相場を具体的に扱った研究もなく、単に長崎貿易の赤字輸出のみが議論されてきた感がある。銅座など銅の統制仕法に関する研究はごく少数ながらあったが、幕府の強制を強調するのみで、銅値段の変動と統制策とを関連させた研究はこれまで皆無である。それは銅を製造する側の史料、とりわけ最大の銅吹屋である住友の史料が利用されなかったことに起因する。次に本書で扱う史料についてみていきたい。

第三節　使用する主な史料

（一）住友家文書

住友は近世最大の山師・銅吹屋であり、近代には財閥になった。住友史料館（旧称住友修史室）所蔵にかかる近世の住友家文書[43]は約三万点あり、整理途中であるが順次公開している。主要史料の翻刻が『住友史料叢書』として継続中である（思文閣出版刊、既刊二九冊）。

本書で使用する住友家文書は次のとおりである。史料番号のあるものは未刊史料である。『住友史料叢書』に収載されている史料を利用する場合、原則として同書を出典とする。記載は「史料名」（『住友』配本回数丸数字）とし、例えば「年々帳」無番（『住友』①）と示す。

①長崎銅貿易関連史料

「年々帳」無番（『住友』①）、「銅異国売覚帳」（『住友』⑤）、「鉱業諸用留」（『住友』⑤）、「申年諸国御割合御用銅高幷代銀吹賃銀勘定帳」（『住友』⑮）、「子年諸国御割合銅高幷代銀吹賃銀諸入用勘定帳」（『住友』⑱）、「古来ゟ銅方万覚帳」（『住友』⑱）、「長崎売上銅幷証文控」二番（『住友』⑱）

二六―六―三―一「寛文三卯年ゟ年々唐船買渡銅高帳」（寛文三～享保十二年＝一六六三～一七二七）、二六―六―三―二「寛四辰年ゟ年々長崎銅下り高」（寛文四～享保十一年＝一六六四～一七二六）、二〇―二―八―六「午年長崎御用銅売買勘定覚書」（正徳四年＝一七一四）、一九―二―一〇「酉年諸国御割合御用銅高幷代銀吹賃銀勘定帳」（享保二年＝一七一七）、二〇―二―二「享保八癸卯年長崎会所ゟ請込候荒銅吹賃銀幷長崎迄之諸雑用拾七軒家々勘定帳」（享保九年＝一七二四）、二〇―二―三「享保九甲辰年分長崎江御買上銅吹立候吹賃銀幷箱釘蔵出し人足賃長崎迄之舟賃十七軒家々配分割方帳」（享保年十年カ＝一七二五カ）、一九―三―五「享保十乙巳年分長崎江御買上銅吹立候吹賃銀并箱釘縄蔵出シ人足賃長崎迄之舟賃銀十七軒家々配分割方帳」（享保十一年＝一七二六）、二〇―二―四「享保十一丙午年分長崎江御買上銅吹立候吹賃銀并箱釘縄代蔵出し人足賃長崎迄之船賃十七軒家々配分割方帳」（享保十二年カ＝一七二七カ）、一九―三―三「去未年分長崎御用銅出来棹銅吹賃銀諸入用、同年棹銅売上当地吹屋納銅并川崎屋茂十郎・鈴木清九郎売上銅、備前小豆嶋十歩一御買戻シ銅請払諸入用勘定帳」（享保十三年＝一七二八）、二〇―三―三―一「銅方并銅山覚書」（享保十六年＝一七三一）

②銅座関連史料

「銅座公用留」（『住友』④）、「銅座御用扣」（『住友』④）、「銅座方要用控」一番（『住友』㉑）、「銅座方要用控」二番（『住友』㉑）、「銅座方要用控」三番（『住友』㉑）、「銅座方要用控」四番（『住友』㉑）、「銅座要用控」五番（『住友』㉔）、「銅座方要用控」六番（『住友』㉔）、「銅座要用控」七番（『住友』㉔）、「銅座要用控」八番（『住友』㉗）、「銅座要用控」九番（『住友』㉗）、「銅座要用控」十番（『住友』㉗）、「銅座要用控」十一番（『住友』㉗）、「銅座要用控」十二番（『住友』㉗）

一九―三―六「乍恐存寄」（元文二年＝一七三七）、一九―三―七金銀銅之儀ニ付乍恐奉申上存寄書（元文三年＝一七三八）、二〇―四―一〇「銅座勘定帳」（寛延三年＝一七五〇）、二〇―四―一一「銅座銅代取替証文類控」（寛延三年＝一七五〇）

③大坂銅市場関連史料

「去ル子年ゟ辰年迄五ケ年分買入銅高并買直段之書付」（『住友』⑮）、「去ル子年ゟ辰年迄五ケ年分長崎廻御用銅高并売直段之書付」（『住友』⑮）、「去ル子年ゟ辰年迄五ケ年分諸国江売出候細工向銅高并売直段之書付」（『住友』⑮）、「正徳六年申四月廿九日於飛騨守様被仰付候辰年ゟ去未年迄四ケ年分廻着銅之員数并直段付同代銀高之扣帳」（『住友』⑮）

一九―三―一〇「吹屋公用帳」一番（宝暦十一〜十二年＝一七六一〜六二）、一四―六―一「銅方公用帳」二番（宝暦十二〜明和元年＝一七六二〜六四）、一四―六―二「銅方公用帳」三番（明和二年＝一七六五）、二〇―三―二三―一「諸国銅山惣括覚書」（明和元年＝一七六四）、二〇―三―四―一二「銅延職人」

④銅吹屋仲間関連史料

「長崎下銅公用帳」一番（『住友』⑩）、「長崎下シ銅御用ニ付御番所へ差上候書付写」（『住友』⑩）、「長崎公用帳」三番（『住友』⑩）、「長崎公用帳」五番（『住友』⑫）、「長崎公用帳」二番（『住友』⑫）、「長崎公用帳（正徳四年）」（『住友』⑫）、「銅会所公用帳扣（享保二年）」（『住友』⑮）、「銅会所公用帳（享保三年）」（『住友』⑮）、「銅会所御公用帳（享保四年）」（『住友』⑱）、「銅会所公用帳（享保六年）」（『住友』⑱）

一九―二―四「午ノ歳問吹帳」（正徳四年＝一七一四）、二六―五―六「銅会所万覚帳」（享保三年＝一七一八）、一九―三―九「乍恐奉願候口上」（宝暦元年＝一七五一）、二〇―一―七―一「乍恐奉願候口上」（宝暦元年＝一七五一）、一九―四―四「御用諸山銅紅吹留帳」（明和三〜慶応三年＝一七六六〜一八六七）、五―六―三―二「銅吹屋仲間由緒書」（寛政六年＝一七九四）

⑤対馬藩に対する住友の史料

三五―二「対州藩掛合帳」（享保十九〜慶応三年＝一七三四〜一八六七）、二―二―二―一一「新古証文・小手形返却受領の覚」（寛政九年＝一七九六）

⑥住友本店の記録

「宝永六年日記」（『住友』⑩）、「年々諸用留」二番（『住友』②）、「年々諸用留」三番（『住友』②）、「年々諸用留」四番（『住友』⑦⑧）、「年々諸用留」五番（『住友』⑧）、「年々諸用留」六番（『住友』⑬）、「年々諸用留」九番（『住友』㉒）、「年々諸用留」十番（『住友』㉕）、「年々諸用留」十一番（『住友』㉘）

二七―三―一三「銀出入帳」（貞享三年＝一六八六）、二一―四―六「宝永元年申勘定」（宝永元年＝一七〇四）、二〇―二―一二「宝永二年酉勘定帳」（宝永二年＝一七〇五）、二〇―二―九―一二「享保十四己酉年ゟ扣」（享保十四～元文三年＝一七二九～三八）、五―五―三「逸題留書」（享保十五～寛保三年＝一七三〇～四三）、二三―一―二「場帳」（天保五～八年＝一八三四～三七）、二二―四―一「庭帳（天保九～十三年＝一八三八～四二）、二三―五―一「庭帳」（弘化二～嘉永三年＝一八四五～五〇）、二二―五―二「庭帳」（安政四～文久元年＝一八五七～六一）

⑦住友銅吹所の記録

「上棹銅帳」（『住友』⑤）

一九―二―一二「子年ゟ辰年迄五ケ年分買入銅幷売払銅代銀之書付」（宝永五～正徳二年＝一七〇八～一二）、二〇―三―六―一二「吹方勘定帳」（享保十九年＝一七三四）、一八―五―一「年々記」（寛政二～享和元年＝一七九〇～一八〇一）、一八―五―二「年々記」（享和二～文化四年＝一八〇二～〇七）、一八―五―三「年々記」（文化五～十二年＝一八〇八～一五）、一八―五―四「年々記」（文化十三～文政三年＝一八一六～二〇）、一八―五―五「年々記」（文政九～天保二年＝一八二六～三一）、一八―四―三「年々記」（嘉永元～文久二年＝一八四八～六二）、三五―九「万覚帳」二番（文化十一～文政十二年＝一八一四～二九）、二〇―五―三「銅座御用留」五番（文久二～明治元年＝一八六二～六八）

⑧別子銅山の記録

「別子銅山公用帳」二番（『住友』③）、「別子銅山公用帳」三番（『住友』⑰）

一九―二―六「別子銅申年ゟ亥年迄出来高幷御用銅売払方請払留、他」（享保元～四年＝一七一六～一九）

⑨銅鉱業関連史料

「宝の山」（『住友』⑥）、「諸国銅山見分控」（『住友』⑥）

次に『住友史料叢書』既刊分の配本回数・刊行年・書名・収載史料の架蔵番号と標題を示せば次のとおりであ

る。編集はいずれも住友修史室・住友史料館、発行所は思文閣出版である。
〈第一回配本〉一九八五年　『年々帳　無番・一番』　一七―一―二「同」一番
〈第二回配本〉一九八六年　『年々諸用留　二番・三番』　一七―一―三「年々諸用留」二番、一七―二―一「同」三番
〈第三回配本〉一九八七年　『別子銅山公用帳　一番・二番』　一三―一―一「別子銅山公用帳」一番、一三―一―二「同」二番
〈第四回配本〉一九八九年　『銅座公用留・銅座御用扣』　二〇―五―一「銅座公用留」、一九―一―一元禄十五年「銅座御用扣」、二〇―五―二元禄十六年「銅座御用扣」
〈第五回配本〉一九八九年　『銅異国売覚帳（抄）・鉱業諸用留・上棹銅帳』　二〇―二―九―一〇「銅異国売覚帳」、五―六―八「鉱業諸用留」、二〇―四―一「上棹銅帳」
〈第六回配本〉一九九一年　『宝の山・諸国銅山見分扣』　二七―一―二―一～三「宝の山」、二七―一―五「諸国銅山見分扣」
〈第七回配本〉一九九二年　『年々諸用留　四番（上）』　一七―二―二「年々諸用留」四番
〈第八回配本〉一九九三年　『年々諸用留　四番（下）・五番』　前掲「年々諸用留」四番、一七―三―一「同」五番
〈第九回配本〉一九九五年　『別子銅山公用帳　三番・四番』　一三―一―三「別子銅山公用帳」三番ノ一、一三―一―四「同」三番ノ二、一三―二―一「同」四番
〈第一〇回配本〉一九九六年　『宝永六年日記・辰歳江戸公用帳・長崎下銅公用帳一番・長崎公用帳三番・長崎下シ銅御用ニ付御番所へ差上候書付写（抄）』　二三―六―一「宝永六年日記」、二五―二―一「辰年江戸公用帳」、

二六―四―一「長崎下銅公用帳」一番、二六―四―三「長崎公用帳」三番、二六―四―五「長崎下シ銅御用ニ付御番所へ差上候書付写」

〈第一一回配本〉一九九七年『浅草米店万控帳（上）』二五―一―一「浅草米店万控帳」

〈第一二回配本〉一九九七年『長崎公用帳五番・長崎公用帳二番・長崎公用帳（正徳四年）』二六―四―四「長崎公用帳」五番、二六―四―二「長崎公用帳」二番、一九―二―一六「長崎公用帳（正徳四年）」

〈第一三回配本〉一九九九年『年々諸用留　六番』一七―三―二「年々諸用留」六番

〈第一四回配本〉二〇〇〇年『浅草米店万控帳（下）・（続）・江戸浅艸米店在勤中心得書・江戸浅草住友家出店記録』前掲「浅草米店万控帳」、二五―一―二「同」（続）、広瀬家旧蔵文書「江戸浅艸米店在勤中心得書」、四三―三一「江戸浅草住友家出店記録」

〈第一五回配本〉二〇〇〇年『銅会所公用帳（享保二年）ほか銅貿易関係史料』一九―一―二―四「去ル子年ゟ辰年迄五ケ年分買入銅高并買直段之書付」、一九―一―二―一「去ル子年ゟ辰年迄五ケ年分長崎廻御用銅高并売直段之書付」、一九―一―二―七「去ル子年ゟ辰年迄五ケ年分諸国江売出候細工向銅高并売直段之書付」、一九―二―二二「正徳六年申四月廿九日於飛騨守様被仰付候辰年ゟ去未年迄四ケ年分廻着銅之員数并直段付同代銀高之扣帳」、二六―五―五「唐人阿蘭陀売棹銅仲ケ間割方帳」、一九―二―二一「申之歳賃吹銅一件留帳」、二〇―一―三「申年諸国御割合御用銅高并代銀吹賃銀勘定帳」、二〇―一―一一「銅会所公用帳扣（享保二年）」、二六―五―六「銅会所万覚帳（享保二年）」、二〇―一―一二「銅会所公用帳（享保三年）」

〈第一六回配本〉二〇〇一年『年々諸用留　七番』一七―四「年々諸用留」七番

〈第一七回配本〉二〇〇二年『別子銅山公用帳　五番・六番』一三―二―二「別子銅山公用帳」五番、一三―二―三「同」六番

〈第一八回配本〉二〇〇三年　『銅会所御公用帳（享保四年）ほか銅貿易関係史料』　二〇—一—一三「銅会所御公用帳（享保四年）」、一九—三—二「子年諸国御割合銅高幷代銀吹賃銀諸入用勘定帳」、二六—五—九「銅会所公用帳（享保六年）」、一九—一—三「古来ゟ銅方万覚帳」、二六—五—一一「長崎売上銅幷証文控」二番

〈第一九回配本〉二〇〇四年　『年々諸用留　八番』　一七—五—一「年々諸用留」八番

〈第二〇回配本〉二〇〇六年　『別子銅山公用帳　七番』　一三—三—一「別子銅山公用帳」七番

〈第二一回配本〉二〇〇六年　『銅座方要用控　一』　一九—六—一「銅座方要用控」一番、一九—六—二「銅座方要用控」二番、一九—六—三「銅座方要用控」三番、一九—六—四「銅座方要用控」四番

〈第二二回配本〉二〇〇七年　『年々諸用留　九番・友昌君公辺用筋並諸用勤務格式』　一七—五—二「年々諸用留」九番、二七—三—九「友昌君公辺用筋並諸用勤務格式」

〈第二三回配本〉二〇〇八年　『別子銅山公用帳　八番・九番』　一三—三—二「別子銅山公用帳」八番、一三—三—三「同」九番

〈第二四回配本〉二〇〇九年　『銅座方要用控　二』　一九—六—五「銅座要用控」五番、一九—六—六「銅座方要用控」六番、一九—六—七「銅座要用控」七番

〈第二五回配本〉二〇一〇年　『年々諸用留　十番』　一七—六—一「年々諸用留」十番

〈第二六回配本〉二〇一一年　『別子銅山公用帳　十番・十一番』　一三—四—一「別子銅山公用帳」十番、一三—四—二「別子銅山公用帳」十一番

〈第二七回配本〉二〇一二年　『銅座方要用控　三』　一九—六—八〜一二「銅座要用控」八番〜十二番

〈第二八回配本〉二〇一三年　『年々諸用留　十一番』　一七—六—二「年々諸用留」十一番

〈第二九回配本〉二〇一四年　『札差証文　一』

（二）初村家文書（別名峰家史料）

大村市立史料館所蔵峰家史料にあり、長崎会所役人であった初村氏の史料が峰家に伝来し、同史料館に収蔵されたものである。「大村市立史料館所蔵史料目録　続編二」（一九九二年）所収「峰家（初村家）史料目録」に六二四件が収録されている。本書で使用したのは次の史料で、初村家の番号を記す。

①「貿易仕法（制度）」関連史料

一〇一―一七「唐紅毛関係覚書」

②「銅座関係（貸借）」関連史料

一〇六―四「大坂御借入銀幷対州方銀仕分書付」、一〇六―五「対州方長崎方銀分帳」、一〇六―七「於銅座取立候年賦銀訳書」

③「銅座制度史」関連史料

一〇八―一九「御書出写帳」、一〇八―二〇「銅座記録」、一〇八―三三「古銅売買方ニ付願書幷評儀書」、一〇八―三六「吹屋中買共内分申出候書付」

④「荒銅・地売銅（廻着高値段）」関連史料

一一〇―五「宝暦四戌年ゟ同十二午年迄諸山大坂廻銅元ニ立年々潰シ高差引書付」、一一〇―一〇「明和三戌年ゟ安永弐巳年迄地売銅廻着買入高売渡高差引書付」、一一〇―一一「明和三戌年六月以来年々（カ）買入銅地売見合直段仕出帳」、一一〇―一三「明和三戌年以来年々地売銅代銀納払高書入帳」、一一〇―一七「明和三戌年ゟ同五子年迄安永七戌年ゟ同九子年迄地売銅諸向売渡高書付」

第四節　本書の内容と目的

第一章　大坂銅商人社会の成立と変容

第一節では、大坂銅商人社会を構成する銅関連業者の名前と所在を具体的に明らかにする。銅関連業者とはすなわち、1銅屋、2銅吹屋、3銅問屋、4銅仲買、5銅細工人、6古銅類取扱い業者、7真鍮地銅屋・真鍮吹職であり、これに属する計二二五人の名前と居住町を掲出する。第二節では、大坂銅商人社会の展開を主導した銅吹屋が、銅仲買・真鍮屋台頭の影響を受けて徐々に後者に優位を譲ることを、吹銅の流通状況の変遷を通じて確認する。第三節では、長崎輸出銅の標準品とされた棹銅の製造工程とその特徴について検討していきたい。ここで注目したいのは、特に荒銅からの銀抽出技術である南蛮吹である。これは実は銅吹屋の通常業務に限らず、銀含有率の高い銀貨の吹分けという臨時の業務もともなっていた。さらに南蛮吹の副産物である出灰吹銀《ではいふきぎん》の数量の推移と、棹銅を製造する銅吹屋についても明らかにする。第四節および第五節では、大坂の銅商人社会の主導権の変遷を明らかにする。ここでは銅吹屋仲間の変容を通じて、その主導権が銅吹屋から銅仲買・真鍮屋へ移行したこと、さらに真鍮産業の発展・拡大により、その中心が京都から大坂へ移転したことを検証する。

第二章　大坂銅商人の長崎銅貿易

長崎銅貿易は正保三年（一七四六）の解禁再開後は銅屋各自の商売であったが、幕府公認の銅屋が独占する延宝元～正徳五年（一六七三～一七一五）の銅貿易を考察し、銅が長崎貿易の主要輸出品となり、銅貿易が大坂銅商人の商売（営利事業）として成立している状態からそれが終了するまでの過程を通覧する。

第一節では貞享二～正徳五年（一六八五～一七一五）の銅貿易の数量と輸出値段、銅吹屋の銅買入れ高（近似的に産銅高を示す）の大半が輸出されたことを確認し、この時期の初めと終わりの銅貿易の様相を対比する。第二節では、定高制による貿易限度額を越える銅輸出と貨物輸入を結合して、元禄八年（一六九五）に開始される銅代物替の仕法の実態を解明する。第三節では、銅代物替を嚆矢として運上付き請負い制が銅貿易に導入され、公認の古来銅屋の株が事実上無効になったが、大坂銅商人の寡占状態で長崎銅貿易がおこなわれたことを確認する。第四節では、元禄銅座について、設置の主な理由は、従来いわれるような長崎廻銅不足ではなく銅相場の高騰であったこと、銅座の役割は、銅吹屋を配下に入れて棹銅を相場より安い固定値段で買上げることで、そのほかの銅は自由売買であったこと、銅座は銀繰りが悪化して行き詰まったことなどを明らかにする。第五節では、四ツ宝銀通用の影響による銅相場の高騰とそれへの対処として、長崎で輸出値段が引き上げられ、荒銅大坂集中令が発令され、銅吹屋仲間が荒銅買入れ値段を抑制し、棹銅製造費の平準化と標準化を実施し、償い銀の支給が確定され受領する経緯を具体的に検討し、銅吹屋仲間が銅座同様の存在であったことを明らかにする。

第三章　長崎会所の銅貿易と大坂銅商人

大坂銅商人が長崎銅貿易の荷主であることが終了すると、商売（営利事業、すなわち黒字）としての銅貿易ではなくなる。幕府勘定所が荷主となる御割合御用銅の仕法を経て、長崎会所の銅赤字輸出がはじまり、元文銅座の時期を経て赤字輸出が定着し、幕末に至る経緯を考察する。第一節では、御割合御用銅の仕法とそれが荒銅値段の上昇のために廃止になる経緯と、途中享保三年（一七一八）に新金銀通用令が施行され、長崎貿易に適用されて貿易限度額と銅輸出値段が半減されたことを明らかにする。第二節では、御用銅の長崎直買入れの開始にともなって長崎会所が大坂で御用銅を買入れる長崎御用銅会所が設置され、ついで長崎に銅吹所が設置されること、長崎会所の直買入れに銅吹屋が深く関わり、輸出用棹銅を製造すること、享保十八年（一七三三）の貿易改革でのちに長くおこなわれる銅の輸出値段が設定されることを明らかにする。第三節では、元文銅座の設置と銅座の荒銅買上げ値段決定法、荒銅の買上げと吹銅売出しでとる専売制のもとで、銅値段が大幅に上昇することを明らかにする。第四節では、御金蔵から長崎会所への輸出銅代の取替えが累積し、その整理と残額の年賦返済という形をとって、長崎運上が再開された経緯を明らかにし、元文銅座の役割が会所貿易が確立するまでの時間稼ぎであったことを推定する。第五節では、御用銅の赤字輸出を長崎会所の輸入利益で補塡するいわゆる会所貿易が確立した後の姿を瞥見する。

第四章　地売銅と鉛鉱業

本章では、地売銅および銅と関連の深い鉛鉱業の動向を近世を通して概観する。第一節では地売銅の動向を、鋳銭用と細工向き銅、および対馬藩の対朝鮮貿易銅について検討する。鋳銭が大量であった十八世紀中期に、銅相場の高騰のため銅一文銭の鋳造が採算割れで限界になった。地売銅は輸出用と同じ銅で、相場もはじめは同一水準であったが、需要が拡大すると用途間で競合が起こった。自由売買期の細工向き銅が銅吹屋仲間の影響下にあったが、台頭した銅仲買との競合で相場が上昇し、専売制に移行したことを述べる。また、地売銅の第三の用途として、対馬藩が対朝鮮貿易で輸出した銅の数量と調達に関する問題を述べる。第二節では南蛮吹用や日用品の素材であった鉛鉱業の概況について述べる。

第五章　元文銅座と大坂銅商人

元文銅座の設置と専売法、荒銅買上げ法とその値段などについては第三章第三節で明らかにした。本章第一節では、元文銅座経営の大坂高津新地の銭座が出した多額の損失の半ば以上が長崎会所の大坂御金蔵への年賦返納に含めて処理され（第三章第四節）、その残りが銅座廃止時の勘定帳に計上されたことを明らかにする。第二節では、元文銅座後半の主要問題が銅余りと銀繰りの悪化であることを確認し、勘定奉行兼長崎奉行松浦信正が長崎会所や対馬藩や大坂町人を巻き込んで処理したことを明らかにする。第三節では、元文銅座廃止時の勘定帳を分析し、民間資金への依存と各地銅山への多額の貸付残の存在を指摘する。

第六章　明和銅座と大坂銅商人

第一節では、大坂における地売銅相場の上昇をきっかけに、勘定奉行兼長崎奉行の石谷昌清が市場の詳細な調査をふまえ、長崎御用銅会所を改編して銅座を設置することと、この銅座は御用銅と地売銅を総体として統制する初めての銅座であることを確認する。第二節では、地売銅相場の規律確立を企図して、荒銅買上げ値段＋吹減《へり》・吹賃＋口銭＝吹銅売出し値段という式が成り立つように、その個々の値段を公定することと、そのための糺《ただし》吹《ぶき》などの手続きと明和銅座期の地売銅の産地分布状況、地売銅相場の推移を明らかにする。第三節では、真鍮産業の発展にともなう古銅（銅スクラップ）流通の活発化と、それに対する銅座の統制の進展の状況を考察する。第四節では、長崎会所と密接な関係にある銅座の財政を、銅座に即して検討することとし、次に地売銅では売買益があったことを確認し、さらに「銅山手当銀」名目で御金蔵の資金の貸付けを長期間運営したことをみて、基本的に鎖国とともにある徳川幕府の銅専売機関であった銅座が、収益をあげ続けたその経営に企業的な性格も認められることを明らかにする。第五節では、明和銅座のもとで銅の輸出と地売銅専売がともかくも平穏に推移した実績をふまえて、幕末開港後に銅の輸出禁止政策をとったことと、銅の専売制を維持したことを確認する。

なお、既発表論文のうち、本書に収載した論文の初出掲載誌と年次は次のとおりである。ただし本書は、既発表の論文集にとどまらないよう全体を通じて改稿し、発表後修正を必要とする部分は適宜、補訂をほどこした。

第一章第一節は、次の論考に加筆したものである。

「近世大坂の銅関連業者」（『大阪市文化財協会研究紀要』第二号、一九九九年）

同第二・三節は、次の三編を原案とする新稿である。

「近世日本の銅――銅市場と銅統制――」（『住友史料館報』第三九号、二〇〇八年）

「南蛮吹と近世大坂の銅吹屋仲間」（『住友史料館報』第三五号、二〇〇四年）

「近世住友の吹所の研究」（『泉屋叢考』第一九輯、一九八〇年）

第二・三章は、次の四編を原案とする新稿である。

「近世日本の銅――銅市場と銅統制――」（前掲）

「貞享・元禄期の銅貿易と住友」（『住友史料館報』第三二号、二〇〇一年）

「宝永・正徳期の銅貿易と住友」（『住友史料館報』第三三号、二〇〇二年）

「長崎貿易体制と元文銅座」（『住友史料館報』第三八号、二〇〇七年）

第四章第一節は、次の二編を原案とする新稿である。

「近世日本の銅――銅市場と銅統制――」（前掲）

「寛政期、住友本店の古貸の処理について――銀座・対馬藩・津軽藩の例を中心に――」（『住友史料館報』第四〇号、二〇〇九年）

同第二節は、次の論考に加筆したものである。

「近世鉛鉱業史についての覚え書」（『住友修史室報』第一三号、一九八四年）

第五章は、次の論考に加筆し再編したものである。

「長崎貿易体制と元文銅座」（前掲）

「寛政期、住友本店の古貸の処理について――銀座・対馬藩・津軽藩の例を中心に――」（前掲）

第六章は、次の論考に加筆し再編したものである。

「近世日本の銅――銅市場と銅統制――」（前掲）

（1）　オランダ東インド会社が日本銅をアムステルダムの銅市場の操作に利用したことについては、クリストフ・グラマン著、石井米雄訳「日本銅と十七世紀ヨーロッパのパワー・ポリティックス」（『東方学』第五六輯、一九七八年）。オランダ東インド会社の日本銅貿易と各地への販売状況を、オランダの史料を用いて長期にわたって述べた日本文の研究としては、山脇悌二郎『長崎のオランダ商館　世界のなかの鎖国日本』（中公新書、一九八〇年）、鈴木康子『近世日蘭貿易史の研究』（思文閣出版、二〇〇四年）がある。十八世紀のオランダ東インド会社の日本銅貿易を軸とする活動については、島田竜登「オランダ東インド会社のアジア間貿易――アジアをつないだその活動――」（『歴史評論』№六四四、二〇〇三年）、同「一八世紀における国際銅貿易の比較分析――オランダ東インド会社とイギリス東インド会社――」（『早稲田政治経済学雑誌』№三六二、二〇〇六年）、同「世界のなかの日本銅」（荒野泰典他編　近世日本の対外関係6『近世的世界の成熟』吉川弘文館、二〇一〇年）がある。オランダが棹銅を標準にしたことは、鈴木康子前掲『近世日蘭貿易史の研究』。

（2）　任鴻章『近世日本と日中貿易』（六興出版、一九八八年）。中国側の日本銅購入のための、派船の背後にある中国の幣制と通貨政策、銅生産とその輸送体制などの解明は進みつつある。川勝守「清、乾隆期雲南銅の京運問題」、同「清、乾隆初年雲南銅の長江輸送と都市漢口」（以上、同『明清貢納制と巨大都市連鎖――長江と大運河――』汲古書院、二〇〇九年）。日本銅のアジア世界における位置づけのために重要な課題である。

（3）　図1の出典は次のとおりである。唐船の一六六三～一七一五年は『泉屋叢考』第九輯（住友修史室、一九五七年）、一七五五～一七八九年は「吹塵録」（『勝海舟全集』5、講談社、一九七七年）、一七九〇～一八五一年は東京大学史料編纂所二〇九八―二〇「長崎銅買渡記録　自寛政二年至嘉永四年」。一七一六～三五年は推定高で、劉序楓「享保年間の唐船貿易と日本銅」（中村質編『鎖国と国際関係』吉川弘文館、一九九七年）。オランダ船は『長崎実記年代録』により、一八〇五年以後は出典は唐船に同じである。ちなみに、産銅高に関して長期間の推移を示す史料はなく、銅輸出高によって推定するほかない。元禄十年（一六九七）ころ一〇〇〇万斤とされるが、それは輸出高と鋳銭高に基づく推定である。後掲第二章表2はわずか八年間であるが、大坂銅吹屋の買入れ荒銅高で、当時の銅産出高のほぼ全体とみてよい。また別子銅山の産銅高は住友金属鉱山株式会社編刊『住友別子鉱山史』別巻（一九九九年）にあり、近世の個別銅山の産銅高が連年判明する希少な例である。

（4）　朝鮮への輸出銅については田代和生『近世日朝通交貿易史の研究』（創文社、一九八一年）。鋳銭については同「倭館における朝鮮銭の使用」（『マイクロフィルム版対馬宗家文書　第Ⅲ期倭館館守日記・裁判記録　別冊　中』ゆまに書房、二〇〇五年）。

（5）上原兼善『鎖国と藩貿易——薩摩藩の琉球密貿易——』（八重岳書房、一九八一年）、宮田俊彦『琉球・清国交易史——二集「歴代宝案」の研究——』（第一書房、一九八四年）、喜舎場一隆『近世薩琉関係史の研究』（国書刊行会、一九九三年）。薩摩藩の貿易銅については、第四章註（1）に記すとおり、論述を省略する。

（6）武田晴人『日本産銅業史』（東京大学出版会、一九八七年）。

（7）小葉田淳『鉱山の歴史』（至文堂、一九五六年）、同『日本鉱山史の研究』（岩波書店、一九六八年）、同『続日本鉱山史の研究』（岩波書店、一九八六年）、同『日本銅鉱業史の研究』（思文閣出版、一九九三年）、同『貨幣と鉱山』（思文閣出版、一九九九年）。

（8）荻慎一郎『近世鉱山をささえた人びと』（山川出版社、二〇一二年）、同『近世鉱山社会史の研究』（思文閣出版、一九九六年）。

（9）住友金属鉱山株式会社編刊『住友別子鉱山史』上巻・下巻・別巻（一九九一年）。

（10）安国良一「近世別子災害年表」（『住友史料館報』第一九号、一九八九年）、同「別子銅山の産銅高・採鉱高について——近世後期を中心に——」（一）（二）（『同』第二一・二三号、一九九一・九二年）、同「買請米とその利益——別子銅山買請米制の研究——」（『同』第二六号、一九九五年）、同「買請米の割賦と廻送——別子銅山買請米制の研究——」（一）（二）（『同』第二七・二八号、一九九六・九七年）、同「近世別子銅山の御用米銀貸付」（『同』第二九号、一九九八年）、同「近世別子銅山の収支構造」（『同』第三一号、二〇〇〇年）、同「一八・一九世紀の通貨事情と別子銅山の経理」（『同』第三二号、二〇〇一年）、同「別子銅山の損益と泉屋大坂本店」（『同』第三三号、二〇〇二年）、同「別子銅山と天保・嘉永期の経営危機」（『同』第三四号、二〇〇三年）、同「別子銅山の開坑と周辺幕領」（朝尾直弘教授退官記念会編『日本国家の史的特質　近世・近代』思文閣出版、一九九五年）。

（11）末岡照啓「幕末期の住友——危機とその克服——」（『住友修史室報』第一六号、一九八六年）、同「近世、別子・立川銅山の開発と銅水問題」（末岡他編『近世の環境と開発』思文閣出版、二〇一〇年）。

（12）佐々木潤之介「近世産銅政策についての一考察」（一）（二）（『史学雑誌』第六六編第一号・第六七編第一号、一九五七・五八年)、同「大坂銅問屋・大坂屋についての覚書」(『研究と評論』第三号、一九五九年)、同「秋田阿仁銅山の経営――寛政改革を中心に――」(地方史研究協議会編『日本産業史大系』3東北地方篇、東京大学出版会、一九六〇年)、同「鉱山における技術と労働組織」(岩波講座『日本歴史』近世3「諸産業の技術と労働形態」のうち、岩波書店、一九七六年)、同「銅山の経営と技術」(永原慶二・山口啓二編『講座・日本技術の社会史』第五巻、採鉱と冶金、日本評論社、一九八三年)、同「鉱業における技術の発展」(佐々木潤之介編『技術の社会史』2在来技術の発展と近世社会、有斐閣、一九八三年)。秋田県編刊『秋田県史』第二巻近世編上、第三巻近世編下(鉱山史の分担執筆佐々木潤之介)(一九六四・六五年)。

(13) 麓三郎『尾去沢・白根鉱山史――近世銅鉱業史の研究――』(勁草書房、一九六四年)。

(14) 小石川透「盛岡藩における銅山直轄経営について――藩財政との関わりから――」(『弘前大学国史研究』第一〇九号、二〇〇〇年)。

(15) 長谷川成一「延宝・天和期の陸奥国尾太銀銅山――津軽領御手山の繁栄と衰退――」(弘前大学人文学部『人文社会論叢』(人文科学篇)第一二号、二〇〇四年)、同「延宝期尾太鉱山絵図の研究――「御金山御絵図」の解析と考察――」(弘前大学人文学部『人文社会論叢』(人文科学篇)第一三号、二〇〇五年)、同「天和~正徳期(一六八一~一七一五)における尾太銅鉛山の経営動向」(弘前大学人文学部『人文社会論叢』(人文科学篇)第二〇号、二〇〇八年)。

(16) 拙稿「出羽幸生銅山小史――近世後期――」(尾藤正英先生還暦記念会編『日本近世史論叢』下巻、吉川弘文館、一九七四年)、同「幸生銅山と住友」(『西村山地域史の研究』第二七号、二〇〇九年)。

(17) 原田洋一郎『近世日本における鉱物資源開発の展開――その地域的背景――』(古今書院、二〇一一年)。

(18) 長崎市史編さん室編『新長崎市史』第2巻(近世編)(長崎市、二〇一二年)。

(19) 中村質『近世長崎貿易史の研究』(吉川弘文館、一九八八年)、ほかに、同「東アジアと鎖国日本――唐船貿易を中心に――」(加藤榮一他編著『幕藩制国家と異域・異国』校倉書房、一九八九年)がある。

(20) 註(1)鈴木康子『近世日蘭貿易史の研究』。

(21) 註(1)山脇悌二郎『長崎のオランダ商館　世界のなかの鎖国日本』。

(22) 八百啓介『近世オランダ貿易と鎖国』(吉川弘文館、一九九八年)。

(23)　木村直樹『幕藩制国家と東アジア世界』（吉川弘文館、二〇〇九年）。
(24)　荒居英次『近世海産物貿易史の研究——中国向け輸出貿易と海産物——』（吉川弘文館、一九七五年）。その後刊行された永積洋子編『唐船輸出入品数量一覧　1637～1833年——復元唐船貨物改帳・帰帆荷物買渡帳——』（創文社、一九八七年）には、元文二年（一七三七）から連続して銅輸出の掲載があるが、史料の性質上輸出の全体とはいいきれない。
(25)　『長崎市史』通交貿易編　東洋諸国部（長崎市役所、一九三八年）。
(26)　真栄平房昭「中世・近世の貿易」（『新体系日本史』12流通経済史、山川出版社、二〇〇二年）。
(27)　註(1)島田竜登「一八世紀における国際銅貿易の比較分析——オランダ東インド会社とイギリス東インド会社——」六六頁。
(28)　石井孝「幕末における幕府の銅輸出禁止政策」（『歴史学研究』第一三〇号、一九四七年、のち加筆修正して同『幕末開港期経済史研究』有隣堂、一九八七年に収録）。
(29)　山脇悌二郎「日清銅貿易の諸問題」（同『近世日中貿易史の研究』第四章、吉川弘文館、一九六〇年）。
(30)　永積洋子「大坂銅座」（地方史研究協議会編『日本産業史大系』6、東京大学出版会、一九六〇年）。
(31)　註(12)佐々木潤之介「近世産銅政策についての一考察」(一)(二)。
(32)　沼田次郎「江戸時代の貿易と対外関係」（『岩波講座日本歴史』近世五、一九六四年）。
(33)　山脇悌二郎『長崎の唐人貿易』（吉川弘文館、一九六四年）、同「統制貿易の展開」（『長崎県史』対外交渉編、第六章、吉川弘文館、一九八六年）。
(34)　岩崎義則「近世長崎銅吹所について」（『史淵』第一三五輯、一九九八年）。
(35)　註(1)島田竜登「一八世紀における国際銅貿易の比較分析——オランダ東インド会社とイギリス東インド会社——」。
(36)　鈴木康子『長崎奉行の研究』（思文閣出版、二〇〇七年）。
(37)　註(30)永積洋子「大坂銅座」。
(38)　宮本又次「銅座の変遷と住友家」、「銅座掛屋と住友家と維新前後の銅座」（以上、作道洋太郎編著『住友の経営史的研究』実教出版、一九七九年）。
(39)　小葉田淳「第一次銅座と住友　銅貿易と幕府の銅政策」（『泉屋叢考』第一八輯、住友修史室、一九八〇年）。

(40) 岩崎義則「近世銅統制に関する一考察――明和銅座設立期を中心に――」(『九州史学』第一一二号、一九九五年)。なお中井信彦『転換期幕藩制の研究――宝暦・天明期の経済政策と商品流通――』(塙書房、一九七一年)の銅統制策の理解には、銅問屋の機能についてなど、誤認がある。

(41) 安国良一「幕末期の銅座とその終焉」(一)(二)(『住友史料館報』第四四・四五号、二〇一三・一四年)。

(42) 賀川隆行「文政・天保期の大坂銅座の財政構造」(同『江戸幕府御用金の研究』法政大学出版局、二〇〇二年、初出は『三井文庫論叢』第一六号、一九八二年)。

(43) 住友家文書の近世史料の概要については、小葉田淳「住友修史室所蔵史料について」(『古文書研究』第一五号、一九八〇年)があり、『住友史料叢書』各冊には収載史料の解題がある。

第一章　大坂銅商人社会の成立と変容

第一節　大坂銅商人一覧

大坂銅商人社会は、世界各地で需要のあった輸出用棹銅を製造し、外国商人に供給することを基盤として成立した。銅商人社会がいかにして成立し、その後発展、変容して近代を迎えたのかを考えると、最初に台頭し、その発展を推進したのは銅吹屋であった。正徳二～五年（一七一二～一五）に銅吹屋が銅座同様の存在であった時期がその頂点であった。そこで大坂銅商人社会の前半を「銅吹屋の時代」と考えたい。その後も銅吹屋は相当長く最有力の銅商人であった。

やがて銅仲買が台頭し、真鍮産業の発展とともに存在を高めて銅商人社会の展開を推進したので、後半を「銅仲買と真鍮屋の時代」と呼びたいが、銅吹屋の時代との交代はゆっくり進行した。延享元年（一七四四）地売銅が勝手売買（自由売買）になってから銅仲買の台頭がはじまり、そのころ京都で新規の真鍮屋の参入が目立つようになった。安永九年（一七八〇）真鍮座が設置され、京都とともに大坂と江戸の真鍮屋が公認されたが、これをもって、銅仲買と真鍮屋の時代の開始と考えることにしたい。

近世に入ると、輸出銅の標準品である棹銅の製造を基盤として、大坂が京都を凌ぐ圧倒的な銅の中心市場となった。十七世紀の大坂の案内記（『難波雀』の類）の「銅吹屋」四人、すなわち泉屋（住友）・大坂屋・平野屋・

熊野屋の業態は、銅吹屋（精錬業）兼銅山師（鉱山業）兼銅屋（銅貿易業）であった。住友・大坂屋・熊野屋は明治初年まで銅吹屋であったし、平野屋も本家が姿を消したのち複数の縁者が長く銅吹屋を続けた。銅吹屋で山師と銅屋を兼ねる商人を頂点として、小吹屋、銅問屋、銅仲買、銅細工人、古銅《こどう》類取扱い業者が次々と台頭し、その後真鍮屋も出現した。

まず、住友家文書から大坂の銅関連業者の名前・住所を一覧できる史料を抽出し、1銅屋、2銅吹屋、3銅問屋、4銅仲買、5銅細工人、6古銅類取扱い業者、7真鍮地銅屋・真鍮吹職と、8居住町別一覧（計一二一五人）を作成した。時期は近世前期から後期にわたる。大坂における銅関連業者分布の基礎資料であり、第二章以下の論述の参考資料となるものである。

1銅屋

銅輸出は寛永十五～正保二年（一六三八～四五）に禁止された。輸出禁止前、当時平戸にあったオランダ商館に銅を売ったのは専門の銅商人ではなく、いろいろな商品を扱う商館の出入商人であった。大坂・京都の銅商人が解禁運動をし、解禁後、禁止期間中に長崎出島に移転していたオランダ商館に銅を売った。解禁運動には住友の同族五人を含む次の七人が江戸へ行き、奏功した。[1]

泉屋理兵衛（住友家二代友以）　泉屋忠兵衛（友以の弟で実家の当主、京都住）　泉屋八兵衛（友以弟、大坂）
金屋長右衛門（友以の伯父）　鍮鉐屋与兵衛（友以の伯母婿）　太刀屋喜兵衛（高麗橋両替町）
銭屋太郎右衛門（淡路町）

寛文八年（一六六八）銅輸出が再び禁止されたとき、大坂・江戸・堺の銅屋七人が江戸で訴願して輸出を許可された。次の七人である。[2]

泉屋吉左衛門（住友家三代友信、大坂）　泉屋五郎右衛門（奥野怨元、住友の別家で親類、大坂）
泉屋与九郎（住友の別家、大坂）　大坂屋仁左衛門（大坂）　銭屋半兵衛（江戸）
銭屋七右衛門（堺）　銭屋作右衛門（堺）

右の七人について四人が同じく江戸で訴願し許可された。(3)うち三人は大坂の商人で、浜田屋もおそらく大坂である。

平野屋清右衛門　銅屋善兵衛代次右衛門　大塚屋甚右衛門代　浜田屋治右衛門

寛文十二年（一六七二）、長崎貿易において市法貨物商売法が施行された当初の銅屋は後掲表1のとおりである。銅屋と貨物輸入との兼業を禁止する幕府の命令により、銅屋をやめて貨物銀を受け輸入貿易を継続した三人は次のとおりで、ほかの一三人は銅貿易継続を選択した。(4)

ほてい屋加兵衛（京）　帯屋六兵衛（堺）　糸屋治兵衛（堺）

延宝六年（一六七八）大坂町奉行が裁定して古来銅屋一六人が公認された。このとき公認されなかった銅屋があり、次の六人である。(5)

北国屋次右衛門　さこや六右衛門　道明寺屋吉左衛門　福山屋次郎右衛門　因幡屋清左衛門
新庄清右衛門

こうして確定した古来銅屋一六人は銅屋株となり、株は移転もした。元禄元年（一六八八）、同七年（一六九四）、正徳二年（一七一二）の名前は次の一覧［1］のとおりである。正徳二年（一七一二）の一覧は元禄銅座（第一次銅座）の廃止にあたって古来銅屋が再び銅輸出を請負うことを希望した（結局銅吹屋仲間一七人が長崎廻銅を命じられ、銅屋の復権はならなかった）ときの業者一覧である。(6)

一覧［1］　古来銅屋一六人

元禄元年（一六八八）	同七年（一六九四）	正徳二年（一七一二）
銅屋善兵衛（大坂）	銅屋善三郎（長堀平右衛門町）	銅屋善三郎（長堀平右衛門町）
泉屋吉十郎（大坂）	泉屋吉十郎（天満小嶋町）	泉屋理右衛門（長堀茂左衛門町）
泉屋吉左衛門（大坂）	泉屋吉左衛門（長堀茂左衛門町）	泉屋吉左衛門（長堀茂左衛門町）
泉屋平兵衛（大坂）	泉屋平兵衛（南問屋町）	海部屋市左衛門（堺）
泉屋理左衛門（大坂）	泉屋理左衛門（長堀茂左衛門町）	泉屋理左衛門（淡路町一丁目）
大坂屋久左衛門（大坂）	大坂屋久左衛門（横堀炭屋町）	大坂屋久左衛門（炭屋町）
大塚屋甚右衛門（大坂）	大塚屋甚右衛門（瓦町一丁目）	大塚屋甚右衛門（瓦町一丁目）
熊野屋彦三郎（紀州）	熊野屋彦三郎（紀州）	熊野屋彦三郎（紀州）
熊野屋彦太郎（紀州）	熊野屋彦太郎（紀州）	熊野屋彦太郎（紀州）
塩屋八兵衛（大坂）	塩屋八兵衛（過書町）	分銅屋七兵衛（京）
銭屋作右衛門（堺）	銭屋作右衛門（堺）	銭屋作右衛門（堺）
刀屋八郎兵衛（長崎）	刀屋八郎兵衛（長崎）	刀屋八郎兵衛（長崎）
平野屋清右衛門（大坂）	平野屋清右衛門（横堀炭屋町）	塚口屋長左衛門（南瓦屋町）
増田屋伝兵衛（豊後）	増田屋伝兵衛（豊後）	増田屋伝兵衛（豊後）
丸銅屋仁兵衛（大坂）	丸銅屋喜右衛門（横堀吉野屋町）	丸銅屋喜右衛門（京）
山形屋弥左衛門（京）	博多屋久左衛門（長崎）	博多屋久左衛門（長崎）

元禄十四年（一七〇一）、銅座の設置によって銅座が銅吹屋から棹銅を購入して輸出するようになって銅屋という商売は存在の余地がなくなり、古来銅屋一六人のうち吹所を持つ三人（住友・大坂屋・大塚屋。大吹屋という）と

山師兼銅屋で吹所を持つ熊野屋の四人を除く一二人は、廃業せざるをえなかった。

[2]銅吹屋

貞享期（一六八四～八八）に小吹屋が銅貿易に進出すると、それは仲間外の輸出なので、古来銅屋の訴願によって差し止められたが、のち元禄銅座はこれら小吹屋を配下に入れた。元禄五年（一六九二）の小吹屋一一人を一覧[2]に示す(7)。

一覧[2]　小吹屋一覧

丸銅屋次郎兵衛（横堀炭屋町）	もとは銅細工人	万治元年（一六五八）ごろ開業
平野屋三右衛門（道頓堀湊町）	もとは大塚屋甚右衛門銅細工人	寛文十二年（一六七二）ごろ開業
北国屋重右衛門（新難波中ノ町）	北国や吉右衛門手代、吹やの名代	延宝三年（一六七五）ごろ開業
若狭屋三郎右衛門（道頓堀湊町）	もとは鉛屋	延宝三年（一六七五）ごろ開業
河内屋伝次（道頓堀釜屋町）	もとは紙や仁左衛門手代	延宝六年（一六七八）ごろ開業
川崎屋市之丞（道頓堀釜屋町）	もとは銭や四郎兵衛手代	延宝六年（一六七八）ごろ開業
平野屋小左衛門（道頓堀釜屋町）	もとは平野や清右衛門手代	延宝八年（一六八〇）ごろ開業
平野屋忠兵衛（道頓堀湊町）	もとは平野や利兵衛手代	貞享二年（一六八五）ごろ開業
金田屋兵右衛門（横堀炭屋町）	もとは大塚や・北国や細工人	貞享二年（一六八五）ごろ開業
多田屋市郎兵衛（新難波東ノ町）	もとは銅細工人	貞享四年（一六八七）ごろ開業
鉄屋次兵衛（新難波中ノ町）	もとは古鉄屋	元禄四年（一六九一）ごろ開業

元禄銅座設置の際、銅座に誓紙を差し出した銅吹屋一八人の名前を一覧[3]に示す(8)。

一覧［3］　銅吹屋一覧（元禄十四年＝一七〇一）

泉屋吉左衛門（一覧［1］［4］掲載）
大坂屋久左衛門（一覧［1］［4］掲載）
熊野屋彦太郎（一覧［1］［4］は彦太夫）
丸銅屋次郎兵衛（一覧［2］［4］掲載）
多田屋市郎兵衛（一覧［2］［4］掲載）
銅屋半左衛門
平野屋小左衛門（一覧［2］掲載）
吹屋次郎兵衛（一覧［4］は次左衛門）
銭屋与兵衛
大塚屋甚右衛門（一覧［1］［4］掲載）
泉屋利右衛門（一覧［1］は吉十郎）
平野屋三右衛門（一覧［2］［4］掲載）
平野屋八十郎
山田屋新右衛門
平野屋忠兵衛（一覧［2］［4］掲載）
川崎屋市之丞（一覧［2］掲載）
博多屋次兵衛
河内屋喜右衛門

正徳二年（一七一二）第一次銅座の廃止にあたり、長崎廻銅を請負った銅吹屋仲間一七人を一覧［4］に示す。(9)

一覧［4］　銅吹屋一覧（正徳二年＝一七一二）

泉屋吉左衛門（長堀茂左衛門町）（一覧［1］［3］掲載）　明治初年まで継続
大坂屋久左衛門（西横堀炭屋町）（一覧［1］［3］掲載）　明治初年まで継続（途中休業）
大塚屋甚右衛門（瓦町一丁目）（一覧［1］［3］掲載）　明和三年（一七六六）以後廃業
丸銅屋次郎兵衛（西横堀炭屋町）（一覧［2］［3］掲載）　明和三年（一七六六）以後廃業
平野屋忠兵衛（道頓堀釜屋町）（一覧［2］［3］掲載）　明和三年（一七六六）以後廃業
富屋藤助（道頓堀新難波中之町）　明治初年まで継続
多田屋市郎兵衛（道頓堀新難波中之町）（一覧［2］［3］掲載）　明和三年（一七六六）以後廃業

平野屋三右衛門（道頓堀湊町）（一覧［2］［3］掲載）　文化元年（一八〇四）以後廃業
平野屋きん（道頓堀湊町）　安永三年（一七七四）以後廃業
熊野屋彦大夫（道頓堀新難波東之町）（一覧［1］［3］掲載）　明治初年まで継続
平野屋市郎兵衛（道頓堀湊町）　享保十四年（一七二九）以後廃業
大坂屋又兵衛（道頓堀釜屋町）　明治初年まで継続
熊野屋徳兵衛（道頓堀新難波東ノ町）　享保十一年（一七二六）以後廃業
富屋伊兵衛（道頓堀釜屋町）　明和三年（一七六六）以後廃業
大坂屋三右衛門（道頓堀釜屋町）　享和三年（一八〇三）廃業
川崎屋平兵衛（道頓堀釜屋町）　明治初年まで継続（途中休業）
吹屋次左衛門（道頓堀湊町）（一覧［3］掲載）　元文三年（一七三八）以後廃業

右の履歴欄に一覧［1］掲載とあるとおり、銅吹屋一七人のうち古来銅屋であった者が四人、一覧［2］掲載元禄五年（一六九二）の小吹屋が四人である。元禄銅座設置当初からの銅吹屋は九人しかいない。銅座設置後に廃業した者六人、開業した者五人があり、この間は開廃業が自由であった。小吹屋の仲間外銅輸出や銅座期の盛んな開廃業から、銅吹屋の活力を認めることができる。後掲表2に、元禄五年（一六九二）の古来銅屋と小吹屋、元禄銅座設置当初の銅吹屋、正徳二年（一七一二）長崎廻銅を請負った銅吹屋をまとめて表示する。

正徳二年（一七一二）に銅吹屋仲間一七人が確定し、以後幕末まで増員はなく、次第に減少した。享保七年（一七二二）以後一時新吹屋が続出したが、潮江以外は一年だけで、潮江も長続きしなかった。新吹屋続出の背景については第三章第二節で述べる。

享保八年（一七二三）の新吹屋

小山甚右衛門　鈴木清九郎　永井源助　藤懸武左衛門　舟橋助市　松や長右衛門
享保十年（一七二五）の新吹屋
菅野幸太郎
享保十六年（一七三一）開業の吹屋
潮江長左衛門（幸町二丁目カ）潮江は寛保三年（一七四三）禁止されるまで銅精錬を継続。また多田六人銅山ほか稼行

明和元年（一七六四）、銅吹屋仲間は秋田銅・南部銅の吹賃引き上げなどを荷主である大坂の両藩邸に出願したが実現せず、結局秋田銅は翌二年（一七六五）、それまでと同一の条件で銅吹屋仲間が請負った。南部銅は銭屋四郎兵衛という仲間外の吹屋の一手吹となった。その後寛政二年（一七九〇）銭屋から塩屋佐次郎（平右衛門、伊之助、伊助のときもある）に替わり、同十二年（一八〇〇）塩屋から鍵（鎰とも書く）屋忠四郎（忠蔵のときもある）に替わり、天保元年（一八三〇）鍵屋から布屋四郎兵衛に替わった。こうして南部銅の仲間外吹屋による一手吹は天保十四年（一八四三）まで継続し、同年銅吹屋仲間の請負いに替わった。(10)

銅吹屋の荒銅・吹銅の集荷や販売の業務は、台頭した仲買との競争にさらされ利益が減少し、やがてそれらは銅座の専売に移行する。銅吹屋に最後まで残ったのが、精錬の独占と荒銅・吹銅の現物管理、長崎における輸出銅の保管と掛渡し（計量・検品をともなう引渡し業務）である。銅山の稼行も住友の別子銅山が近代まで継続したのは別格としても、住友も大坂屋も熊野屋も、またほかの銅吹屋も関心が高く、機会があれば稼行したが次第に減少する。大坂屋は各地銅山の稼行を止め、秋田藩とは関係を深めた。(11)

[3]銅問屋

銅問屋は山元の荷主（銅山師）から銅荷物を受け取り、大坂で買い手（銅吹屋、のちには銅座）に渡し、代価を荷主に送り、所定の手数料を取得する。銅問屋は、秋田銅問屋の長浜屋ら（秋田藩の蔵元を兼務して銅山の金主としても力を振るった）を別にすると、長期にわたって勤める例は少ない。銅座の統制のない時期の銅問屋は、国問屋やほかの商品の問屋の兼業が多かったと考えられ、一般には山元に対していわゆる問屋制的支配をおこなう存在であるとは考え難い。正徳二〜四年（一七一二〜一四）に名前のみえる銅問屋は次のとおりである。(12)

一覧[5]　銅問屋一覧（正徳二〜四年＝一七一二〜一四）

網干屋三郎右衛門（出羽秋田銅）　淡路屋利右衛門（土佐安居銅）
阿波屋清右衛門（山銅）　泉屋五兵衛（出羽永松銅・陸奥熊沢銅・狼倉銅　平野町二丁目）
泉屋新四郎（下野足尾銅）　伊勢屋八右衛門（但馬生野銅）
井筒屋大吉（生野銅　大川町）　岩井屋嘉兵衛（出羽銅・永松銅・熊沢銅　平野町一丁目）
近江屋三郎左衛門（佐渡銅）　尾張屋吉兵衛（日向銅）
海部屋儀平（出羽立石銅）　海部屋権七（陸奥獅子沢銅　京橋六丁目）
海部屋徳兵衛（獅子沢銅　京橋六丁目）　加賀屋善左衛門（出羽能代銅）
柏屋与市郎（日向銅）　柏屋四郎兵衛（播磨鋳物師銅）
米屋長右衛門（出羽立石銅・炭谷銅）　坂田屋市右衛門（長門長登銅）
讃岐屋孫左衛門（日向猿渡銅）　塩野屋吉兵衛（飛騨銅）
嶋屋市兵衛（出羽炭谷銅）　銭屋宇兵衛（土佐田野口銅）
高松屋次郎右衛門（破船銅）　田嶋屋利右衛門（長門大平山銅）

千種屋新右衛門（越前大野銅・越前銅）　天王寺屋弥右衛門（獅子沢銅・南部銅　今橋二丁目）
土佐屋八右衛門（土佐銅・黒滝銅）　苫屋茂作（破船銅）
高岡屋勝兵衛（田野口銅・黒滝銅）　長浜屋源左衛門（秋田銅　島町二丁目）
中屋彦三郎（生野銅）　奈良屋五郎兵衛（鋳物師銅）
布屋治左衛門（佐渡銅）　能勢屋庄右衛門（丹波小野原銅）
肥後屋六兵衛（土佐黒滝銅）　菱屋所右衛門（伊予立川銅）
日高屋次郎右衛門（立石銅・炭谷銅）　平野屋半兵衛（生野銅・但馬明延銅　南久太郎町御堂前）
平野屋又兵衛（秋田銅　長堀富田屋町）　平野屋利兵衛（豊後尾平銅・生野銅）
福嶋屋喜左衛門（生野銅・播磨小畑銅・播磨銅・播磨椛坂銅　両国町）
古金屋忠右衛門（破船銅）　升屋七左衛門（日向銅）
松井市郎兵衛（立川銅）　丸銅屋善兵衛（立川銅）
山内長治（南部銅・陸奥尾去沢銅）　山下八郎右衛門（秋田銅　上中嶋町）
芳野屋源助（生野銅）　万屋源七（生野銅）

元文三年（一七三八）の第二次銅座の設置時に、銅座に誓紙を差し出した銅問屋二三人のうち、銅問屋を兼ねる泉屋（住友）と大坂屋を除く二一人を一覧[6]に示す[13]。

一覧[6]　銅問屋一覧（元文三年＝一七三八）

淡屋次郎兵衛（木津村北ノ町）　帯屋庄右衛門（鰻谷尾上町）　海部屋与一兵衛（南堀江四丁目）
舟橋屋太兵衛（釣鐘町）　堺屋次兵衛（土佐堀一丁目）　中村嘉兵衛（道頓堀九郎右衛門町）
小嶋屋助右衛門（過書町）　伝法屋五左衛門（江戸堀三丁目）　佃屋長左衛門（薩摩堀中筋町）

大和屋吉兵衛（平野町二丁目）	鉄屋三郎兵衛（淡路町一丁目）	生嶋屋善助（西横堀長浜町）
大和屋喜兵衛（西横堀西笹町）	堺屋伊兵衛（伏見町）	博多屋勘左衛門（過書町）
嶋屋市兵衛（京橋六丁目）	山下八郎右衛門（土佐堀玉水町）	平野屋又兵衛（長堀富田屋町）
長浜屋源左衛門（嶋町二丁目）	川崎屋次郎左衛門（道修町一丁目）	栢屋勘兵衛

明和元年（一七六四）に銅問屋二〇人の名前・住所・扱い銅と経営状況を、銅吹屋が大坂の長崎御用銅会所に書き上げたものを一覧[7]に示す(14)。このころの銅問屋・銅仲買の書き上げは、第六章第二節に述べるとおり、明和銅座設置準備の調査に応じたものである。

一覧[7]　銅問屋一覧（明和元年＝一七六四）

長浜屋源左衛門（嶋町二丁目）	秋田銅
雑賀屋七兵衛（伏見堀）	秋田銅
山下八郎右衛門（西国橋）	秋田銅
伊勢屋七郎右衛門（嶋町二丁目）	永松銅
小山屋吉兵衛（内平野町）	北国銅
金屋六兵衛（南本町一丁目）	中国・西国銅
銭屋惣兵衛（備後町一丁目）	奥州・羽州鉛問屋にて銅売買
長野屋忠兵衛（本町西横堀、長浜町）	播州銅
相可屋徳兵衛（天神橋南詰）	北国・奥州津軽
辰巳屋善右衛門（道修町）	諸国小山銅、身上宜、薬種屋
尾道屋五兵衛（淀屋橋南詰）	諸国小山銅、身上宜

大和屋喜兵衛（西笹町）	中国・九州・南方小山銅、身上向不慥
俵屋卯右衛門（舟町）	中国・九州・南方小山銅、身上向不慥
平野屋忠兵衛（権右衛門町）	中国・九州・南方小山銅、身上向不慥
和泉屋源四郎（高橋北詰）	中国・九州・南方小山銅、身上向不慥
阿波屋喜右衛門（順慶町三丁目）	中国・九州・南方小山銅、身上向不慥
銅屋勘右衛門（樋上町吹子屋橋）	中国・九州・南方小山銅、身上向不慥
明石屋新兵衛（亀井橋南詰）	中国・九州・南方小山銅、身上向不慥
平野屋茂兵衛（山本町）	中国・九州・南方小山銅、身上向不慥
近江屋喜左衛門（江ノ子嶋亀橋）	中国・九州・南方小山銅、身上向不慥

4 銅仲買

仲買は、銅吹屋の精錬した吹銅を、大坂と周辺の加工業者や遠隔地向けの問屋へ販売したり、荒銅を集荷して銅吹屋に販売したりする者である。古銅の仲買（後述）から出発したと考えられる。十八世紀中期以降、大坂で古銅のほかにも吹銅・地売荒銅商売に進出し、地売銅市場発展の推進力となった。その基盤に真鍮産業の発展と古銅流通の活発化があった。明和銅座は当初から銅吹屋と銅仲買の地売荒銅商売を禁止し、銅座が専売して一定の利益を蓄積した。さらに寛政八年（一七九六）、銅吹屋と銅仲買の吹銅商売も銅座の専売にした。これらの措置は、地売銅や吹銅の売買益の取得や、それを担保とする金融を抑圧し、影響が銅吹屋や銅細工人にもおよんだと考えられるが、銅仲買の活動はそれにもかかわらず発展し、人数の増大や取扱品の分化、多様化がみられた。

元禄十四年（一七〇一）、大坂には細工向け銅を江戸へ下す問屋四人がいた。うち阿波屋・泉屋・釘屋は、江戸

から上る古銅の買入れもした。(15)

一覧［8］　江戸下し問屋

泉屋新四郎（備後町一丁目西）	阿波屋清右衛門（内淡路町一丁目）
釘屋喜助（内淡路町一丁目）	播磨屋次郎右衛門（安堂寺町）

元文三年（一七三八）第二次銅座の設置時に銅座に誓紙を差し出した銅仲買一六人のうち、銅吹屋兼業の大塚屋を除く一五人を一覧［9］に示す。(16)

一覧［9］　銅仲買（元文三年＝一七三八）

金屋忠兵衛（心斎町）	金屋助右衛門（錺屋町）	銭屋清兵衛（南勘四郎町）
銅屋十右衛門（本町一丁目）	大塚屋弥兵衛（安堂寺町四丁目）	大塚屋左兵衛（塩町四丁目）
河内屋勘兵衛（安堂寺町一丁目）	大塚屋理兵衛（安堂寺町一丁目）	大塚屋九兵衛（順慶町一丁目）
池田屋七右衛門（金沢町）	河内屋庄兵衛（北久太郎町一丁目）	銭屋善兵衛（平野町一丁目）
大塚屋伊兵衛（安土町一丁目）	大塚屋惣兵衛（安土町一丁目）	銭屋惣兵衛（備後町一丁目）

宝暦十三年（一七六三）に銅吹屋が書き上げた大坂の銅仲買一八人を一覧［10］に示す。(17)

一覧［10］　銅仲買（宝暦十三年＝一七六三）

銭屋四郎兵衛（平野町一丁目）	銭屋惣兵衛（備後町一丁目）	樽屋武兵衛（安土町一丁目）
大塚屋伊兵衛（安土町一丁目）	金屋九兵衛（米屋町一丁目）	金屋源兵衛（本町一丁目）
玉屋彦兵衛（南久宝寺町一丁目）	大塚屋治兵衛（南久宝寺町二丁目）	金屋六兵衛（安堂寺町一丁目）
大和屋四郎兵衛（安堂寺町一丁目）	大塚屋嘉兵衛（安堂寺町一丁目）	大塚屋左兵衛（三休橋塩町）
銭屋与兵衛（心斎橋順慶町）	大塚屋藤兵衛（心斎橋大宝寺町）	平野屋茂兵衛（橋通三丁目）

一河内屋勘兵衛（安堂寺町せん檀木）　大塚屋嘉助（天満木幡町）　近江屋治兵衛（天満木幡町）

宝暦十三年（一七六三）には江戸問屋九軒の一覧史料（一覧[11]）がある。[18]

一覧[11]　江戸問屋

玉屋六兵衛（内本町橋詰丁）　炭屋長右衛門（内本町松屋町）　釘屋九兵衛（内淡路町松屋丁）
釘屋弥左衛門（内淡路町松屋丁）　釘屋久兵衛（豊後丁）　川崎屋十郎兵衛（豊後丁）
釘屋喜兵衛（瓦町堺筋西）　泉屋喜兵衛（米屋町一丁目）　泉屋新四郎（備後町二丁目）

5 銅細工人

銅細工人は薬罐屋《やかんや》とも呼ばれ、天満南木幡町（通称薬罐屋町）とその近辺に多数居住した。元禄十四年（一七〇一）御用銅優先のため細工向き銅が不足して迷惑しているという訴願をし、それに対する申渡しのため薬罐屋五四人が町奉行所に召喚された。[19]十八世紀中期に銅仲買が台頭するより前、細工向き銅の不足や相場の上昇につき町奉行所へ訴願し、銅吹屋仲間と交渉したことは、第四章第一節で取り上げる。

後年の細工人の名前・職種・住所を、住友家文書の「銅延職人」（年次不明）と題する書き付けによって一覧[12]に示す。[20]（　）内に記した記載の意味は、延は延板製造、小細工・器は小細工物や器物の製造、東・西は天満地区以外の地区の別かと思われるが、よく分からない。

一覧[12]　銅延職人

吉田屋新七（延）　天満南木幡町
大和屋清七（延）　天満南木幡町
高嶋屋藤蔵（延）　天満南木幡町

播磨屋卯右衛門（延）　天満南木幡町
吉田屋八郎兵衛（延）　天満南木幡町
高嶋屋卯之助（延）　天満南木幡町　高嶋屋藤蔵同家
丸屋善七（延）　天満南木幡町　津国屋六蔵借家
田中屋定次郎（延）　天満南木幡町　天満屋徳兵衛借家
高寺屋九兵衛（延）　天満南木幡町　高寺屋亀吉方同家
河内屋ひて（延）　天満砂原屋敷
伏見屋喜八郎（小細工）　天満砂原屋敷
伏見屋平左衛門（荒）　天満砂原屋敷　丹波屋清七支配借家
京屋源七（荒）　天満砂原屋敷　丹波屋定七支配借家
田中屋九兵衛（荒）　天満砂原屋敷
京屋佐一郎（器）　天満砂原屋敷
河内屋治兵衛（器）　天満砂原屋敷
伏見屋市郎兵衛（小細工）　天満伊勢町　塗屋長二郎借家
山田屋平兵衛（小細工）　天満伊勢町
住吉屋安兵衛（小細工）　天満源蔵町　高嶋屋安兵衛借家
天満屋元次郎（小細工）　天満南富田町　鍵屋儀兵衛借家
播磨屋辰次郎（東荒小細工）　農人橋詰町　灘屋又右衛門借家
荒物屋小三郎（西荒小細工）　御堂前町　津国屋治兵衛借家

河内屋喜兵衛（西荒）　安堂寺町四丁目
和泉屋太郎兵衛（東荒小細工）　塩町一丁目　深江屋弥十郎家守
天王寺屋喜兵衛（西荒小細工）　山崎町　岩井屋源兵衛支配借家
鍵屋季兵衛（東荒小細工）　炭屋町
和泉屋佐兵衛（西荒）　道頓堀湊町
山城屋保兵衛（西荒）　白髪町　和泉屋佐兵衛支配借家
伊勢屋喜兵衛（西荒小細工）　北堀江四丁目　河内屋伊兵衛支配借家
吉田屋専太郎（荒）　南堀江三丁目　和泉屋武兵衛支配借家
高田屋善兵衛（西荒）　南堀江四丁目
吉田屋喜兵衛（延）　橋（通カ）町三丁目

---

[6] 古銅類取扱い業者

古銅（銅スクラップ）や、加工や精錬工程でできる切屑銅・やすり粉・屑銅・はげ銅は、回収されて再精錬された。元禄十四年（一七〇一）、仲買六人が西国から来る古銅を買い受け、二人が江戸からの分を、一人は西国・江戸からの分を買い受けた。(21)

大塚屋市右衛門（西国）　大塚屋太兵衛（西国）　大塚屋太郎左衛門（西国）　河内屋庄兵衛（西国）
銭屋四郎兵衛（西国）　銭屋清兵衛（西国）　阿波屋清右衛門（江戸）　釘屋喜助（江戸）
泉屋新四郎（西国・江戸）

阿波屋・泉屋・釘屋は前掲一覧[8]の細工向き銅江戸下し問屋である。また河内屋・銭屋清兵衛は一覧[9]にある元文三年（一七三八）の仲買であり、銭屋四郎兵衛は一覧[10]にある宝暦十三年（一七六三）の仲買である。初期の銅市場では銅屋兼銅吹屋が優勢であり、銅仲買は古銅の仲買から出発して吹銅や地売荒銅にまで発展したと推定される。

明和三年（一七六六）設置の第三次銅座では、古銅も銅座が買い上げる規定であったが、天明五年（一七八五）念押しされ、寛政元年（一七八九）古銅・屑銅も銅座が買い上げることが改めて触出された。同六年（一七九四）には古銅見改役に泉屋吉次郎（礼吹師）・大坂屋久左衛門（銅吹屋）・銭屋五郎兵衛（銅仲買）・金屋六兵衛（同）の四人、はげ吹師に萩屋市右衛門（釜屋町）・津国屋六右衛門（天満南木幡町）・銅屋嘉助（同所砂原屋敷）の三人が任命され、京都・江戸にも取締りの町触が出された。同九年（一七九七）銅座は、銅吹屋・銅仲買への吹銅売り渡しを止め、銅仲買に「古銅売上取次人」の肩書きを与えた。安政四年（一八五七）の古銅売上取次人三〇人の名前と住所を一覧[13]に示す。[22]

一覧[13]　古銅売上取次人

銭屋伝兵衛（南久太郎町二丁目）
（銅屋）宗兵衛（天満砂原屋敷　銅屋嘉五良代判）
津国屋六蔵（天満南木幡町）
万屋和助（南勘四郎町　銭屋太兵衛借家）
銭屋理助（北久太良町二丁目　吉野屋太兵衛支配借家）
池田屋半兵衛（安堂寺町四丁目　小橋屋五兵衛支配借家）
大塚屋作兵衛（安堂寺町五丁目）
大塚屋金兵衛（車町）
萩屋市右衛門（橋通一丁目）
玉屋佐兵衛（南本町一丁目）
河内屋新兵衛（安堂寺町四丁目　細金屋三良兵衛借家）
金物屋喜兵衛（塩町一丁目）
河内屋常七（安堂寺町四丁目紀伊国屋つる代判七兵衛かしや）
金物屋安兵衛（順慶町五丁目）

大塚屋太助（博労町）　　　　　　　　　　松屋庄助（北勘四郎町）
大塚屋庄助（北勘四郎町　山田屋源助借家）　綿袋屋九兵衛（北勘四郎町　今津屋徳兵衛支配借家）
大和屋万助（南久宝寺町二丁目　糸屋忠作借家）　大坂屋長兵衛（北久宝寺町二丁目）
銭屋安兵衛（金田町）　　　　　　　　　伊勢屋仁兵衛（安堂寺町一丁目　金田屋徳兵衛支配借家）
藤屋定七（安堂寺町一丁目　相生村屋吉兵衛支配借家）　川西屋喜助（南塗師屋町　竹葉屋安兵衛支配借家）
金田屋九兵衛（玉屋町　笠屋半兵衛支配借家）　三田屋卯兵衛（立売堀中橋町　三田屋宗三郎借家）
万屋喜右衛門（南谷町）　　　　　　　　万屋喜三郎（南谷町）
山城屋武兵衛（玉木町）　　　　　　　　加納屋孫兵衛（内久宝寺町　麹屋茂兵衛支配借家）

一覧［13］には、はげ吹屋（吹床の炉壁や坩堝などから回収した銅分の再精錬を専門とする業者）であった萩屋もいる。萩屋は安永期（一七七二～八一）には銅はげ吹と銅仲買渡世（兼業）であった。古銅がすでに地売銅の一部となり、仲買という商売の内容が多様化していることを示している。はげ吹屋が職種の本来の範囲を越えて南蛮吹することとは処罰の対象になり、また地売銅を吹くことも認められなかった。次にその例を示す。(23)

一覧［14］　はげ吹屋に対する処分

享保七年（一七二二）、はげ吹屋五人、荒銅南蛮吹禁止、過料鳥目五貫文の判決
　塩屋八兵衛（長堀平右衛門町）　肥前屋吉兵衛（道頓堀湊町）　泉屋源兵衛（天満南木幡町）
　金吹屋太兵衛（南瓦屋町）　萩屋市左衛門（道頓堀釜屋町）
延享二年（一七四五）、はげ吹屋萩屋三左衛門（道頓堀釜屋町）、屑銅地売吹出願却下される
宝暦元年（一七五一）、萩屋三左衛門、地売細工向吹方禁止を命じられる

はげ吹屋や他の紛らわしい業者が荒銅を吹くことは、銅吹屋仲間の利益に反するため一貫して禁止されたが、

その動きも繰り返し起きた。一覧[15]にそれを示す。(24)

一覧[15]　摘発されたまぎらわしい業者（文化十四年＝一八一七）

大和屋喜八（南瓦屋町　瓦屋九八郎かしや）　銀細工屋
　摘発品（南蛮床一挺、間吹床一挺、灰吹床一挺、吹道具二〇品、留粕八貫五〇〇目）
大和屋太兵衛（高麗橋二丁目）　鏡職
　摘発品（銑銅二貫二〇〇目）
湊屋吉兵衛（播摩町　播摩屋佐兵衛かしや）　去年まで真鍮吹屋
　摘発品（古銅一樽四貫二〇〇目、吹道具一一品、鞴一挺）
柳屋専蔵（南平野町九丁目）　鉛粕吹屋
　摘発品（合床一挺、南蛮床一挺、吹道具三五品）
大塚屋喜兵衛（安堂寺町二丁目　住吉屋利兵衛支配かしや　伊賀屋専蔵同家）　鉛粕吹と申立
　摘発品（銑銅二貫二〇〇目、南蛮床一挺、銑吹からみ一樽、合床一挺）
佐野屋次三郎（南堀江二丁目　広嶋屋省三支配かしや）　鉛粕吹幷鋳職と申立
　摘発品（合床一挺、鞴一挺、小鞴三挺、吹道具一一品）
和泉屋卯兵衛（鍛冶屋町一丁目）　鍔吹師
　摘発品（合床一挺、鞴一挺、吹道具一三品）
美濃屋平兵衛（上本町四丁目　奈良屋平兵衛かしや）　錫灰流シと申立
　摘発品（合床一挺、鞴一挺、吹道具一〇品、灰吹床一挺）
播磨屋市兵衛（南瓦屋町　瓦屋九八郎かしや）　銀細工屋寄せ屑吹

摘発品（灰吹床一挺、吹道具八品）
榎並屋庄七（北平野町四丁目　小西屋常七支配かしや）
摘発品（合床一挺、鞴一挺、吹道具一四品）
大塚屋孫兵衛（北久宝寺町一丁目　鮫屋藤兵衛支配かしや）　鉛屑吹
摘発品（合床一挺、南蛮床一挺、吹道具一八品）

---

7 真鍮地銅屋・真鍮吹職

真鍮産業は第五節で述べるとおり、京都で早くから発展した。仏具が代表的な製品であったが、近世になって喫煙が普及し、キセルも重要な製品になった。銅の産出が頂点をすぎて漸減したとはいえまだ豊富で、亜鉛の輸入も増大したため真鍮製品が普及した。真鍮産業が京都のほかに江戸・大坂・伏見・堺にも拡大し、大坂で真鍮吹職と地銅屋の仲間ができた。天保改革の株仲間解散令で解散するが、安政二年（一八五五）再興された。再興の地銅屋一三人・吹職一〇人は次のとおりである。(25)

一覧[16]　真鍮吹職仲間庚申講の地銅屋・吹職一覧（安政二年＝一八五五）

真鍮地銅屋
大塚屋藤兵衛（車町）
金屋六右衛門（順慶町五丁目）
大塚屋善兵衛（南久宝寺町）
柏屋捨松代判平兵衛（南勘四郎町　天満屋保平借家）
大塚屋喜兵衛（塩町三丁目　近江屋和助支配借家）
河内屋新兵衛（安堂寺町四丁目　細金屋三郎兵衛借家）
綿袋屋九兵衛（北勘四郎町）
池田屋利兵衛（博労町）
銭屋茂兵衛（茨木町　熊野屋五兵衛借家）
藤屋定七（安堂寺町一丁目　相生村屋吉兵衛借家）

大和屋万助（南久宝寺町二丁目　糸屋忠作借家）
米屋長兵衛（安堂寺町四丁目　河内屋常七借家）
紀伊国屋佐助（安堂寺町四丁目）

真鍮吹職
万屋武兵衛（長堀橋本町）
明石屋幸助（南勘四郎町大塚屋藤兵衛借家）
明石屋宗七（松山町）
京屋才次郎（鍛冶屋町一丁目　河内屋熊之助借家）
河内屋卯兵衛（南竹屋町　銭屋与平治借家）
有馬屋長兵衛（天満鈴鹿町）
池田屋利三郎（博労町　池田屋利兵衛方ニ同居）
大塚屋利兵衛（南久宝寺町五丁目　大塚屋善兵衛借家）
柏屋清助（御池通一丁目　玉置屋安兵衛支配借家）
柏屋藤七（札之辻町　和泉屋治助借家）

---

8 居住町別一覧

右の一覧［1］～［16］に記載があり、かつ大坂の住所が判明する人名の居住町別一覧である。人名の下の数字は上掲一覧の番号である。

一覧［17］　大坂の銅関連業者の居住町別一覧

〔天満地区〕
伊勢町　伏見屋市郎兵衛［12］、山田屋平兵衛［12］
源蔵町　住吉屋安兵衛［12］
小島町　泉屋吉十郎［1］
鈴鹿町　有馬屋長兵衛［16］

砂原屋敷　銅屋嘉助（はげ吹師）、（銅屋）宗兵衛［13］、河内屋治兵衛［12］、河内屋ひて［12］、京屋源七［12］、

樋之上町　京屋佐一郎［12］、田中屋九兵衛［12］、伏見屋喜八郎［12］、伏見屋平左衛門［12］
　銅屋勘右衛門［7］
南木幡町　泉屋源兵衛［14］、高嶋屋卯之助［12］、高嶋屋藤蔵［12］、高寺屋九兵衛［12］、田中屋定次郎［12］、
　津国屋六右衛門（はげ吹師）、津国屋六蔵［13］、播磨屋卯右衛門［12］、丸屋善七［12］、大和屋清
　七［12］、吉田屋新七［12］、吉田屋八郎兵衛［12］
南富田町　天満屋元次郎［12］

〔上町地区と周辺〕

上本町四丁目　美濃屋平兵衛［15］
内淡路町一丁目　阿波屋清右衛門［8］、釘屋喜助［8］
内淡路町松屋町　釘屋九兵衛［11］、釘屋弥左衛門［11］
内久宝寺町　加納屋孫兵衛［13］
内平野町　小山屋吉兵衛［7］
内本町橋詰町　玉屋六兵衛［11］
内本町松屋町　炭屋長右衛門［11］
北平野町四丁目　榎並屋庄七［15］
京橋六丁目　相可屋徳兵衛［7］、海部屋権七［5］、海部屋徳兵衛［5］、嶋屋市兵衛［6］
島町二丁目　伊勢屋七郎右衛門［7］、長浜屋源左衛門［6］［7］
玉木町　山城屋武兵衛［13］
釣鐘町　舟橋屋太兵衛［6］

農人橋詰町　播磨屋辰次郎〔12〕
播磨町　湊屋吉兵衛〔15〕
札之辻町　柏屋藤七〔16〕
豊後町　川崎屋十郎兵衛〔11〕、釘屋久兵衛〔11〕
松山町　明石屋宗七〔16〕
南瓦屋町　金吹屋太兵衛〔14〕、塚口屋長左衛門〔1〕、播磨屋市兵衛〔15〕、大和屋喜八〔15〕
南谷町　万屋喜右衛門〔13〕、万屋喜三郎〔13〕
南平野町九丁目　柳屋専蔵〔15〕

〔船場地区と周辺〕

安土町一丁目　大塚屋伊兵衛〔9〕〔10〕、大塚屋惣兵衛〔9〕、樽屋武兵衛〔10〕
淡路町一丁目　泉屋理左衛門〔1〕、鉄屋三郎兵衛〔6〕
安堂寺町一丁目　伊勢屋仁兵衛〔13〕、大塚屋嘉兵衛〔10〕、大塚屋理兵衛〔9〕、河内屋勘兵衛〔9〕、金屋六兵衛〔10〕、藤屋定七〔13〕〔16〕、大和屋四郎兵衛〔10〕
安堂寺町二丁目　大塚屋喜兵衛〔15〕
安堂寺町四丁目　池田屋半兵衛〔13〕、大塚屋弥兵衛〔9〕、河内屋勘兵衛〔10〕、河内屋喜兵衛〔12〕、河内屋新兵衛〔13〕〔16〕、河内屋常七〔13〕、紀伊国屋佐助〔16〕、米屋長兵衛〔16〕
安堂寺町五丁目　大塚屋作兵衛〔13〕
安堂寺町　播磨屋次郎右衛門〔8〕
茨木町　銭屋茂兵衛〔16〕

今橋二丁目　天王寺屋弥右衛門〔5〕
大川町　井筒屋大吉〔5〕、尾道屋五兵衛〔7〕
過書町　小嶋屋助右衛門〔6〕、塩屋八兵衛〔1〕、博多屋勘左衛門〔6〕
金沢町　池田屋七右衛門〔9〕
金田町　銭屋安兵衛〔13〕
上中嶋町　山下八郎右衛門〔5〕
瓦町一丁目　大塚屋甚右衛門〔1〕〔4〕
瓦町堺筋西　釘屋喜兵衛〔11〕
北勘四郎町　松屋庄助〔13〕、大塚屋庄助〔13〕、綿袋屋九兵衛〔13〕〔16〕
北久太郎町一丁目　河内屋庄兵衛〔9〕
北久太郎町二丁目　銭屋理助〔13〕
北久宝寺町一丁目　大塚屋孫兵衛〔15〕
北久宝寺町二丁目　大坂屋長兵衛〔13〕
車町　大塚屋金兵衛〔13〕、大塚屋藤兵衛〔16〕
高麗橋二丁目　大和屋太兵衛〔15〕
塩町一丁目　和泉屋太郎兵衛〔12〕、金物屋喜兵衛〔13〕
塩町三丁目　大塚屋喜兵衛〔16〕
塩町四丁目　大塚屋左兵衛〔9〕〔10〕
順慶町一丁目　大塚屋九兵衛〔9〕

順慶町三丁目　阿波屋喜右衛門〔7〕
順慶町五丁目　金屋六右衛門〔16〕、金物屋安兵衛〔13〕、銭屋与兵衛〔10〕
道修町一丁目　川崎屋次郎左衛門〔6〕
道修町　辰巳屋善右衛門〔7〕
長浜町　生嶋屋善助〔6〕、長野屋忠兵衛〔7〕
長堀橋本町　万屋武兵衛〔16〕
西笹町　大和屋喜兵衛〔6〕〔7〕
博労町　池田屋利三郎〔16〕、池田屋利兵衛〔16〕、大塚屋太助〔13〕
平野町一丁目　岩井屋嘉兵衛〔5〕、銭屋四郎兵衛〔10〕（南部銅一手吹）、銭屋善兵衛〔9〕
平野町二丁目　泉屋五兵衛〔5〕、大和屋吉兵衛〔6〕
備後町一丁目　泉屋新四郎〔8〕、銭屋惣兵衛〔7〕〔9〕〔10〕
備後町二丁目　泉屋新四郎〔11〕
伏見町　堺屋伊兵衛〔6〕
本町一丁目　銅屋十右衛門〔9〕、金屋源兵衛〔10〕
御堂前町　荒物屋小三郎〔12〕
南勘四郎町　明石屋幸助〔16〕、柏屋捨松代判平兵衛〔16〕、銭屋清兵衛〔9〕、万屋和助〔13〕
南久太郎町二丁目　銭屋伝兵衛〔13〕
南久太郎町御堂前　平野屋半兵衛〔5〕
南久宝寺町一丁目　玉屋彦兵衛〔10〕

南久宝寺町二丁目　大塚屋治兵衛〔10〕、大和屋万助〔13〕〔16〕

南久宝寺町五丁目　大塚屋利兵衛〔16〕

南久宝寺町　大塚屋善兵衛〔16〕

南本町（通称米屋町）一丁目　泉屋喜兵衛〔11〕、金屋九兵衛〔10〕、金屋六兵衛〔7〕、玉屋佐兵衛〔13〕

〔西船場地区〕

江戸堀三丁目　伝法屋五左衛門〔6〕

江之子島亀橋《ママ》　近江屋喜左衛門〔7〕

亀井橋南詰　明石屋新兵衛〔7〕

権右衛門町　平野屋忠兵衛〔7〕

薩摩堀中筋町　佃屋長左衛門〔6〕

高橋北詰　和泉屋源四郎〔7〕

立売堀中橋町　三田屋卯兵衛〔13〕

玉水町（西国橋）　山下八郎右衛門〔6〕〔7〕

土佐堀一丁目　堺屋次兵衛〔6〕

伏見堀（京町堀）　雑賀屋七兵衛〔7〕

舟町　俵屋卯右衛門〔7〕

御池通一丁目　柏屋清助〔16〕

山本町　平野屋茂兵衛〔7〕

両国町　福嶋屋喜左衛門〔5〕

〔島之内地区と周辺〕

油町三丁目　布屋四郎兵衛（南部銅一手吹）
尾上町　帯屋庄右衛門［6］
錺屋町　金屋助右衛門［9］
鍛冶屋町一丁目　和泉屋卯兵衛［15］、京屋才次郎［16］
心斎町　金屋忠兵衛［9］
炭屋町　大坂屋久左衛門［1］［4］、鍵屋季兵衛［12］、金田屋兵右衛門［2］、平野屋清右衛門［1］、丸銅屋次郎兵衛［2］［4］
大宝寺町　大塚屋藤兵衛［10］
玉屋町　金田屋九兵衛［13］
道頓堀九郎右衛門町　中村嘉兵衛［6］
長堀茂左衛門町　泉屋吉左衛門［1］［4］、泉屋理右衛門［1］、泉屋理左衛門［1］
南竹屋町　河内屋卯兵衛［16］
南問屋町　泉屋平兵衛［1］
南塗師屋町　川西屋喜助［13］
山崎町　天王寺屋喜兵衛［12］

〔堀江地区と周辺〕

北堀江四丁目　伊勢屋喜兵衛［12］
木津村北ノ町　淡屋次郎兵衛［6］

幸町二丁目　潮江長左衛門（仲間外銅吹屋）

白髪町　山城屋保兵衛［12］

新難波中之町　鎰屋忠四郎（南部銅一手吹）、多田屋市郎兵衛［4］、鉄屋次兵衛［2］、富屋藤助［4］、北国屋重右衛門［2］

新難波東之町　熊野屋徳兵衛［4］、熊野屋彦大夫［4］、多田屋市郎兵衛［2］

橘通一丁目　萩屋市右衛門［13］

橘通三丁目　平野屋茂兵衛［10］、吉田屋喜兵衛［12］

道頓堀釜屋町　大坂屋三右衛門［4］、大坂屋又兵衛［4］、川崎屋市之丞［2］、川崎屋平兵衛［4］、河内屋伝次［2］、富屋伊兵衛［4］、萩屋市左衛門［14］（はげ吹師）、萩屋三左衛門［14］、平野屋小左衛門［2］、平野屋忠兵衛［4］

道頓堀湊町　和泉屋佐兵衛［12］、肥前屋吉兵衛［14］、平野屋市郎兵衛［4］、平野屋きん［4］、平野屋三右衛門［2］［4］、平野屋忠兵衛［2］、吹屋次左衛門［4］、若狭屋三郎右衛門［2］

長堀富田屋町　平野屋又兵衛［6］

長堀平右衛門町　銅屋善三郎［1］、塩屋八兵衛［14］

南堀江二丁目　佐野屋次三郎［15］

南堀江三丁目　吉田屋専太郎［12］

南堀江四丁目　海部屋与一兵衛［6］、高田屋善兵衛［12］

横堀吉野屋町　丸銅屋喜右衛門［1］

第二節　「銅吹屋の時代」から「銅仲買と真鍮屋の時代」への移行

近世初期、銅吹屋が銅を輸出し、銅山の稼行や出資もして銅商人の中心になった。銅輸出の独占を公認され、正徳期（一七一一～一六）に銅座同様の存在になる。それを短い頂点として、その後輸出銅の荷主から離れて精錬と現物管理の専門商人兼地売銅（国内向けの銅）の商人となり、やがて地売銅の商売では銅仲買と競合するようになるが、そこまでの経過をまず年代順に示す。

寛永十四～正保二年（一六三七～四五）　銅輸出禁止。住友（泉屋）ら銅屋が幕府に解禁を運動する。

正保元年（一六四四）　小吹屋丸銅屋次郎兵衛がこの年開業とする由緒がある。丸銅屋は安永三年（一七七四）以前に休業する。

慶安二年（一六四九）　この年からオランダ輸出銅がほとんど棹銅となる。棹銅が輸出銅の標準品となり、棹銅製造地の大坂が銅の中心市場となる。

寛文十二年（一六七二）　銅屋の貨物輸入兼業が禁止され、銅屋三人廃業。このころ銅山開発が進展し、銅山稼行に進出する銅屋も出現する。

延宝三年（一六七五）　銅屋一三人が共同で足尾銅の輸出を請負い、同六年（一六七八）古来銅屋一六人が銅輸出の独占を幕府から公認される。

元禄五年（一六九二）　小吹屋一一人の銅輸出を、古来銅屋が訴願して阻止。仲間外の銅輸出がほかにも多発する。

元禄十四～正徳二年（一七〇一～一二）　元禄銅座が大坂に設置され、大坂の銅吹屋が配下に入る。銅相場が高騰したので、銅吹屋から安値で買い上げるため。

正徳二~五年（一七一二~一五）　銅吹屋仲間が長崎廻銅を請負い、仲間に銅を集中する幕府の触が出され、仲間が銅座同様の存在となったが、正徳新例の影響で唐船の来航が急減して滞貨増大のため破綻する。これ以後銅吹屋は輸出銅の荷主でなくなったが、長崎銅会所で輸出銅を保管する業務は幕末まで継続する。

享保元~六年（一七一六~二一）　御割合御用銅の仕法実施、御用荒銅を銅吹屋仲間が棹銅に製造する。

享保七~元文二年（一七二二~三七）　長崎会所が輸出銅の荷主として集荷をするようになり、大坂新吹屋の御用銅売上げを長崎奉行が公認。同時期に長崎銅吹所も存在し、大坂の銅吹屋と併存、競合する。

元文三~寛延三年（一七三八~五〇）　元文銅座が大坂に設置され、大坂の銅吹屋が配下に入る。荒銅の吹立て、荒銅・吹銅の現物保管は銅吹屋仲間の業務、御用銅の長崎における保管も引き続き銅吹屋仲間の業務。

延享元年（一七四四）　地売銅勝手売買令。銅仲買が銅商売に参入、競合する。このころ京都で真鍮屋に新規商人の参入が相次ぐ。

明和三年（一七六六）　明和銅座が大坂に設置され、大坂の銅吹屋が配下に入り、銅座が地売銅を独占的に買い上げ、荒銅値段、吹銅売出値段、口銭、吹賃、公定を適正化のうえ公定。値段の一貫性と公平さが仕法永続の土台となった。

安永九~天明七年（一七八〇~八七）　真鍮座が設置され、従来京都だけにあった真鍮産業が、拡大した大坂・江戸についても存在が公認され、伏見・堺は禁止される。

寛政八年（一七九六）　江戸古銅吹所設置、銅吹屋仲間が運営を請負い、毎年仲間一人が

摘　　要
泉屋３人共同下し
銭屋喜兵衛と共同下し
長兵衛名前下し
半左衛門名前下し
大坂屋小左衛門と共同下し
延宝元年(1673)銅商売止
〃
延宝元年(1673)銅商売止

表1　銅屋の割付貨物銀高・輸出銅高・長崎下し銅高（寛文12年＝1672）

所在	屋　号	名　前	貨物銀(匁)	銅売高(斤)	銅下し高(斤)
大坂	泉屋	平八	26,400	134,400	1,336,829
〃	〃	長十郎	32,500	272,629	
〃	〃	与九郎	29,900	402,200	
〃	大坂屋	小左衛門	26,400	273,377	
〃	平野屋	長兵衛・平兵衛	25,300	150,400	401,926
〃	〃	平兵衛	4,000	120,000	
〃	塚口屋	与右衛門	24,200	112,600	170,800
〃	塩屋	小兵衛	4,000	50,600	62,500
〃	銅屋	半左衛門・善兵衛	1,500	59,100	111,450
堺	銭屋	喜兵衛	29,900	352,700	847,126
〃	帯屋	六兵衛	29,900	40,900	
〃	糸屋	治兵衛	26,400	50,000	
〃	海部屋	平右衛門	26,400	82,500	165,350
〃	綷屋	徳右衛門	21,200	108,900	165,600
京	布袋屋	加兵衛	24,200	26,000	
豊後	増田屋	弥左衛門	0	10,900	12,400
計			332,200	2,247,206	3,273,981

出典：「年々帳」無番（『住友』①）6～10頁。

交代で詰める。

寛政九年（一七九七）吹銅の銅吹屋・銅仲買への売り渡しを止め、銅座の直売とする。

文化九～文政二年（一八一二～一九）銅座と江戸古銅吹所が真鍮を専売、大坂・京都・伏見・江戸の真鍮吹屋が公認される。

次にもう少し詳細に述べる。はじめは山元で製造された丁銅（方形の板銅）やごき銅（円盤状か）が輸出されたが、品質のよい棹銅が長崎輸出銅の標準になった。大坂で棹銅を製造した銅吹屋は、長崎で棹銅を輸出し貨物を輸入した。荒銅の集荷や銅山の稼行もした。銅吹屋の周囲に下請けの小吹屋も起こった。京都や堺は古くから銅流通の中心で糸割符仲間もあり、銅を輸出する商人も現れた。

寛文十二年（一六七二）長崎で市法貨物商売法施行のとき、銅輸出と貨物輸入の兼業が禁止された。銅を五万斤以上輸出する銅屋は、銅貿易は認めるが貨物銀（貨物輸入の権利）が割付られない、五万斤以下の商人が貨物銀を受けるには銅貿易を止めるようにということになった。貨物銀とは、この年からはじまった貨物市法商売法において輸入業者に許可される輸入枠のことで、いったんは銅屋にも割当てがあった。その銅屋の割付貨物銀高と輸出銅高・長崎下し銅高を表1に示す。これを機に銅貿易から撤退した商人が三人あり、この表はその三人（帯屋・糸屋・布袋屋）を含んでいる。

延宝元年（一六七三）、銅貿易独占の新たな動きが起きた。すなわち阿形宗智という商人が、江戸で幕領の足尾銅山の銅を高値で買い受けて輸出し、その損失を銅輸出独占の口銭で補填したいと出願し、その出願に一部の銅屋も同調するということが起きた。その計画自体無理があったのと、反対する銅屋の運動とのために独占は実現しなかったが、そのかわり反対する銅屋は宗智と同じ値段で足尾銅五万貫目（三一万二五〇〇斤）を買い受け輸出することになった（これを足尾五ケ一銅の仕法という）。同三年（一六七五）、銅屋一三人が大坂町奉行に家質を差し出し買い受ける銅の配分を決めて請負った。ここに銅屋仲間が実質的に成立した[26]。銅貿易には参入者が続き、延宝六年（一六七八）大坂町奉行が一六人を公認した。これを古来銅屋一六人といい、銅名代、銅屋株とも呼ばれた。このとき公認されなかった銅屋がいたことは前述した。

古来銅屋は仲間外の輸出を認めないというだけの緩やかな独占で、毎年一定高を輸出する義務はなく、元禄九年（一六九六）以後のような運上の負担もなかった。構成員の交代は届出ればよかった。ところが産銅がさらに増大したため、後述のように銅代物替という運上付きの銅輸出枠の拡大が実施された。また、そこに至る前には、古来銅屋外の商人による頻繁な銅輸出が起こった。その中でもとくに組織的で強力であったのは、大坂の小吹屋たちの動きであった。

次に元禄五年（一六九二）の古来銅屋と小吹屋、同十四年（一七〇一）元禄銅座に誓詞を出した銅吹屋、正徳二年（一七一二）の銅吹屋を表示する（表2）。これら銅屋・小吹屋の住所などは、前掲一覧［2］［3］［4］のものである。古来銅屋と小吹屋の主要要員がやがて元禄銅座の配下に入り、のちに銅吹屋仲間一七人となった経緯を読み取ることができる。

銅吹屋は地売銅を細工人（銅製品を製造する職人）に供給する立場にもあったが、おおむね輸出向けを優先した。十八世紀中期まで銅吹屋が細工向き銅の市場を取り仕切っていた状況は第四章第一節で述べる。古銅（銅スクラップ）の流通も早くからあり、第一節6のような商人たちがいた。古銅の売買から出発して、吹銅や荒銅を扱う仲買になった商人たちもいた。銅仲買が真鍮産業の発展と結びついて台頭したことについては本章第五節で述

表2　銅屋・銅吹屋一覧

元禄5年（1692）		元禄14年（1701）	正徳2年（1712）
大坂	泉屋吉左衛門	泉屋吉左衛門	泉屋吉左衛門
〃	泉屋平兵衛		
〃	泉屋理左衛門		
〃	泉屋吉十郎	泉屋利右衛門	
〃	大坂屋久左衛門	大坂屋久左衛門	大坂屋久左衛門
〃	平野屋清右衛門		
〃	塩屋八兵衛		
〃	銅屋善兵衛	銅屋半左衛門	
〃	大塚屋甚右衛門	大塚屋甚右衛門	大塚屋甚右衛門
〃	丸銅屋喜右衛門		
紀州	熊野屋彦三郎		
〃	熊野屋彦太郎	熊野屋彦太郎	熊野屋十兵衛
堺	銭屋作右衛門		
豊後	増田屋伝兵衛		
長崎	博多屋久左衛門		
〃	刀屋八郎兵衛		
以上古来銅屋16人			
大坂	平野屋三右衛門	平野屋三右衛門	平野屋三右衛門
〃	平野屋小左衛門	平野屋小左衛門	（平野屋吟）？
〃	平野屋忠兵衛	平野屋忠兵衛	平野屋忠兵衛
〃	多田屋市郎兵衛	多田屋市郎兵衛	多田屋市郎兵衛
〃	丸銅屋次郎兵衛	丸銅屋二郎兵衛	丸銅屋次郎兵衛
〃	川崎屋市之丞	川崎屋市之丞	川崎屋平兵衛
〃	河内屋伝次	河内屋喜右衛門	
〃	北国屋十右衛門		
〃	金田屋兵右衛門		
〃	鉄屋次兵衛		
〃	若狭屋三郎右衛門		
以上小吹屋11人			
		平野屋八十郎	平野屋吟
			平野屋市郎兵衛
		吹屋次郎兵衛	吹屋次左衛門
		山田屋新右衛門	
		博多屋治兵衛	
		銭屋与兵衛	
		以上銅吹屋18人	熊野屋徳兵衛
			富屋藤助
			富屋伊兵衛
			大坂屋又兵衛
			大坂屋三右衛門
			以上銅吹屋17人

出典：元禄5年古来銅屋は「年々帳」無番（『住友』①）51、120頁、小吹屋は同上80頁。元禄14年銅吹屋は「銅座公用留」（『住友』④）6頁。正徳2年銅吹屋は「長崎下銅公用帳」一番（『住友』⑩）167頁。

べる。十八世紀中期は銅吹屋が銅仲買の台頭に脅威を感じた時期である。十九世紀には仲買は地売銅市場で銅吹屋をしのぐ存在となり、例えば銅座が入札払いする吹銅を落札する商売で銅吹屋に優越した。

文政二年（一八一九）から銅座は吹銅を年三回の入札払いにした。落札した記録のある文政二年（一八一九）五月～元治元年（一八六四）十二月までの一二六回のうち、落札人の名前が判明する一〇三回は表3のとおりであった[27]。なお、落札値段（年間の最低～最高）は、第六章表9に表示する。

表3を一見して、前半と後半で大きな差があることが分かる。前半の落札人に、一丁目筋などの組合、河内屋新兵衛ほか何人が目立つ。河内屋新兵衛は単独でも落札した。一丁目筋というのは大坂船場にある南北の町筋のひとつで、金物商が多いことで知られていた。河内屋新兵衛は本章第一節一覧[13]にある古銅売上取次人で、古銅売上取次人という呼称は、寛政八年（一七九六）に銅座が吹銅を直売することになったとき、銅仲買がそれまでの吹銅商売を失う代償として古銅の銅座への売り上げを重要任務と認められた結果、与えられたものである（第六章第二節に後述）。一丁目筋を中心とする商人たちが入札の都度組合を結成し、河内屋新兵衛がその代表となって落札する例が多かったと解されるのである。これを十九世紀の少なくとも前半、大坂の地売銅市場の特徴とみることができる。一丁目筋組合の代表は河内屋のほか、銭屋伝兵衛や松屋多兵衛の事例もある。銭屋伝兵衛も同じ一覧[13]にある古銅売上取次人、すなわち銅仲買である。松屋多兵衛は古銅売上取次人ではないが、店舗を構える銅商人である。

そこで表3では落札人の身元を、銅吹屋・縁者、一丁目筋関係、古銅売上取次人、不明・その他、の四種類に分けた。一丁目筋入札組合や類似の組合と解される例は「一丁目筋関係」にまとめた。古銅売上取次人である人物が単独で記載されている分は「古銅売上取次人」欄に置き、一丁目筋組合の代表者を勤めた例は（　）を付して置いた。

天保五年（一八三四）までの表示四八回分（すなわち名前が分かる例。全体では五二回）では、一丁目筋組合の落札は一七回確認することができ、銅吹屋・縁者の一五回を上回り、かつ拮抗していた。ほかに河内屋単独の落札の記録が一三回あり、この三者で落札をほとんど独占していた。もし河内屋単独の記載の分も実態が組合なのであれば、一丁目筋組合の落札は銅吹屋の二倍ということになる。

表3全体では、一覧[13]にある古銅売上取次人は七人（大塚屋作兵衛・同庄助・同太助・河内屋新兵衛・銭屋伝兵衛・松屋庄助・綿袋屋九兵衛）おり、ほかに銭屋平七も古銅売上取次人（銅仲買）であった。うち河内屋・綿袋屋は真鍮地銅屋でもあった（第一節一覧[16]）。吹銅落札人と古銅売上取次人（銅仲買）と真鍮地銅仲間は重なっていた。組合での落札という記載は、この表では天保五年（一八三四）で終わる。組合落札という実態がなくなったのかどうか、この表だけでは確認できないが、表の後半で「不明・その他」の落札人が増大する傾向にあることは、指摘することができる。

また、天保六年（一八三五）真鍮吹職仲間庚申講が結成された（本章第五節に後述）ことも何らかの関係があるかもしれない。真鍮用の銅は元来絞銅《しぼりどう》でのちに古銅が相当使用され、その古銅が銅座の専売の網を潜りがちだったためしばしば統制された。真鍮産業がさらに発展するには古銅だけでは量に限界があり、吹銅を積極的に落札するようになったのかもしれない。真鍮産業の発展と銅仲買の台頭と吹銅の落札との関連の解明は今後の課題である。

そのほかの落札人のうち銅吹屋には、個人・仲間・縁者（分家や別家）があった。回数の多い山田屋平七と同元之助は仲間の仮名で、その実体はその都度異なった。山田屋という屋号は仮名で、その由来は不明である。平七・元之助というのは大坂銅会所（仲間の会所）の会所守の名前である。天王寺屋与市郎というのは住友の仮名である。泉屋某は住友の分家や別家である。

表３　地売吹銅落札人（文政２～元治元年＝1819～64）

年	月	銅吹屋・縁者	一丁目筋関係	古銅売上取次人	不明・その他
文政２	5	泉屋甚次郎			
	9				大坂屋利右衛門・藤屋利兵衛組合
	12				京藤甚
文政３	4		壱丁目･天満西･船場26人		
	8		壱丁目筋28人		
	12	天王寺屋与市郎			
文政４	5				越後屋兵七
	8		銭屋伝兵衛組合壱丁目30人組	（銭屋伝兵衛）	
	12		松屋多兵衛外６人壱丁目28人組		
文政５	3		河内屋真兵衛壱丁目組合	（河内屋新兵衛）	
	8			河内屋新兵衛	
	10	山田屋平七			
	12	此方（住友）			
文政６	4			河内屋新兵衛	
	7		壱丁目筋河内屋新兵衛	（河内屋新兵衛）	
	12	泉屋官兵衛			
文政７	4	山田屋平七			
	閏8			河内屋新兵衛	
	12			河内屋新兵衛	
文政８	3			河内屋新兵衛	
	8		壱丁目河内屋新兵衛	（河内屋新兵衛）	
	12			河内屋新兵衛	
文政９	4	山田屋平七			
	8	山田屋平七			
	12			河内屋新兵衛	
文政10	3	山田屋平七			
	7			河内屋新兵衛	
	11	山田屋平七			
文政11	4		河内屋新兵衛外９人	（河内屋新兵衛）	
	8		河内屋新兵衛外６人	（河内屋新兵衛）	
	12		河内屋新兵衛外９人	（河内屋新兵衛）	
文政12	4	山田屋平七		（河内屋新兵衛）	
	8	山田屋平七			
	12		河内屋新兵衛外10人		
天保元	閏3			河内屋新兵衛	
	8		河内屋新兵衛外10人	（河内屋新兵衛）	
	12	山田屋平七			
天保２	4		河内屋新兵衛外10人	（河内屋新兵衛）	
	8			河内屋新兵衛	
	12		河内屋新兵衛外10人	（河内屋新兵衛）	
天保３	4			河内屋新兵衛	
	8	山田屋平七			
	閏11	山田屋平七			
天保４	4		河内屋新兵衛外10人	（河内屋新兵衛）	
	8			河内屋新兵衛	
	12		河内屋新兵衛外10人	（河内屋新兵衛）	
天保５	7		河内屋新兵衛外８人	（河内屋新兵衛）	
	10			河内屋新兵衛	
天保６	6			綿袋屋九兵衛	
天保９	4	和泉屋鶴松			
	8				西村屋愛助
	11	泉屋弥兵衛			

年	月	銅吹屋・縁者	一丁目筋関係	古銅売上取次人	不明・その他
天保10	5	泉屋弥兵衛			
	9				伊丹屋徳兵衛
天保11	11	山田屋平七			
天保12	4	山田屋平七			
天保14	5	泉屋覚兵衛			
	10				京源（京屋源七）
弘化2	4				銭九
弘化3	2	泉屋藤右衛門			
弘化4	12				三田屋惣兵衛
嘉永元	5				富田屋兵助
	11			銭屋平七	
嘉永2	4			銭屋平七	
	9			大塚屋太助	
	11				油屋吉右衛門
嘉永3	5			銭屋平七	
	9			大塚屋太助	
	12	山田屋平七			
嘉永4	4			大塚屋作兵衛	
	10	泉屋幸助			
	12				金田屋弥兵衛
嘉永5	8			銭屋平七	
	12			銭屋伝兵衛	
嘉永6	8			大塚屋作兵衛	
	12			松屋庄助	
安政元	4				金田屋弥兵衛
	8			河内屋新兵衛	
	11				銭屋市蔵
安政2	4				銭屋市蔵
	8				銭屋市蔵
	12				田中屋亀太郎
安政3	4				井筒屋弥兵衛
	11			大塚屋作兵衛	
安政4	8				秋田屋太右衛門
安政5	4				近江屋幸助
	8				近江屋幸助
	11				近江屋幸助
安政6	4				藤屋九兵衛
	8			綿袋屋九兵衛	
	12			綿袋屋九兵衛	
万延元	2				西村屋勝次
	10				三木屋兵左衛門
	12	山田屋元之助			
文久元	8				西村屋勝次
	12				西村屋勝次
文久2	4			綿袋屋九兵衛	
	11			大塚屋作兵衛	
文久3	9			大塚屋庄助	
元治元	3				三田屋新三郎
	9				綿屋徳兵衛
	12				綿屋庄兵衛

出典：住友家文書35-9「万覚帳」二番ほか。98頁註(27)参照。

天保三年（一八三二）「浪華買物独案内」と弘化三年（一八四六）「大阪商工銘家集」[28]収載の店舗を構える金物商で、吹銅を落札したのは、西村屋愛助・三田屋惣兵衛・銭屋伝兵衛・松屋多兵衛である。松屋は一丁目筋組合代表として落札した。銭屋は古銅売上取次人で、一丁目筋組合代表としてあるいは単独で落札した。「浪華買物独案内」にあるほかの落札人では、藤屋利兵衛は「古手呉服処」、秋田屋太右衛門は「唐本和本古本書物江戸積問屋田中宋栄堂」である。表3にある天保十四年（一八四三）落札の京源は、本章第一節前掲一覧［12］にみえる銅延職人の京屋源七であろう。

表全体では、銅仲買・古銅売上取次人（単独または組合）が四八回で最も多く、次いで銅吹屋が二五回あり、金物商二回（西村屋・三田屋）、銅延職人一回（京源、すなわち京屋源七）で、これら大坂の銅関係者と確認できる例が計七六回である。京都と推定されるのは一回である。銅関係以外の商人（大坂）が若干あり、うち二人は「浪華買物独案内」に名前がみえる。時期的には前半と後半で落札人にかなり差があり、後半にはその身元が「不明・その他」の落札人が増えたが、研究が進展すればもっと判明するであろう。

大坂の銅市場展開の推進力が、真鍮産業の発展を原動力にして銅吹屋から銅仲買と真鍮屋へ移行したことは明らかであるが、その実態の解明は今後の課題である。

第三節　棹銅の製造法・南蛮吹の効用と銅吹屋

（一）　棹銅の製造法

銅吹屋は荒銅を精錬して精銅とし、それを鋳造して棹銅や種々の型銅を製造するのが業務である。近世には銅鉱石を採掘し、製錬して荒銅にするまでが山元の工程で、各地の山元から集まった荒銅を精錬・鋳造するのが大坂の銅吹屋である。近世初頭には山元でも丁銅（方形の板銅）やごき銅（円盤状か）などの精銅を製造してそれらが輸出もされたが、輸出銅の標準が南蛮吹《なんばんぶき》で精製した品質のよい美麗な棹銅になると、荒銅は大坂へ集めて、大坂の銅吹屋が精錬・鋳造することが普通になった。荒銅には平銅《ひら》と床銅《とこ》（床尻銅《とこじり》のこと）があり、品質に大きな差のある小数の例は別として、はじめは必ずしも区別して扱わなかったようである。近世後期には区別する例が増大する。

山元で銅鉱石（鉑《はく》という）はまず焼釜で焙焼（溶けない程度に加熱）して焼鉑とする。床銅とは焼鉑を鉑吹《はくぶき》（素吹《すぶき》ともいう、銅鉱石を溶解する最初の工程）して鈹《かわ》（製錬途中の銅）をはぎ取ったあとの炉底に沈殿して残った銅で、この工程ですでに金属銅になっており、荒銅として出荷される。次の工程である真吹《まぶき》では鈹を溶解して不純物を除去し荒銅とする。これを平銅という。平銅・床銅とも荒銅であるが、吹減《ふきへり》や含銀《がんぎん》などに大差のある場合は値段なども区別された。大差が出るかどうかは鉱石の質と山元の製錬法によるところである。

銅吹屋の精錬法には大きく分けて、南蛮吹と間吹《まぶき》の二つの方法がある。荒銅に銀が一定以上含まれる場合に南蛮吹し、それ以下の場合は間吹する。南蛮吹は鉛を利用して荒銅中に含まれる銀などの不純物を除去する精錬法で、銀銅吹分けともいう。銀銅吹分けは三工程からなり、まず最初に、銀を含む銅と鉛の合金を作る合吹《あわせぶき》がある。鉛と銅が溶けた状態では銀は鉛の方に吸収される性質がある。次の工程では銀を含んだ鉛を、融点と比重の差を利用して銅と分離するが、このとき道具を使って圧迫し（絞《しぼ》るという、鉸・鋑とも）鉛の流出を促進する。流出した含銀鉛をその次の工程で溶解し、鉛を灰に吸収させて銀を採取する。この工程を灰吹《はいふき》といい、分離された銀を灰吹銀という[29]。

間吹は荒銅を木炭で加熱して不純物を除去する精錬法であった。南蛮吹するか間吹するか、根本的には銅鉱石の質による。初期の銅山繁栄期に主に採掘された銅鉱石が枯渇するのにともない、鉱石の質が変化した。また南蛮吹では鉛の使用が多ければ多いほど銀の採取がよく、鉛を節約すれば減少するので、鉛の値段や諸経費の上昇の影響で、十八世紀半ばに南蛮吹を実施する基準が変化し、間吹に切り換えられる事例が増大した。

南蛮吹は京都の銅吹屋の蘇我理右衛門（元亀三〜寛永十三年＝一五七二〜一六三六）が開発した。理右衛門は住友家二代友以の実父であった。この技術は南蛮人から伝授されたという伝説があるが、「絞る」こととそのための一連の工夫はヨーロッパの銀銅吹分け法とは違っており、直輸入ではない。この技術を住友が大坂の銅吹屋に伝授した。南蛮吹は、棹吹とともに良質の棹銅を製造する技術的基盤であった。

棹吹は木製の鋳型を水中に置いてする鋳造法で、ヨーロッパ人に珍しがられた。棹銅を製造する鋳造を棹吹とも小吹ともいい、地売用の型銅を製造する場合は小吹とも地売吹ともいった。鋳型はいずれも木製で、棹型か大小の丸型か大小の方形かが違うだけであった。南蛮吹と棹吹による棹銅製造は銅吹屋仲間存立の基盤であり、大坂が銅の中心市場であるための基盤でもあった。

銅鉱石から精銅までの工程を簡単にまとめると次のとおりである。

山元　鉑吹（素吹）　あらかじめ焙焼した焼鉑を溶解して鈹と床銅を取る。床銅は荒銅として出荷。
〃　真吹　鈹を溶解して平銅を取り、荒銅として出荷。
銅吹所　南蛮吹　合吹　含銀荒銅と鉛を合せて合銅とする。
〃　〃　南蛮吹　合銅を鍰銅《しぼりどう》と出鉛に分離する。鍰銅の一部は合金用に出荷。
〃　〃　灰吹　出鉛を灰吹して灰吹銀と留粕《るかす》とする。
〃　間吹　銀の少ない荒銅を加熱して間吹銅とする。間吹銅の一部は合金用に出荷。
〃　小吹　鍰銅・間吹銅を坩堝で溶解し、水中の鋳型で鋳造して、棹銅・型銅とする。

（二）　南蛮吹の効用

銀銅吹分け技術は、荒銅から銀を分離するだけでなく、銀貨（銀に銅を混ぜた合金）の吹分けにも適用されたことがある。幕府が元禄改鋳以後の銀貨を慶長銀の品位に戻すことにしたとき、低品位の銀貨に銀を足して品位をあげる方法をとるには手持ちの銀が不足したので、回収した低品位の銀貨を吹分け、それで得た銀をもって新銀を鋳造した。そのための銀貨の吹分けを銅吹屋仲間に請負わせた。銅吹屋仲間は江戸・京都・大坂に吹分所を設置し、宝字銀（銀品位五〇％）、三ツ宝銀（同三二％）、四ツ宝銀（同二〇％）を吹分けた。それぞれの吹分所の活動期間と吹分高は次のとおりである。

吹分所（期間）	宝字銀（貫目）	三ツ宝銀（貫目）	四ツ宝銀（貫目）
江戸（正徳四年九月～享保元年正月＝一七一四～一六）		三二〇〇	一万七七〇〇
京都（正徳四年十一月～享保三年閏十月＝一七一四～一八）	二万〇九七二	二万〇三二八	四万七八九〇
大坂（享保三年十一月～同七年十二月＝一七一八～二二）		一二万七八五〇	三二万〇五六〇

荒銅から銀を抜く通常の南蛮吹は、近世中期以降では荒銅一〇〇斤につき銀七匁以上採取する。合吹で荒銅に加える鉛は銀の多少に応じて規定があり、荒銅一〇〇斤につき銀一三匁以下では鉛二貫八〇〇目（一七斤五）、銀一三～二〇目では鉛三貫二〇〇目（二〇斤）、銀二〇～三〇目では鉛三貫六〇〇目（二二斤五）、銀三〇目以上では鉛四貫目（二五斤）で、すなわち荒銅に対して一割七分五厘～二割五分である。右で吹分ける銀貨は通常扱う含銀銅よりはるかに高品位であったので、差鉛を増やし、江戸吹分所の見積もりでは吹元銀一〇〇貫目につき鉛六六貫目であった(30)。このように銀が多い場合にも南蛮吹の技術は有効であった。

銅吹屋の通常の業務としての南蛮吹の成果である灰吹銀は、銀座が所定の値段で買い上げた。銅吹屋には一定の吹賃収入もあるが、南蛮吹には鉛の経費がかかる。個々の銅吹屋が南蛮吹によって莫大な利益を得たというこ

表4　銅吹屋から出る灰吹銀　　単位：匁

元禄 5 (1692)	輸出銅500万斤につき銀100貫目以上
〃 13 (1700)	産銅890万斤につき約800貫目
宝永 6 (1709)	655,065
〃 7 (1710)	508,159.5
正徳元 (1711)	344,701.8
〃 3 (1717)	433,184
元文 3 (1738)	463,717.5
〃 4 (1739)	592,006
〃 5 (1740)	546,102
寛保元 (1741)	531,339
延享元 (1744)	453,212.6
明和 3 (1766)	237,882.05
〃 4 (1767)	250,043.605
〃 5 (1768)	250,926.653
〃 6 (1769)	244,626.482
〃 7 (1770)	240,985.708
〃 8 (1771)	204,933.843
安永元 (1772)	166,880.618
〃 2 (1773)	162,491.297
〃 3 (1774)	103,680.924
〃 4 (1775)	130,680.924
〃 5 (1776)	109,016.673
安政 4 (1857)	30,778.146
〃 5 (1858)	39,014.565
〃 6 (1859)	30,922.818

出典：「年々帳」無番（『住友』①）75頁ほか。99頁註(31)参照。

とではなく、標準として実施することによって日本が銀を獲得したのである。はじめはオランダ人が棹銅を輸出銅の標準にしたことによって、南蛮吹が事実上標準になった。その後、唐船の銅輸出の増大にともない、荒銅や間吹銅の輸出も増大したが、元禄銅座が御用銅を棹銅としたことによって輸出銅の標準として公認された。なお、銅から出る灰吹銀は、はじめは荒銅の買い手、具体的には大坂の銅吹屋や御割合御用銅期（享保元～六年＝一七一六～二一、後述）の幕府勘定所などに帰属した。のちに元文銅座のとき、荒銅の買上げ値段に反映させるかたちで山元に帰属することになった。銅吹屋の南蛮吹によって採取される灰吹銀の高は表4のように推移した。(31) 十八世紀、銀の産出が激減した日本にとって、銅吹屋の南蛮吹は銀山に匹敵する意義があった。時代が下がると、銅産出の減少のためと、秋田の加護山銀絞所における山元での抜銀の影響によって、銅吹屋から出る灰吹銀は減少した。

(三)　銅吹所の設備と作業

これらの工程をおこなう銅吹所は、それに必要な吹床《ふきどこ》を備えていた。通路に面して小部屋が並んでおり、通路側は開放状態であった。床とは、この小部屋を指し、その中の炉をも指した。吹床は奥行き二間、間口は種類によって異なった。合吹をする合床、南蛮吹をする南蛮床、灰吹をする灰吹床、間吹をする間吹床、小吹をする小吹床、灰に吸収された鉛や山元から来た荒鉛を精錬・鋳造する鉛床があった。この小部屋の地面を直径数十センチ掘り凹め、粘土・砂・粉炭などでライニングして炉とした。炉の横の防火壁の陰に鞴を置き、壁の穴に通した羽口の先から炉に送風した。防火壁の上部は換気用の煙突であった。水桶のほか、各工程に特有の備品・道具が備えられた。

銅吹所には吹床のほかの主要な設備として、水溜や井戸など給水の設備、炭のこしらえ、使用済みの炉壁や坩堝などを粉砕して付着した銅を回収する下ごしらえなどをする作業場、土蔵などがあった(32)。

各吹床で一日に作業する人員と吹立高は、近世中後期には次のとおりであった。作業する人数は、大工一人、鞴差一人(間吹床は二人)、手伝一人であった。

	大工	鞴差	手伝	一日吹立回数	処理量
合床	一人	一人	一人	七～八吹	一日荒銅七五〇斤
南蛮床	一人	一人	一人	五吹	一日合銅二〇〇斤
灰吹床	一人	二人		数回	一回出鉛六貫目(大工一人で二床兼ねる場合、鞴差二人)

間吹床　一人　二人　一人　三回　　　　　　一日七五〇斤
小吹床　一人　一人　一人　一〇吹か　　　　一日棹吹で六〇〇～七五〇斤、小吹で三〇〇～四〇〇斤
銅吹所の職人は、吹床で作業する大工・鞴差、坩堝を作る留師《るし》、水汰《みずゆ》りして吹床や周辺に付着した銅を回収する汰物師が専門職人で、そのほかは手伝と総称した。作業には、吹床での補助作業、銅・諸資材・水などの運搬、炭のこしらえ、使用済み炉壁などを粉砕して銅分回収の下ごしらえをする、など種々あった。
貞享二年（一六八五）の大坂には吹屋の職人が一万人いた、とされたことがあった。典拠は大田南畝「瓊浦又綴」や『視聴草』所収「銅山自録」で、さらにその典拠は同年九月付銅屋一三人の訴願状であった。その趣旨は、その前月に定高制が施行され貿易高が制限されたが、もし金銀の輸出を止めずに施行されたら銅貿易が圧迫され、山元その他に多大の影響が出るので銅貿易の維持を願うというもので、影響を受ける人数を書き上げているが、いずれも誇大であった。吹屋の職人は推定で当時一〇〇〇人ほど、最盛期でその二倍ほどであった(33)。万延元年（一八六〇）の職人数は後掲表5のとおり三二六人であった。
銅吹所の職人は専門技術者とその見習であり、大工は他業種、例えば建築の大工と比べて遜色ない賃銀を得ていた。大工の名前には襲名がしばしばあり、技術の修練・継承をともなった。職人たちは銅吹屋の手代たちが主家の暖簾内の奉公人であるのとは異なり、主家を越えた横の連帯をも持っていた。例えば寛保三年（一七四三）銭相場が高騰した際に、賃銀の引き上げを要求して、すべての銅吹屋の職人が一斉休業したことが知られている。
銅吹屋の所在は前掲の一覧[4]のとおりであった。船場・島之内・堀江という町場の周辺の、運河に面する町に立地していた。防火と水運による運搬、さらに吹所への給水に便利な場所であった。銅吹所へはオランダ商館長が参府の帰途にしばしば立ち寄った。十八世紀中期以降は老中をはじめとする幕府高官の見分もしばしばおこなわれた(34)。

第四節　銅吹屋仲間一七人の変容

銅吹屋仲間は、長崎廻銅請負期には銅座同然の存在であった。ところが輸出銅の荷主でなくなり、第三章で述べるように、長崎に銅吹所が一時設置され、大坂の新吹屋の輸出銅供給が公認されるなどして競合が生じた。元文銅座期には銅座から種々の負担を強いられたうえ、銅座後半に地売銅が勝手売買（自由売買）になると、台頭した銅仲買などとの競合が本格化するという環境の変化に当面した。

元文銅座の廃止後に、御用銅吹方の請負いをめぐる問題で長崎奉行へたびたび願書を出し、仲間で申合せもした。申合せは訴願をするにあたり、仲間としての経営努力を主張するためという側面もあったと考えられる。申合せには仲間の当面していた問題と対処の仕方が現れている。宝暦十一年（一七六一）正月の申合一札は次のとおりであった[35]（丸数字は引用者による）。

申合一札

①一銅吹屋之儀、往古より銘々家業と者申なから、是迄仲間中申合せ　御用方大切ニ相勤無恙相続仕来、当時拾四軒と相定り、於他所同商売も無之儀冥加至極難有事ニ候、然ル所近年　御用銅吹賃下直ニ罷成、仲間及困窮候上、地売銅吹賃之儀も銘々任勝手ニ算用不掛様成致方有之候、畢竟其家者得心之上共存候得共、相残ル者迄も右下直之吹賃ニ順シ、徳用之儀者不及申損亡而已相立、仲間相互ニ及難儀候、右之通致置候而は、大切之商売取失ひ及断絶候家々も出来可申候、左候而者先祖江対シ不孝第一之事ニ候、其上大切之御用筋ニも差支出来可申哉と存候ニ付、先達而より度々申合せ、相応ニ渡世相続成行候様ニと申談候処、近頃又々猥ニ相成、一向地売銅吹賃算用ニ不掛致方有之、既ニ此節仲間之内及難渋　御用方手支、吹方滞罷有候者も有之候、ケ様ニ成行候而者此上　御用方差支も可有之哉と歎敷存候ニ付、猶又此度申合せ、左

之通申談候事

②一地売荒銅買入方之儀、仲間一躰ニ致シ其時々相場を以仲間申談、吹賃等差積り候上買主順番を以買入斤高不残銅会所江相届ケ、一統割方可申事

（朱書）
「提札」泉屋吉左衛門方別子銅売上御請負有之候得者、自然山元ゟ廻着銅延引之節者　御用御差支ニ相成候ニ付、左様之節者格別ニ地銅買入可申候、此節端山銅割方望無之候、猶株立候銅買入候節ハ、其時々仲間中江及対談一手ニ買入可申事

③一右銅買入代銀者荷物家々江割渡シ候即日会所江差出シ可申候、万一銀子調達出来兼候方も有之候ハヽ、買入銅凡弐千斤迄之代銀ハ当分銅会所ゟ取替差出シ可遣候、其余斤数過分割方有之候者、代銀調達之方へ者荷物不残相渡シ、銀子調不申方者右弐千斤之代銀相済候迄者余銅割方之分荷物質入ニ致代銀相払可申事

但質入歩銀者其家々ゟ相払可申候、尤当分会所より取替差出候代銀者壱貫目ニ付日廻シ銀五分宛之積りを以相払可申定也

④一右買入銅割符之儀、是迄家々吹方多少有之来候得共、此後凡頭別之心持を以割渡可申候、併是迄買入高多仕来候方又は其時々斤数多分ニ相望候家々も有之候ハヽ、相対之上買入元直段ニ何匁上ケと申儀及対談候而、其時々仲間江出銀差出シ吹方可申候、尤此余銀之分者仲間買入元手銀ニ致候事

⑤一買入代銀会所より当分取替置候分家々銀子急ニ調達難成返済相滞候ハヽ、右代銀相済候迄者跡買入銅割方差除可申候、尤右割方除候分者外々江割渡、定法割符之外ニ相立銘々吹方可申候

但銅会所より取替銀返済滞吹方当分不残候而者、是又難儀ニ可有之候ニ付、左様之節者割渡荷物急々吹立させ、吹銅又者鍰銅ニ而成共、時々及相対代銀之代りニ請取可申候、併右之通吹銅等追々銀子之代りニ受取置候而荷物相嵩売払候迄者会所ニ銀子塞り、跡買入代銀手支ニ相成候得者、相互

ニ申談、銀主又は両替等用意致置、買入方手支無之候様可申合事

⑥一地売銅買入方之儀者右之通相定候得共、近年中買より荒銅買取仲間ニ而吹賃を以吹替等致候ニ付、双方買入方互ニせり買ニ相成、吹銅相場よりハ荒銅之直段高直ニ相成、自然　御用銅御買入直段ニも差構可申哉、甚不宜事ニ候間、向後吹替之儀者決而致間鋪候、万一中買ゟ荒銅買取賃吹頼来候共、仲間申合せ之吹賃ニ而一統斤数割合吹方可致候、左候ハヽ、おのづから吹替之儀者相止可申候

⑦一御用銅為引当テ万一長崎会所ゟ買入銅致度趣ニ而仲間江頼来候ハヽ、御用之儀ニ付何時ニ而も買入候地売銅之内より相除差出シ可申候、且又銅中買幷諸職人より吹銅又者鍰銅ニ而も買請申度之段相頼来候ハヽ、仲間中申合せ手支無之候様ニ致可遣候事

⑧一御用銅他売・質入等之儀者、前々より申合候通弥相守、決而致間鋪候、自然手支等有之候節者、仲間中ニ而相互ニ而及相談相弁シ可申候、譬当座為引当共他所江　御用銅相渡置候儀致間敷候、且又　御用棹銅ニ似寄り候吹方一切致間敷候事

⑨一対州渡銅之儀御入用之節者仲間ニ而致吟味、長崎会所江相断御差図を請吹方可致候、其外釣鐘地等入用之節も、仲間ニ而致吟味候上、鋳物師幷買請人之一札取置、長崎会所江相届ケ御差図之上ニ而売渡可申候、万一吟味も不致売先紛敷方江吹立遣候者有之候ハヽ、相互ニ及吟味可訴出事

⑩一御用銅吹方相休候ハヽ、地売銅吹方も相止可申候、　御用銅吹方不相勤地売向銅吹方致候而者、　御用吹減足シ銅買入方幷売上銅等之差支ニ相成候ニ付、地売銅計吹方致候儀決而致間鋪候、万一　御用休居候而地売銅吹方致候者有之候ハヽ、差留可申事

⑪一実子無之養子致候ハヽ、仲間江申達、親元等之儀聞届之上取組可申候、万一不致沙汰取組候而仲間差障之儀候ハヽ、離縁致可申候、且又実子有之候を差置致養子吹商売譲り候儀決而致間鋪候、自然無拠訳ニ而実子ニ

難譲り品も候ハヽ、仲間中江相談之上致養子可申事

右之通堅申合せ、買入銅等一統割合致吹方候得共、全高利を取候事ニ而者無之候、銅座以来困窮之上　御用銅吹賃者引下り、下地厳蜜ニ差積り置候ニ付、大坂銅会所雑用銀幷長崎銅会所雑用足シ銀等出方無之、是迄致他借相勤来候、年々ケ様ニ相成、其上　御用銅吹方雑用ニも諸事高直ニ相成候物多、其外不時之失墜等有之候ニ付、右他借銀返済方無之候而当惑致罷有候、　御用銅吹賃直増之儀者不相叶候得者、地売銅吹賃之内ニ而百斤ニ付少々宛之雑用掛り物者是迄之通差出シ、年々ニ右他借銀相済可申より外ニ致方無之候ニ付、向後其積りを以地売銅吹方可致候、右申合せ候趣共急度相守、少も違背申間敷候、万一相背不埒成致方有之候ハヽ、其年一ケ年分之　御用銅吹方半減差除、相残ル仲間ニ而吹立可申候、其外何事ニ不寄仲間一統申合せ候儀相背、仲間差支不埒成致方有之候ハヽ、第一大切之　御用相勤候妨ニ相成候ニ付、其家々銅吹商売仲間江預り、残ル仲間中ニ而　御用方手支無之候様ニ相勤可申候、其節ニ至り一言之申分無之候、末々迄も仲間相続致、永々長崎　御用銅吹方無恙相勤申度、此度一統申合せ候所相違無之候ニ付、連印仍而如件

宝暦拾壱年巳正月

泉屋吉左衛門
大坂屋久左衛門
大塚屋甚右衛門
丸銅屋治郎兵衛
平野屋忠兵衛
富屋九郎左衛門
多田屋意休
平野屋三右衛門

平野屋藤右衛門
幼少ニ付代判惣兵衛
熊野屋彦大夫
紀州住宅ニ付代庄右衛門
大坂屋又治郎
富屋伊右衛門
大坂屋三右衛門
川崎屋万蔵
（泉屋勘平他一一人省略）

右の趣旨は、①の吹賃の引下げ競争に巻き込まれないよう申合せることで、そのため④⑥⑧にある自家買入銅の吹高や賃吹を均等割りにする、③⑤の荒銅買入れ資金を大坂銅会所が利付で融通し、会所への質入れを容認する、返済は吹銅現物も認めるなど、会所が融通機能を持つ、⑦の御用銅の類似品製造を禁止し、⑨の御用銅吹方休止中の地売銅吹方は禁止する、⑩の養子相続は仲間へ相談する、などであった。

⑥にあるように、銅仲買が台頭し、銅吹屋と競合するようになった。元文銅座後半に地売銅が勝手売買になり、仲買の地売銅商売が公然化したのであった。従来古銅を扱っていた仲買が荒銅商売に進出したので、この翌月仲買の荒銅商売を禁止する訴願を銅吹屋仲間は大坂町奉行に提出した（第四章第一節）。

銅吹屋仲間の吹立割方（配分）は、当初の御用銅千斤の割や地売銅月一〇万斤の割（第二章表16に表示）のように、当時の実績を反映した割方であったが、御用銅について寛延三年（一七五〇）に休業している三人を除く一四人で新たな割方を決めた。それは、秋田銅は上位九人についてはもとの割方（千丸割方という。比率を一〇〇〇

表5　銅吹屋仲間御用銅吹方割方（正徳２年・寛延３年）と万延元年の職人数

正徳２（1712）御用銅割方		寛延３(1750)秋田御用銅割方		万延元(1860)銅吹屋職人	
泉屋吉左衛門	95	泉屋吉左衛門	95	住友吉次郎	80
大坂屋久左衛門	85	大坂屋久左衛門	85	大坂屋駒太郎	48
大塚屋甚右衛門	73	大塚屋甚右衛門	73		
富屋藤助	73	富屋九郎左衛門	73	富屋彦兵衛	49
丸銅屋次郎兵衛	73	丸銅屋次郎兵衛	73		
平野屋忠兵衛	73	平野屋忠兵衛	73		
多田屋市郎兵衛	70	多田屋市郎兵衛	70		
平野屋三右衛門	70	平野屋三右衛門	70		
平野屋吟	70	平野屋藤右衛門	70		
熊野屋十兵衛	54	熊野屋平兵衛	64	熊野屋彦太郎	49
平野屋市郎兵衛	42	休	0		
大坂屋又兵衛	40	大坂屋利三郎	64	大坂屋又兵衛	52
熊野屋徳兵衛	39	休	0		
富屋伊兵衛	39	富屋伊右衛門	64		
大坂屋三右衛門	38	大坂屋三右衛門	63		
吹屋治左衛門	33	休	0		
川崎屋平兵衛	33	川崎屋新五郎	63	川崎屋吉右衛門	48
計17人	1,000丸	計14人	1,000丸	計６人	326人

出典：「長崎下銅公用帳」一番（『住友』⑩）167頁ほか。100頁註(36)参照。

分のいくつで示す）のとおりとし、休業者三人の分は下位の五人に配分する、南部銅は住友を除く一三人の均等割とし、別子銅は従来どおり山師住友が自家吹する、というものであった。これによって御用銅吹立高の格差は相当緩和され、地売銅は右の申合によると均等割であった。表5に正徳二年（一七一二）御用銅と寛延三年（一七五〇）秋田御用銅吹方割方、それに万延元年（一八六〇）銅吹屋六人の名前を表示する。(36)顔ぶれがこの六人になったのは天保八年（一八三七）で、銅座の終わりまで変わらなかった。

明和二年（一七六五）の銅吹屋一四人の吹床の構成は表6のとおりであった。それぞれ所有吹床数－休止吹床数＝稼働吹床数である。稼働吹床ゼロの川崎屋は休業中であった（のちに再開した）。稼働吹床は住友を除く一二人はほとんど同数であった。住

表6　銅吹屋の吹床、所有・休止・稼働の状況（明和2年＝1765）

名　前	合　床	南蛮床	灰吹床	間吹床	小吹床	鉛流床	計
泉屋吉左衛門	2－1＝1	10－4＝6	4－1＝3	6－0＝6	8－3＝5	1	31－9＝22
大坂屋久左衛門	3－1＝2	10－4＝6	4－2＝2	3－3＝0	6－4＝2	0	26－14＝12
大塚屋甚右衛門	2－0＝2	7－1＝6	2－0＝2	1－0＝1	3－1＝2	0	15－2＝13
丸銅屋治郎兵衛	2－1＝1	8－4＝4	2－0＝2	1－0＝1	3－1＝2	0	16－6＝10
平野屋忠兵衛	2－1＝1	7－2＝5	2－0＝2	1－0＝1	3－1＝2	0	15－4＝11
多田屋市郎兵衛	2－1＝1	8－2＝6	2－0＝2	1－0＝1	3－1＝2	0	16－4＝12
平野屋三右衛門	2－0＝2	7－2＝5	2－0＝2	1－0＝1	4－2＝2	0	16－4＝12
平野屋藤右衛門	2－1＝1	6－1＝5	2－0＝2	2－1＝1	3－1＝2	0	15－4＝11
熊野屋彦太夫	3－1＝2	7－2＝5	2－0＝2	1－0＝1	3－1＝2	0	16－4＝12
大坂屋又治郎	2－1＝1	8－1＝7	2－0＝2	1－0＝1	3－1＝2	0	16－3＝13
富屋藤吉	2－1＝1	6－2＝4	2－0＝2	1－0＝1	3－1＝2	0	14－4＝10
富屋伊右衛門	2－1＝1	7－3＝4	2－0＝2	1－0＝1	2－0＝2	0	14－4＝10
大坂屋三右衛門	2－0＝2	9－4＝5	3－1＝2	1－0＝1	3－1＝2	0	18－6＝12
川崎屋かつ	2－2＝0	6－6＝0	2－2＝0	1－1＝0	2－2＝0	0	13－13＝0
計	30－12＝18	106－38＝68	33－6＝27	22－5＝17	49－20＝29	1	241－81＝160

出典：住友家文書14－6－2「銅方公用帳」三番。

友も含め、全般にかつてあったような格差（第二章表9）はなくなった。

第五節　真鍮産業の発展

(一) 京都における発展

真鍮は銅と亜鉛（釷《と》⿰金丹《たん》と呼んだ）の合金で加工しやすく、その製品は細工物・地金・箔などそれぞれ数多い。金銀や青銅（銅と錫の合金）製品を模造・代替した大衆向け商品として、近世中期以降に大衆文化の発展を基盤に、生産・流通が発展し、地域的にも拡大した。真鍮産業の発展は銅生産の漸減と相まって古銅の流通を活発化させ、銅流通の構造変化の要因にもなった。そこで本節では近世の真鍮産業について概観しておきたい。

京都は古代以来、金銀銅真鍮の錺金具や仏具など多くを製造し、近世に喫煙の風習が広まるとキセルも製造した。十七世紀初期の『毛吹草』によると、金銀銅真鍮飾細工、三条釜座の鋳唐金鋳物、六条の仏具・燈籠細工・錫細工は京都にしかみられない産物で、関連する産品も多岐にわたり、郊外の白川の産物の真鍮瑠土（坩堝を作る土）は「諸国ニ行」とあり、真鍮用の坩堝には白川の土が良いとされて特産品であった。キセルは京都市中の二条と郊外の粟田口が産地で、ほかでは大坂と堺の間の築嶋、近江の水口が産地であった。元禄二年（一六八九）刊『京羽二重織留』には「真鍮問屋」六人がみえる。

京都で元文三年（一七三八）に真鍮屋三四人が公認されたのち、新規開業が続出した。延享元年（一七四四）五月の京都の町触に、元文三年（一七三八）京都の真鍮屋三四人が名前帳面を奉行所に提出し増減あれば届けるというので、長年真鍮渡世していることを確かめて申付けた、ところが近来新規のものが出現し難儀する旨の訴えがあり吟味のうえ差し留めた、今後も真鍮屋へ申し出たうえであればよいが新規は禁止する、とある。

明和七年（一七七〇）六月の京都の町触に、近来他所から京都へ真鍮が販売され買い取るものがあり、真鍮屋が難儀するという訴えがあり、今後他所の真鍮の購入を禁止する、京都の真鍮屋には下値に売るよう指示したから、もし高値なら訴え出るようにとある。同じ触は安永六年（一七七七）一月にも出されており、同じ状況が改善されずに続いたことが分かる。

真鍮箔についても、元禄十二年（一六九九）二月の町触で、真鍮箔会所の用務を町人五人に命じた。箔座（元禄九～宝永六年＝一六九六～一七〇九、江戸・大坂に設置）は本来金銀箔が統制の対象であるが、真鍮・錫・銅の箔にも、改印などによる統制がおこなわれるようになった。安永三年（一七七四）四月の京都の町触に、近来真鍮箔の流入が多く、真鍮箔屋の渡世の障りになっている（触の趣旨は無印の箔禁止）とある。天明元年（一七八一）には大坂で検印のない真鍮箔の売買が禁止されており、真鍮箔の流通が盛んであったことが分かる。

元禄期（一六八八～一七〇四）に大坂で、三八万四〇〇〇斤余の鉸《しぼり》銅（荒銅を南蛮吹し鋳造していない精銅）が「京・大坂真鍮屋幷鋳物師遣用」であった。宝暦十二・十三年（一七六二・六三）には大坂で、鉸銅二三万斤・一五万斤が「真鍮地・唐金地」であった（第四章第一節）。これらの多くがおそらく京都向けで、真鍮地金の銅が主として鉸銅であったと推測される。その後、銅産出の減少と真鍮産業の発展にともなって古銅の使用が増大し、やがて真鍮用の銅はほとんど古銅になった。

安永七年（一七七八）に銅座が京都の銅商人に書き上げさせた古銅類の京都集り高・遣い高の覚によると、真鍮屋仲間は京都に二五軒、伏見に六軒、計三一軒あり、遣い銅年間三三万六〇〇〇斤、内訳は新銅七万四二〇〇斤、古銅二六万一八〇〇斤である(37)。真鍮の材料金属配合の比率は用途によってさまざまで一概にはいえないが、産業の規模としては、銅三三万斤余に亜鉛一六万斤余を材料として真鍮約五〇万斤を製造するという程度の規模であったであろうか。平均すると一軒につき遣い銅一万斤余、真鍮製造推定一万六〇〇〇斤余となる。ただし仲間の構成、すなわちこれに商人としての仲買と地金吹職の両方が含まれるのか、その比率は、などは不明である。材料の銅は、古銅が新銅の三・五倍余もあり、真鍮製造は古銅との結びつきが大きかった。

同じ書き上げ覚によると、京都には鏡屋仲間二〇軒、仏具屋仲間六五軒、鋳物師仲間一二軒の計九七軒あり、遣い銅年間一三万一〇〇〇斤、内訳は新銅四万二〇〇〇斤、古銅八万九〇〇〇斤であった。ここでは古銅は新銅の約二倍、一軒につき平均遣い銅一三五〇斤で、工芸的な最終製品を製造する細工職人であったと推定される。

京都真鍮仲間二五軒というのは、元文三年（一七三八）の三四人に比べると九人減少している。同年以後増加傾向にあったのを、前述の延享元年（一七四四）町触で新規を禁止し抑制したが、その後他国製品流入の影響を受けて大分減少した可能性がある。京都で業種の境界や業態を守っているうちに、他国、とくに大坂で真鍮製造が進展したようである。

安永九年（一七八〇）、江戸・京都・大坂に銀座加役の真鍮座が設置された。真鍮座設置の幕府の触（『御触書天明集成』第二八七六号）に、近来江戸・大坂・伏見・堺でも真鍮を吹くとある。真鍮座の設置は一面では京都以外の真鍮屋の活動を整理したうえで公認するものであった。この触の条文中に、細工人は仲買より買い受けること、大坂の真鍮吹屋仲買の儀は云々、とあり、このような表現の差から推測すると、前者が京都（真鍮加工品製造業者と真鍮仲買からなる業界）、後者が大坂（真鍮地金吹屋と真鍮仲買・銅仲買からなる業界）という市場形態であったのかも知れない。

（二）真鍮座の周辺とその後

真鍮で銅に次ぐ材料である亜鉛は、近世には輸入品であった。長崎で唐蘭船による輸入があり、また対馬藩は輸出入で扱った。永積洋子編『唐船輸出入品数量一覧　一六三七～一八三三年』[38]によって長崎における唐船の亜鉛輸入高を図2に示す。亜鉛の輸入は寛永十四年（一六三七）一万斤が初見で、寛永期（一六二四～四四）には多い。正保元年（一六四四）七万斤余、万治二年（一六五九）一三万斤余が多い例で、概してばらつきが大きい。享保十八年（一七三三）以後は記録が充実し、数量も増大する。享保十八年（一七三三）の一万七六八〇斤以後増大するが、相変わらず年によってばらつきがある。享保十八年（一七三三）から収載下限の天保三年（一八三二）まで一〇〇年の間、輸入が多い年は四〇万斤台が宝暦五年（一七五五）と安永二年（一七七三）の二回、三〇万斤台が六回、二〇万斤台が一〇回ある。ゼロの年が二一回あり、やはりばらつきが大きい。亜鉛の使用は輸入に左右され、あるいは備蓄する資力が必要であったであろう。ただし亜鉛自体に関する統制は管見の範囲にはない。

真鍮生産の規模をおおよそで試算すると、亜鉛輸入平均一〇万斤ほど、銅を二〇万斤ほど加え、真鍮三〇万斤ほどを銅の代替品として生産したとすると、最盛期には年間真鍮一〇〇万斤に達したかと考えられる。

安永九年（一七八〇）真鍮座が銀座加役で設置された。これは鉄座とともに設置され、天明七年（一七八七）鉄座とともに廃止された。設置を命ずる幕府の触に、真鍮は前々は京都でばかり吹方していたが、近来江戸・大坂・伏見・堺でも吹く。このたび真鍮座を設置し、江戸・京・大坂の真鍮細工方を座が支配し、吹方に必要な材

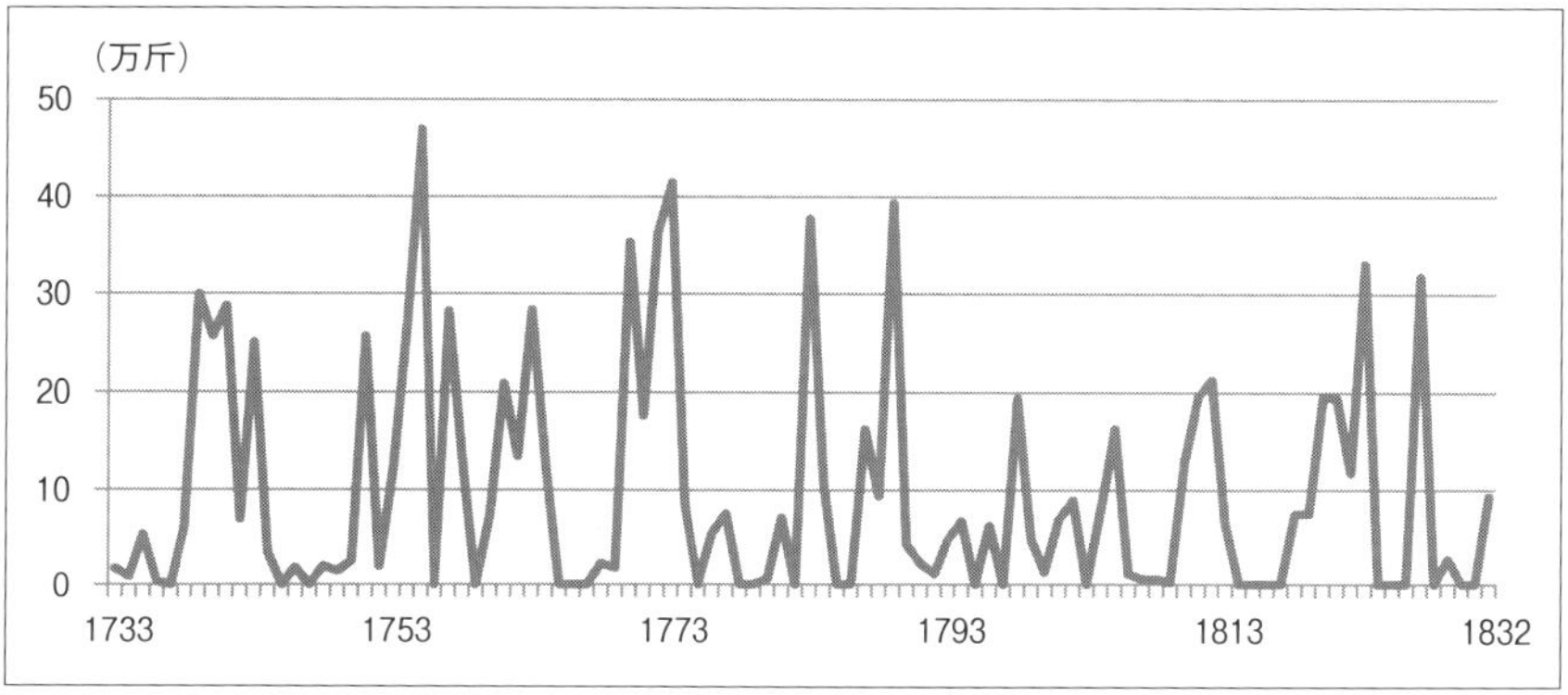

図２　亜鉛の輸入高（享保18～天保３年＝1733～1832）

料金属を座から仲買に公定値段で渡し、仲買は株数を決めて株札を渡し、口銭を渡すとある。三都で仲買を公認し値段を公定するのが眼目で、あわせて江戸・京都・大坂の真鍮吹方を公認して伏見・堺の真鍮吹方は禁止した。

当時真鍮四文銭鋳造がなお継続中で、安永七年・八年（一七七八・七九）に亜鉛の輸入がゼロになったため、鋳銭材料の亜鉛確保のために同九年（一七八〇）真鍮座が設置されたと考えられる。天明八年（一七八八）真鍮四文銭鋳造終了の前年に真鍮座は廃止された。真鍮四文銭は明和五～天明八年（一七六八～八八）、銀座兼帯銭座で鋳造された（第一次鋳造）。鋳銭は亜鉛が潤沢にある時期にはじまり、銅が欠乏した時期に終了したことになる。江戸では真鍮座が古銅を買い上げるので市中で手狭、すなわち逼迫し難儀であると町人が指摘している。江戸ではそのことが真鍮座の廃止と関連付けて受け止められている。

古銅が銅座の専売の対象になったのは明和銅座からで、銅座設置の幕府の触に明記されている。安永期（一七七二～八一）に銅生産が低下すると、さきに京都の状況をみたとおり、真鍮産業を中心に古銅の流通が活発化した。天明五年（一七八五）大坂町触で古銅の銅座専売の条項を確認した。寛政六年（一七九四）古銅取締りのため大坂で古銅見改役四人が任命され、町触が出された。その内容は京都の町触でも触出されたが、江戸では町触はなかった。京都では見改役三人が安政元年（一八五四）に任命された。

寛政八年（一七九六）には江戸古銅吹所が設置された。元禄期（一六八八～一七〇四）には江戸から大坂へ古銅五万斤を送った記録があるが、江戸で古銅の使用が進むと、明和銅座の規定どおり大坂に集中するのは現実的でなくなり、江戸で統制する役所を設置した(39)。

文化九年（一八一二）には銅座と江戸古銅吹所による真鍮専売（通称「真鍮座」）がはじまった。それを指示する幕府の触で、「近来古銅を買取、真鍮ニ吹直し候もの有之由相聞」と、古銅は真鍮と直結する問題として触出されている。銅座が真鍮吹屋へ地銅・亜鉛を渡し、真鍮を買い取る希望者は仲買に申し出、仲買は銅座に代銀を納めて売切手を得、その切手をもって真鍮吹屋から買い、銅座は仲買へ口銭を渡す。直買もあり、その場合は口銭を渡さないというのである。代銀の納付先は銅座のほかに、京都に売り場二カ所があり、江戸古銅吹所でも同様に専売した。真鍮吹屋は大坂・京都・伏見・江戸を認めるとあり、銀座加役の真鍮座のときに比べると伏見が加えられた。真鍮座のときは仲買が公認され統制の中心であったが、今回の専売制では銅座と江戸古銅吹所が真鍮吹屋を掌握し、仲買は口銭を与えられるだけで、仲買を介さない直買もあった。この真鍮専売は文政二年（一八一九）廃止され、勝手売買（自由売買）となった。銀座加役の真鍮座の時期に比べると、真鍮産業が大幅に拡大していることが看取される。

銅座の真鍮専売の影響するところとして次のようなことがあった。当時三井越後屋は亜鉛を大量に扱い、京都の釷丹仲買と取引があった。上方で滞貨が大量になり相場が下落したので、亜鉛輸入の一時停止を願い出て実施されたこともあった。そのうえ銅座の真鍮座開始で、落札商人や仲買所持の亜鉛の売りさばきはますます困難になり、三井越後屋は亜鉛商売から手を引いた(40)。

(三)　大坂における発展

明和七年（一七七〇）の京都の町触にみる他国から流入した真鍮が、京都の真鍮屋の脅威となっている状況の他国とはおそらく大坂で、延享元年（一七四四）には京都内部で新規の真鍮屋を規制するほど発展しているのであるから、大坂の真鍮業の発展は宝暦期（一七五一～六四）のことと考えられる。大坂で銅仲買の活動に銅吹屋が脅威を感じた（本章第四節、第四章第一節）のも同じころである。

大坂の銅仲買も京都と同じく古銅仲買から出発したかと思われるが、大坂は荒銅市場として京都より格段に規模が大きく、仲買も荒銅の仕入れにまで進出し、やがて銅吹屋と競合するまでになった。その活動が地売銅値段を押し上げるという理由で、明和銅座設置時に荒銅の集荷は銅座が独占することになり、銅吹屋も銅仲買も荒銅商売を禁止され、その後は吹銅を銅座から購入して販売したが、銅生産が低下すると吹銅相場が上昇し、その原因は仲買がつり上げるからだとして吹銅も銅座の直売になった。古銅の銅座への売り上げだけは従来通り仲買と銅吹屋からするので、仲買に古銅売上取次人の肩書きが与えられた。

真鍮用の銅は初めは絞銅であったが、古銅の使用が増大したのは、京都で安永六年（一七七七）の状況をみたとおりであり、ついには真鍮用の銅はもっぱら古銅になった。大坂では銅仲買が古銅を扱い、そこから真鍮業へ進出したと考えられる（京都の銅仲買は古銅は扱うが職種間の境界を守って真鍮は扱わなかったと考えられる）。安永九年（一七八〇）に銀座加役真鍮座の設置によって、大坂の真鍮業が公認されたことは前述した。寛政六年（一七九四）大坂で、古銅取締りのため町触が出され、古銅見改役四人（銅吹屋二人、銅仲買二人）が任命されたことは第六章第三節で詳しく述べる。

文化九年（一八一二）に銅座と江戸古銅吹所が真鍮を専売する幕府の触が出された。真鍮吹職に古銅が流れることを禁止するため、真鍮地銅・亜鉛とも銅座から職人へ渡して吹かせ、仲買に売らせる専売で、大坂では銅座が真鍮吹職を配下に置いて専売した。前述のとおりこれは文政二年（一八一九）に終了し、真鍮の製造・販売は自由化され、銅座で保管していた亜鉛と真鍮屑の入札払いがおこなわれた。この施策は古銅の統制から発する真鍮産業統制ではあるが、同時に権威付けともなり、やがて真鍮吹職と地銅屋の仲間が成立する素地となった。

文化十三年（一八一六）十二月十三日、大坂町奉行宛金屋半兵衛錺金具職仲間取締願(41)からは、当時の業界の状況が分かる。

乍恐御訴訟

南久宝寺町五丁目
石川屋喜平次（ママ）
願人金屋半兵衛

錺金具職仲間取締御願

但金具職方一統ゟ御願可奉申上候筈ニ御座候得共、本文ニ奉申上候通、不正之取扱ひ仕候族も有之歟にて容易ニ同意不仕候ニ付、不得止事乍恐私ゟ御願奉申上候儀ニ御座候

一私儀数年金具職渡世仕候ものニ御座候所、右金具細工之儀者幾通りニも別、社堂之金具・武具・馬具・鐺・長刀・脇差之拵、茶道具或髪差笄、きせる・矢立之類、其外小細工物、錫・鉛・唐金鋳もの等、数無限物ニ御座候、当時市中ニ右職方之もの凡六百軒余も御座候、然る処私義ハ不及申其外之者ともニも、右六百軒之内壱部通り者先年ゟ木地銅銅座御役所より御売下ケ御免被為成候者ニ御座候ニ付、木地銅ハ御定通り御売下ケ奉願上候相潰し来り申候、当時右職方一統ニて相潰れ候処、木地銅・真鍮両方ニ而壱ケ月六万斤余、内壱万斤計者御売下ケ御免、残五万斤計者売下ケ御免之ものともニて配分致貫可申処承り合候得共、其儀も無御座由ニ相聞へ、甚不審ニ奉存候、然ル処近年右職方一統不風義ニ相成、古銅・古真鍮一件御触渡年久敷相成

候故甚劫仕心得違之ものも有之、下屓ニ取候古銅・古真鍮手吹抔致し細工仕候由相聞へ申候、別段不足木地銅・真鍮ハ右古銅・古真鍮を以間ニ合候様乍恐奉存候、其上古銅・切屑他国売仕候族も有之候よし相聞へ申候ニ付、銅座御役所ゟ御売下ケ新銅ゟ直段格別に下直ニ相当り候ニ付、職方仕候ものとハ直段過分之違ニ相成而捌方悪敷、正路之職方之物甚差支ニ相成、難渋仕罷在候、右ニ付而者手間稼幷弟子とも迄不風儀相募、不埒之儀等出来仕候、元来古銅・古真鍮とも銅座御役所へ相納らす手吹等仕不正之取扱仕候ニ付捌方数なく、且者直段下落仕候、右古銅・古真鍮潰れと之儀者、銹職方ニ多分相抱り候儀ニ御座候間、右職かた取締り御免被為成下候ハヽ、是迄不正之取扱ひ罷在候古銅・古真鍮とも銅座御役所相納り、新銅捌口宜敷相成候様、乍恐奉存候、右之通ニ御座候ニ付、右職かた一統仲間と相唱、御印札御下ケ被為成下候ハヽ、職ニ応し夫ニ組分仕□吟味ヲ以不正之儀無之様仕候ハヽ、相互ニ相慎、心得違之者も出来申間敷、幷手間稼・弟子迄も不風儀目も相直り、永久安堵ニ渡世仕難有仕合と奉存候、尤右御印札初年御上納幷年々御冥加御用等之義者、身分相応之儀為相勤申度奉存候ニ付、御賢慮之上可然様被為仰付被下度奉願上候、右之通銅座御役処江も古銅・古真鍮納り之儀出情ニ相成候仕法立奉申上置たく、既ニ京都之義者右職方一統仲間取締り被仰付、名前人ハ不申及弟子とも迄も御印札被下置、取締りニ相成御座候、当所之儀者未無其儀候ニ付、職方京都引合ニ粗齬仕候儀毎々御座候間、此度奉願上候通り御印札被下置、京都同様ニ相成候ハヽ、京都と申合、尚々取締り能仕、古銅・古真鍮納り方出情御売下、新銅捌方宜敷相成候様可仕候ニ付、乍恐此段御願奉申上候、何卒御取しらへ之上御聞済被為成下候ハヽ、広太之御慈悲難有可奉存候、以上

文化十三年子十二月十三日

半兵衛

但右之願奥印之儀丁内へ相頼申候処、仲ケ間義ニ付奥印ニ不及由、自然為無奥印御取上無御座候、何時ニ而も奥印可仕候

申居候ニ付、此段御断可奉申上候、以上

御奉行様

趣旨は、金具細工渡世の職方六〇〇軒余という多数があり、銅座が細工人に直売りした銅を内々配分したり古銅・古真鍮を手吹したりするなどの不正をしている、金具細工は幾通りにも分かれ、社堂の金具・武具・馬具・鑓・長刀・脇差のこしらえ、茶道具あるいは髪に差す笄、きせる・矢立の類、その他小細工物、錫・鉛・唐金鋳ものと多岐にわたり、職方には手間稼ぎや弟子という階層もあり、統制がとれていない。そのため不正もあり銅座売出し銅の相場が下落する、そこで京都のように「職方一統」印札・冥加銀などを出願するというのである。金屋半兵衛は銅座から吹銅を直買いする細工人なのであろう。金細工渡世の職方六〇〇軒という数字はともかくとしても、真鍮に関連する職種が多く、多数の職人が存在したことが分かる。

この翌年、銅精錬、とくに南蛮吹とまぎらわしい吹方する細工職人たち一一人が処罰（急度叱り）されるという取締りがあった。彼らの業態は、銀細工、鏡職、錺職、鍔吹師、真鍮吹屋、鉛粕吹、鉛屑吹、寄屑吹、錫灰流しなどであり、摘発品の吹床には合床・南蛮床・間吹床・灰吹床、それに鞴、吹道具があり、金属には古銅・はげ銅・留粕・からみなどがあった。前掲一覧[15]に処罰された職人たちの一覧がある。多様な分業関係が展開していた実態の一端がうかがえる。

寛政九年（一七九七）吹銅が銅座の直売になったとき、仲買に古銅売上取次人の肩書きが与えられた。安永三年（一七七四）ころ、大坂には株仲間化されなかった仲買が四二人と、ほかに古銅商人が二〇人ほどいた[42]。古銅売上取次人は安政元年（一八五四）二四人、同四年（一八五七）三〇人であった（安政四年（一八五七）の名前・住所を第一節一覧[13]に掲出した）。

文化九～文政二年（一八一二～一九）、前述のとおり銅座が真鍮吹職を配下に置いて真鍮を製造させ銅座が販売する専売法がおこなわれた。これは真鍮吹職と地銅屋の仲間成立の素地となったと考えられる。

その後、銅座の真鍮専売が廃止され自由売買になったのと同じ文政二年（一八一九）、銅座の吹銅専売が直売から入札払いになり、一丁目筋（大坂船場の金物屋の多い町筋）の多数商人が銅仲買を代表として入札組合を結成し、たびたび落札した。入札組合代表の銅仲買は真鍮地銅屋であった（本章第二節）。真鍮地の銅は初め鉸銅で、のちには古銅が多用されたことは知られるが、自由売買になってさらに発展するには、古銅だけでは量に限界があり、吹銅の入札払いに積極的に応札したのではないかと考えられる。

前掲一覧[16]に真鍮地銅屋と真鍮吹職の一覧がある。そのうち地銅屋の河内屋新兵衛と綿袋屋九兵衛は古銅売上取次人でもあり、また銅座吹銅払いに入札してたびたび落札した。大塚屋善兵衛・大塚屋藤兵衛は店舗を構え、「浪華買物独案内」に掲載されている。

天保六年（一八三五）大坂で真鍮吹職仲間の庚申講が結成され、同十年（一八三九）真鍮地銅屋と吹職仲間が合同して真鍮地銅仲間を結成した。これは当初、銅座による取締りの便宜が理由とされた。天保改革の株仲間解散令で真鍮地銅仲間は解散となるが、安政二年（一八五五）再興された。天保十三年（一八四二）、真鍮吹職・鋳物師職の古銅売買溶解禁止の触が出され、安政四年（一八五七）にも再度出されているように、古銅流通の統制がつねに課題であった。再興された真鍮地銅仲間は、地銅屋一三人と吹職一〇人からなる。

（四）　真鍮産業のその後

近世初期の国内産業の分業構造の特徴は京都における高級品製造の集中で、金属加工業もその一環であった。その中で大衆の需要拡大に基盤をおき、地域的には大坂・江戸・伏見・堺などへ拡大する産業として発展したのが真鍮産業であった。真鍮の生産と需要の拡大は、喫煙の普及拡大と関係が深い。近代工業以前、民衆生活の向上（煙草も当時としてはその一環）とともにそれに対応する市場構造の変化を認めることができる。真鍮産業の発展ぶりをみると、古くからの仏具・キセル・真鍮箔以外のほかの用途もあったようであるが、先行研究がなく実態の解明は今後の課題である。銅生産・銅貿易が漸減した近世中期以降、地売銅市場の規模も縮小し大型銅製品の燈籠や梵鐘、仏像、銅瓦などの製造は減少したが、庶民生活に直結した真鍮産業は発展の一途をたどった。

元来唯一の真鍮製造地であった京都で、真鍮屋仲間が業種の境界の維持に努める間に、銅の中心市場の大坂で実用的な銅製品の製造が発展し、ついで古銅を材料として真鍮製造も本格的にはじまり、古銅を扱う銅仲買が真鍮業に進出した。江戸は後発の市場であるが、需要地であり、金属加工の業種間の規制も上方に比べると緩やかであったようで、幕末には近郊で水車伸銅がはじまるほどの発展がみられた。近代的な伸銅業の芽生えといえよう。[43]地方でも越中高岡で使用する銅地金は、天保十三年（一八四二）に一万五〇〇〇貫目（九万三七五〇斤）というように発展があった。[44]このように国内の銅市場が成熟する一方には真鍮産業の拡大があった。

（1）鈴木康子『近世日蘭貿易史の研究』（思文閣出版、二〇〇四年）一〇三頁、「銅異国売覚帳」（『住友』⑤）四三～四五頁。

（2）註（1）「銅異国売覚帳」四三～四五頁。

（3）註（2）参照。

（4）「年々帳」無番（『住友』①）六頁。

（5）同前三八頁。うち北国屋次右衛門は、一覧［2］（銅屋株を持たずに銅貿易を敢行した小吹屋一一人）のうちの北国屋重右衛門と同一あるいは同系と推定される。

（6）元禄元年（一六八八）は註（4）「年々帳」無番、五一頁、同七年（一六九四）は同前一二〇頁、正徳二年（一七一二）は「年々諸用留」二番（『住友』②）一〇八頁。「長崎下銅公用帳」一番（『住友』⑩）一四二頁にも一六人の名前がある。

(7) 註(4)「年々帳」無番、八〇頁。うち北国屋重右衛門の主家である北国屋八右衛門は、阿仁銅山の主山小沢山を開発した山師で、のちに阿仁の主要な山師となる大坂屋よりも当時は優越していた。秋田県立秋田図書館編『国典類抄』第一一巻（秋田県教育委員会、一九八〇年）六五七頁、六六〇頁。古来銅屋になり損ねた北国屋が銅貿易に進出しようとして失敗したのである。輸出依存産業である大銅山の山師にとって、銅屋を兼業するかどうかは重要な岐路であったと考えられる。

(8) 「銅座公用留」（『住友』④）六頁。

(9) 住友家文書五―六―三―二「銅吹屋仲間由緒書」（『泉屋叢考』第八輯付録）で、廃業年次などはほかの住友家文書による。

(10) 享保八年、十年（一七二三、二五）の新吹屋は住友家文書一九―三―九「乍恐奉願候口上」、潮江は「銅座方要用控」三番（『住友』㉑）三〇五頁ほか、南部銅吹屋は拙稿「近世、御用南部銅吹屋――銭屋・塩屋・鍵屋・布屋――」（『日本鉱業史研究』№四八、二〇〇四年）。

(11) 中川すがね「銅商人と町――大坂屋久左衛門を例に――」（『歴史評論』№五四七、一九九五年）。

(12) （　）内は扱い銅、住所の判明する場合は示した。出典は、「長崎下銅公用帳」一番・「長崎公用帳」三番（以上『住友』⑩）、「長崎公用帳」五番・「同」二番・「長崎公用帳（正徳四年）」（以上『住友』⑫）。

(13) 「銅座方要用控」一番（『住友』㉑）三二頁、三四頁。

(14) 住友家文書二〇―三―二―三―一「諸国銅山惣括覚書」で、住所の一部は他史料によって補足した。

(15) 註(8)「銅座公用留」四〇頁、七九頁。

(16) 註(13)参照。

(17) 住友家文書一四―六―一「銅方公用帳」二番。

(18) 註(17)参照。

(19) 註(8)「銅座公用留」六九頁。

(20) 住友家文書二〇―三―四―一二。初出稿で「京屋源七の名が寛政五年の住友家文書に出て」（住友家文書一八―五―

一「年々記」）いることを指摘したが、天満屋元次郎と和泉屋佐兵衛が嘉永期に大坂城修築用の銅瓦の手間賃を受領したことが、三井文庫所蔵史料続五「御銀請払勘定帳」、同続三八「銅座請払勘定覚」にみえる。細工人は宝暦十二年（一七六二）仲間を結成し、天保十三年（一八四二）天保改革の株仲間解散令のため解散した。弘化元年（一八四四）江戸城本丸炎上で御用銅瓦吹立があり、その需要を背景に銅延板・銅延道具所持者届出指示の触が出された。この史料はそれに応じた三一人の名簿かと思われるが、確証はない。

(21) 註(8)「銅座公用留」三九頁、四〇頁、五五頁。

(22)『大阪市史』第四巻下、二一九二頁。萩屋については、初村家一〇八―三六「吹屋中買共内分申出候書付」。

(23)「銅座要用控」八番・九番（『住友』㉗）一〇九頁、一七九頁、註(17)「銅方公用帳」二番、享保七年（一七二二）の例は「年々諸用留」四番（『住友』⑦）一六一頁にも記事がある。

(24) 住友家文書一八―五―四「年々記」文化十四年（一八一七）八月～十月条。

(25)「真鍮吹職仲間庚申講」（『大阪編年史』第一八巻、一一六頁、同第二三巻、三四六頁）、森本英樹『黄銅組合沿革誌』（黄銅組合、一九二三年）三九頁。この史料が主張する由緒は年次など必ずしも正確とはいえない。また史料の翻刻は『大阪編年史』が信頼でき、『黄銅組合沿革誌』は問題がある。

(26) 小葉田淳「近世、足尾銅山史の研究」（初出は『日本歴史』第二九六号、一九七三年、のち同『日本銅鉱業史の研究』思文閣出版、一九九三年に収録）。

(27) 表3の出典は、住友家文書三五―九「万覚帳」二番、一八―四―三「年々記」、二二―一―二「場帳」、二二―四―一「庭帳」、二二―五―一・二「庭帳」、三井文庫所蔵史料　追六五・六六「銅座差引帳」四番・六番、続一―二・三「御銀請払勘定帳」弘化四年（一八四七）・嘉永元年（一八四八）、続二～一七「御銀請払勘定帳」嘉永二～元治元年（一八四九～六四）。

(28)『大阪経済史料集成』（大阪商工会議所、一九七七年）第一一巻、二七八頁。

(29) 南蛮吹はこの工程全体を指す場合と、銅と鉛を分離する工程のみを指す場合がある（狭義の南蛮吹）。鍰吹（鉸吹とも書く）というのも同義で、工程全体を指す場合と狭義で使用する場合がある。出灰吹銀（銅から採取した灰吹銀）は史料上、しぼり銀（鉸銀・鍰銀）のほか、たり銀（垂銀・足銀・滴銀）ということも多く、略して、たり（垂・足・

滴）ともいう。また南蛮吹の対象になる荒銅を鍰物、たり物などといい、そうでない荒銅を間吹物という。南蛮吹の作業工程・意義・関連用語については、向井芳彦「南蛮吹の伝習とその流伝」（『泉屋叢考』第六輯、住友修史室、一九五五年）、拙稿「近世住友の吹所の研究」（『泉屋叢考』第一九輯、住友修史室、一九八〇年）、同「近世銅精錬関係用語集」（財団法人大阪市文化財協会編集・発行『住友銅吹所跡発掘調査報告』一九九八年）、同「南蛮吹と近世大坂の銅吹屋仲間」（『住友史料館報』第三五号、二〇〇四年）などがある。また棹銅の水中鋳造の観察記録は、庄司三男「オランダ人と泉屋と大坂銅吹所」（箭内健次編『鎖国日本と国際交流』下、吉川弘文館、一九八八年）。

(30) 小葉田淳「正徳・享保の新銀鋳造と銀銅吹分け」（同『貨幣と鉱山』思文閣出版、一九九九年、初出は『泉屋叢考』第二二輯、一九九二年）。銅吹屋の南蛮吹で加える鉛の規定は、拙稿「「御用諸山銅紮吹留帳」について」（『住友修史室報』第一四号、一九八五年）。

(31) 表4の出典は、元禄五年（一六九二）は註(4)「年々帳」無番、七五頁。元禄十三年（一七〇〇）は「鉱業諸用留」（『住友』⑤）一九二頁。宝永六～正徳元年（一七〇九～一一）は「長崎下シ銅御用ニ付御番所へ差上候書付写」（『住友』⑩）三一五頁。正徳三年（一七一三）は「長崎公用帳」二番（『住友』⑫）二八四頁。元文三～延享元年（一七三八～四四）は「銅座方要用控」三番、五～七番、九番（『住友』㉑、㉔、㉗）。明和三～安永五年（一七六六～七六）は長崎歴史文化博物館所蔵史料六六〇—一六「明和三戌年ヨリ安永五申年マテ　大坂銅座地売銅代余銀勘定見平均書付」。安政四～六年（一八五七～五九）は三井文庫所蔵史料W—一—一〇九「金銀銅之留」。

(32) 銅吹所の設備の配置図としては、住友のものが註(29)拙稿「近世住友の吹所の研究」、財団法人大阪市文化財協会編集・発行『住友銅吹所跡発掘調査報告』（一九九八年）にあり、大坂屋のものが註(11)中川すがね「銅商人と町——大坂屋久左衛門を例に——」、長崎銅吹所のものが岩崎義則「近世長崎銅吹所について」（『史淵』第一三五輯、一九九八年）にある。

(33) 拙稿「「大坂吹屋の職人一万人」説の検討——貞享二年九月付銅屋一三人訴状の背景——」（『日本歴史』第六九八号、二〇〇六年）。同じ史料にある産銅高九〇〇万斤という数値も流布したが、これも誇大である。

(34) 拙稿「近世住友銅吹所見分・入来一覧」（『住友史料館報』第二八号、一九九七年）。

(35) 住友家文書一九—三—一〇「吹屋公用帳」一番。『大阪編年史』第一〇巻に「宝暦十一年正月、銅吹屋仲間、地売荒

銅買入・銅割符・御用銅吹方等ニ関フル申合ヲ定ム」という綱文で『住友家史垂裕明鑑抄』を出典とする「申合一札」がある。ここに掲出する「申合一札」と比べると細部に異同がある。
(36) 正徳二年（一七一二）は本章表2に同じ、寛延三年（一七五〇）は初村家文書一〇八―二〇「銅座記録」、万延元年（一八六〇）は住友家文書一八―四―三「年々記」万延元年七月一日条。
(37) 初村家文書一〇八―三六「近年古銅ニ荒銅取交紛敷取扱商売幷吹方仕候風聞御内分御糺有之趣幷古銅類はげ吹方等存寄願等吹屋中買共内分申出候書付」。
(38) 永積洋子編『唐船輸出入品数量一覧　一六三七～一八三三年』（創文社、一九八七年）。同書で白鑞（原文 spiaulter）とするものは亜鉛と解するのがよい。
(39) 江戸および関東における銅市場の研究は少なく、近年まで小葉田淳「江戸古銅吹所について」（同『日本経済史の研究』思文閣出版、一九七八年）のほかに本格的研究がなかった。溝口正哉「江戸の釘鉄銅物問屋と銅物流通」（千代田区教育委員会編集・発行、千代田区文化財調査報告書16『ある商家の軌跡――紀伊国屋三谷家資料調査報告書――』二〇〇六年収載）は、江戸期の釘鉄銅物問屋（製造・販売業）から近代の伸銅業へと発展した三谷家の属した銅物流通業界を、主として問屋仲間の変遷と法令、両古銅吹所との関係、近郊の水車伸銅との関係から分析した論考である。著者は江戸期を「金属類の生産・流通が強力な統制下にあった時代」というが、同時期の京都や大坂と比べると、江戸では職種の細分化や職種間の壁などが少なく、発展への障壁が相対的に低かったのではないかと考えられる。
(40) 賀川隆行「化政期の越後屋長崎方の流通構造」（『三井文庫論叢』第一二号、一九七八年）。
(41) 住友家文書一八―五―四「年々記」文化十三年十二月十三日条。
(42) 初村家文書一〇八―三三「古銅売買方ニ付願書幷評儀書」。
(43) 産業新聞社編刊『近代日本の伸銅業――水車から生まれた金属加工――』（二〇〇八年）。
(44) 養田実・定塚武敏責任編集『高岡銅器史』（桂書房、一九八八年）三七八頁。

第二章　大坂銅商人の長崎銅貿易

第一節　定　高　制

大坂銅商人は棹銅を製造し輸出する業務（銅屋）を核心として発祥した。銅屋は大坂に限らず展開したが、中心になる有力な銅屋は銅吹屋を兼ねる大坂銅商人であり、吹所を持たない銅屋に銅を供給する小吹屋も大坂銅商人に含まれる。長崎銅貿易は、銅屋が外国商人と値段や数量を毎年直接の交渉で決めておこなう相対の貿易である。輸出するうえで公認の資格は元来とくに必要なかったが、延宝元年（一六七三）幕府公認の古来銅屋に限定された。古来銅屋は仲間として輸出を請負ったり運上を納付したりする団体ではなく、古来銅屋株は移転可能であり、個々の成員は年々輸出するかどうかも自由であるという緩やかな独占団体であった。

その後、古来銅屋は元禄九年（一六九六）に初めて運上を賦課され（第三節で後述）、ついで起こった桔梗屋らによる新規一手請負いによって直接輸出をできなくなり、桔梗屋らの失敗とそれに続く長崎銅貿易の自由化によって、彼らの独占は否定された。さらに元禄十四年（一七〇一）の元禄銅座の設置にあたって古来銅屋は廃業させられ、銅座は銅吹屋（吹所を持つ古来銅屋と小吹屋）を傘下に置いた（第四節で後述）。これは大坂銅商人にとって銅屋という商売の消滅であったが、長崎銅貿易の実質的な担い手としてみると、銅屋の中心にいた吹所を持つ有力商人と活力のある小吹屋とに再編されたことになり、連続性が認められる。それゆえ、銅座が資金繰りに行き詰まると、大坂の銅吹屋仲間が長崎廻銅を請負った（第五節で後述）が、この仕法では幕府や長崎会所の支援を受けて辛うじて銅吹屋は採算性を保つことができた。古来銅屋の独占が発足してまもなく、幕府は銀の海外流出を抑制するため、銀に代替する主要輸出品として銅を位置づける定高制を発足させたが、それは銅の輸出能力を確信できたからである。

貞享二年（一六八五）、幕府は長崎貿易に年間の商売高（取引限度銀額）を初めて決め、唐人は銀六〇〇〇貫目、オランダは銀三〇〇〇貫目とするようにと命令した。この貿易限度額を御定高といい、限度額を設定して貿易を統制する仕法を定高制《じょうだかせい》という。長崎貿易は初期から銀が大量に海外に流出し続けたが、それをなるべく抑制するというのが、二〇年ほど前から幕府の方針となった。その方策の最初が金の輸出の解禁であった。続いて市法《しほう》貨物《かもつ》商売法《しょうばいほう》を施行したが、これは輸入品の値段を抑制し、貿易額すなわち銀の流出を抑制する施策で、定高制のまえに一三年間おこなわれ、一定の効果があった。それをさらに進めたのが定高制で、限度額を設定するとともに、産出の増大した銅を銀に替わる主要輸出品とすることによって、銀の流出抑制に相当の効果をあげることができた。

主要輸出品となった銅の産出は、まもなく近世の最盛期を迎えて大きく上昇し、定高はかえって銅輸出を抑制する枷となった。同時に外国船とくに唐船の来航が、中国側の事情によって急増した。定高制によって銀の流出を抑制するためには、貿易限度額を設定するだけではなく、来航する唐船数にも限度を設ける必要が生じ、元禄元年（一六八八）に七〇艘とした。それよりも多く来航し、積戻しを命じられる船も多かった。

そこで定高の枠外で銅を対価とする、銅代物替《どうしろものがえ》という貿易仕法が開始された。ところが銅の産出はまもなく頂点に達して、上昇から漸減傾向に転じた。そこで貿易枠の拡大分を廃止して、拡大前の貿易限度額に戻し、あわせて貿易実施上の詳細を規定する正徳新例《しょうとくしんれい》が施行された。銅代物替貿易の実施を通じて、長崎の町は幕府の施策とも相俟って、「貿易の場」として利益の配分に与る立場から輸入貿易の経営主体へと転換を果たし、かつ利益配分上に大きな既得権を確立した[1]。正徳新例はそれを反映している。それらについては後述に譲り、はじめに、貞享二～正徳五年（一六八五～一七一五）の銅貿易の状況を示す表1と[2]、宝永五～正徳五年（一七〇八～一五）の大坂銅吹屋の買入荒銅高を示す表2、それに貞享二年（一六八五）と正徳五年（一七一五）の銅貿易の概要を対比する表3を示す。

表1の輸出高をみると、元禄九～十二年（一六九六～九九）と宝永元～七年（一七〇四～一〇）という二つの高まりがみられる。元禄九年（一六九六）からの高まりは、定高制での輸出に適した約五〇〇万斤を越えて滞貨になっていた銅が代物替貿易で輸出されたための高まりである。当時は細工向き銅一七〇万斤のほかに同十年（一六九七）から江戸亀戸で鋳銭が始まり、その銅が一七五万斤で、これらが輸出のほかにあったところから、産銅は推定一〇〇〇万斤といわれる。最盛期の別子銅はその四分の一ほどを占めた。

二つめの宝永元～七年（一七〇四～一〇）の高まりは、表2で内訳がほぼ分かる。秋田の阿仁銅山が最盛期で、最盛期をすぎた別子がこれにつぎ、この二銅山が傑出していた。なお足尾銅山は最盛期にはこの二銅山とほぼ同規模であったがすでに衰退していた。近世後期には尾去沢銅山が台頭し、秋田・別子とともに三山が主要な御用銅山であった。

表3の貞享二年（一六八五）と正徳五年（一七一五）は、間に長崎会所の設置を挟むが、長崎貿易の変遷を大きくみる場合には同一の時期に属するであろう。ここでは長崎貿易の変遷自体を論じないが、長崎貿易にとって銅貿易の推移は欠くべからざる基礎的要素である。

定高制のもとでは主要輸出品である銅にも輸出高の限度があり、産出が増大する銅の輸出を規制した。産出が増大すると、公認の古来銅屋が棹銅を輸出するという本来の形態の外の銅貿易が多発した。住友の記録「年々

表1　長崎銅輸出値段と輸出高（貞享2～正徳5年＝1685～1715）

年次	値段 (匁)		本割 (万斤)			代物替 (万斤)			輸出高 (万斤)		
	唐	蘭	唐	蘭	計	唐	蘭	計	唐	蘭	計
貞享2		109.0	233	234	467				233	234	467
〃 3		109.0	324	212	536				324	212	536
〃 4		110.0	385	150	535				385	150	535
元禄元	111.0	109.5	392	125	517				392	125	517
〃 2	110.5	110.0	354	196	550				354	196	550
〃 3	109.5	110.0	374	145	519				374	145	519
〃 4	109.4	110.0	322	90	412				322	90	412
〃 5	104.5	109.0	354	180	534				354	180	534
〃 6	105.0	109.0	336	120	456				336	120	456
〃 7	103.6	109.0	344	167	511				344	167	511
〃 8	104.6	108.0	346	170	516	70	31	101	416	201	617
〃 9	103.3	108.0	244	137	381	458	46	504	702	183	885
〃 10	104.4	109.0	218	177	359	423	73	496	641	250	891
〃 11	112.0	113.5	216	179	359	392	71	463	608	250	858
〃 12	112.0	114.0	133	180	313	390	70	460	523	250	773
〃 13	111.2	118.9	67	57	124	296	67	363	363	124	487
〃 14	117.7	118.9	108	98	206	276	67	343	383	166	549
〃 15	117.7	119.3	20	87	107	361	67	428	381	154	535
〃 16	118.0	119.3	23	96	119	371	67	438	394	163	557
宝永元	118.2	119.3	92	183	275	442	0	442	534	183	717
〃 2	118.2	118.9	97	143	240	400	40	440	497	183	680
〃 3	118.2	118.9	70	150	220	441	0	441	511	150	661
〃 4		118.9	139	83	222	371	67	438	510	150	660
〃 5		118.9	231	83	314	429	0	429	660	83	743
〃 6	114.2	118.9	149	83	232	368	67	435	517	150	667
〃 7	114.2	118.9	154	83	237	342	67	409	496	150	546
正徳元	114.2	118.9	118	83	201	308	17	325	426	100	526
〃 2	135.0	119.4	109	70	179	185	5	190	294	75	369
〃 3	135.5	122.4	206	92	298	185	8	193	391	100	491
〃 4	135.5	123.4	153	93	246	247	12	259	400	105	505
〃 5	135.5	123.3	76	103	179	0	12	12	76	115	191

出典：『長崎実記年代録』ほか。139頁註（2）参照。

註：銅商人の手取り値段。

　唐売りは宝永5年（1708）まで輸出値段－口銭5匁。翌年から輸出値段に同じ。

　蘭売りは輸出値段－口銭3匁。

表2　大坂銅吹屋買入荒銅高（宝永５～正徳５年＝1708～15）　単位：万斤

産銅名	国名	宝永５	宝永６	宝永７	正徳元	正徳２	正徳３	正徳４	正徳５
尾去沢	陸奥	63	27	4	30	54	65	75	64
白根	〃	21	21	10	19	21	27	33	21
秋田	出羽	255	301	245	247	179	140	190	140
永松	〃	98	64	62	33	16	45	34	30
熊野	紀伊	21	16	14	10	6	6	6	4
多田	摂津	13	10	15	10	5	5	6	6
生野	但馬	31	55	34	29	3	53	66	70
別子	伊予	226	212	229	152	105	125	141	125
立川	〃	0	105	92	63	8	122	106	96
日向	日向	17	11	4	2	1	14	5	3
その他		35	28	31	15	32	44	41	23
総計		781	850	739	611	430	646	702	584

出典：139頁註（２）参照。

表3　長崎銅貿易、貞享２年（1685）・正徳５年（1715）対比

事　項	貞　享　２　年	正　徳　５　年
定高	唐6000貫目、蘭3000貫目	唐6000貫目、蘭3000貫目
船数	規定なし 唐船は元禄元年（1688）規定70艘	唐30艘、蘭２艘
銅輸出高	規定なし（想定約500万斤）	唐300万斤、蘭150万斤
同100斤につき値段	唐不明（元禄元年111匁）、蘭109匁	唐135匁５、蘭123匁３
銅口銭100斤につき	唐内５匁、蘭内３匁	唐外８匁37、蘭内３匁
輸出形態	古来銅屋が輸出、値組 元禄14年（1701）から銅座が輸出	銅吹屋仲間が廻銅、値組に町年寄関与 翌年から御割合御用銅制

註：唐売り銅口銭は宝永５年（1708）まで、輸出値段のうちから唐通事が受領。翌年から輸出値段とは別に唐通事が長崎会所から受領。

蘭売り銅口銭は輸出値段のうちから蘭通詞が受領。

帳」無番（『住友』①）にはその摘発や関連する訴願が頻出する。

ま吹銅・鋳形違銅などの輸出の最初は、貞享二年（一六八五）秋から、大坂の塚口屋長左衛門の手代が「ま吹銅・荒銅・丁銅・中平銅・しほり銅」などを長崎へ回送し、貞享五年（元禄元＝一六八八）になって大坂の糸割符年寄に察知され禁止された事例である。塚口屋は延宝二年（一六七四）まで銅屋で、当時休止していた。荒銅・鋳形違銅は古くはオランダ船も輸出したが、このころは唐船の輸出が目立つようになった。

銅屋の訴願の対象になった最初は、長崎町人郭平次右衛門らが長崎銭吹屋（もと長崎貿易銭を鋳造した場所）にてま吹銅を吹売したいと訴願したのに対抗して、貞享五年（元禄元＝一六八八）正月大坂において帰府途中の長崎奉行に差し止めを訴願した事例で、銅屋が勝訴した。

同じく元禄元年（一六八八）に大坂の小吹屋河内屋伝次・平野屋忠兵衛・同小左衛門・同三右衛門は鋳形違銅を長崎へ下し、川崎屋平兵衛・多田屋市郎兵衛は河内屋へ吹売りし、長崎の柿本屋又兵衛が引き受けて抜荷・代物替あるいは下値にして密々に異国人へ売った。これが露見してま吹銅は闕所、柿本屋は籠舎などの処分を受けた。処分後大坂から到着したま吹銅・鋳形違銅一〇三六丸も闕所になったが、仲間外銅屋と長崎商人は大坂町奉行・長崎奉行へ訴願するなどして、この分は回収し、唐人へ残らず売却した。銅屋外の業者がま吹銅・鋳形違銅を輸出することは、銅屋の抗議にもかかわらず事実上公認されたのである。また川崎屋ら五人はのち元禄銅座が設置されると、当初から銅座傘下の銅吹屋として認めらることになる。

第二節　銅代物替

銅輸出の拡大と外国船積載貨物輸入の拡大を結びつけたのが、定高制の枠外に設けられた銅代物替貿易である。銅代物替は元禄八年（一六九五）、江戸の商人伏見屋四郎兵衛が貿易額一〇〇〇貫目、利益のうちから幕府へ運上金一五〇〇両という条件で請負ったのが初例である。一〇〇〇貫目の取引の唐蘭の割付配分は、唐船六六六貫六七〇目、蘭船三三三貫三三〇目であった。翌年も伏見屋が五〇〇〇貫目、運上金一万両で請負った。その唐蘭の割付配分は、唐船四五〇〇貫目、蘭船五〇〇貫目であった。その翌年からは銅代物替五〇〇〇貫目は長崎の町が請負った（なお念のため、銅の輸出は銅屋の商売で、銅代物替の経営主は対応する輸入貿易で利益を収めるのである）。

元禄八年（一六九五）、伏見屋四郎兵衛の銅代物替一〇〇〇貫目の商売の収支は次のとおりである。(3)

	唐船商売	オランダ商売	計
元銀	六六六貫六七〇目	三三三貫三三〇目	一〇〇〇貫目
利銀	五七六貫一三八匁余	一八貫六六九匁余	おおよそ六〇〇貫目
輸出銅	七〇万一七五七斤	三〇万八六三八斤	一〇一万〇三九五斤
輸出値段	一〇〇斤につき九五匁	同一〇八匁	
代銀	六六六貫六六九匁一五	三三三貫三二九匁〇四	一〇〇〇貫目
銅屋手取値段	一〇〇斤につき九八匁三	同一〇五匁	

利銀の内訳	幕府へ運上	九〇貫目（一五〇〇両）
	地下中に口銭　唐船方	七〇貫目
	〃　オランダ方	一五貫目
	銅の損銀	二〇貫目余（唐船売損三匁三で二三貫一五七匁九八一）
	長崎逗留遣方	三〇貫目余
	伏見屋取分	三七五貫目

銅代物替の仕法は、長崎貿易史上で運上のはじまりと位置づけられる。銅代物替は伏見屋と同時期に、京都の

商人茶屋休嘉も出願したが、認められなかった。その願書（唐船七〇艘を対象とする銅二〇〇万斤の代物替）には運上の記載がなく、運上が伏見屋との重要な相違点であったと考えられる(4)。

元禄九年（一六九六）の銅代物替五〇〇〇貫目の収支を前年の一〇〇〇貫目の五倍の規模と仮定すると、銅輸出高五〇五万斤余、幕府への運上七五〇〇両である。銅代物替の開始後も依然として銅輸出は銅屋の商売であって、長崎の町が自由にできるものではなかった。しかし元禄十年（一六九七）に銅代物替を請負った長崎の町は運上一万両を捻出するために、後述のように銅代物替商売に傾斜していった。

長崎の町は早くから、海外貿易に従事する内外商人に協力したり、使役されたり、貿易品の一部を町の取分として確保したりして、いわば「貿易の場」として利益の配分に与ってきた。利益配分は、直接何かの役割を勤める報酬である役料と住民に広く均霑するものとがあり、その種類も範囲も変化しつつ次第に拡大した。「貿易の場」としての利益配分は、市法貨物商売法の利益である市法増銀の配分によって一気に高まり、長崎の町は繁栄し、華美にすぎるという批判も生じるほどになった。貿易仕法は、銀の海外流出を抑制することを主要課題として、前述のとおり貞享二年（一六八五）に定高制に移行した。

定高制では銅を主要輸出品に位置づけている。輸入では市法商売を廃止して糸割符を復活し、市法増銀も廃止した。そのため長崎の利益配分が大幅に減少するその補償の意味で、輸入品にあらたな掛り物（関税）を掛け、それを町としての利益とするようになった。こうして長崎の町は貿易がおこなわれ、住民がさまざまに参画して利益に与る「貿易の場」から転換して、輸入貿易の経営主体となる契機を得たと考えられる。

ついではじまった定高の枠外貿易である銅代物替で、利益の一部を幕府へ納付する運上がはじまった。銅代物替貿易の請負いが、当初の江戸商人伏見屋から早々に長崎の町に移され、その規模も利益も運上も拡大した。これを機に長崎会所が設置され、定高と枠外の貿易すべての収支など貿易全体の勘定をして、利益のうちから町への配分金を渡し、残りを運上とすることになった。これをもって貿易が官営になり、幕府が運上を幕府財源として収得するようになったとされる。長崎会所の設置は、このような形式上の整備としての意義がまずは大きいが、いわゆる会所貿易への過程とその意義の検証は、改めて進める必要がある。

長崎の得た利益を概数で示すと、市法貨物商売法期の延宝五年（一六七七）に貿易高一万四〇〇〇貫目、配分銀二〇〇二貫目とみられるのに対して、元禄十一年（一六九八）の貿易高は一万六〇〇〇貫目、配分金は一一万両と増大した。幕府が『崎陽群談』（刊本四九頁）のいう「其頃ハ御運上相増し候義を専要」、すなわち運上を重視したこの時期に、長崎の町は運上を納めて請負った銅代物替商売に傾斜し、さらに追御定高商売で海産物輸出の地位を高めた。しかしそれでも利益を配分し運上を納めるだけで、配分・運上した後の留保分を蓄積し、運用する事業体にはついに至らなかった。むしろ、幕府が貿易利銀を吸収し財源化するためにしたといわれる長崎会所の設置や運上金の設定は、いずれもその後、長崎貿易の維持のためという性格を強めたと考えられる。運上金は幕府の財源という性格が当初はあったかもしれないが、長崎貿易の維持のためにしばしば支出されたことは以下で述べる（第三章）。

次に長崎の町が貿易の場から経営主体へと転換する過程として銅代物替の実施状況を検討する。前掲表1には銅の輸出の定高分（本割）と代物替分を分けて表示してある。貿易が定高だけの時期の銅輸出は五〇〇万斤前後であった。銅代物替五〇〇〇貫目開始以後は定高分の銅は減少し、代物替分が上回った。定高分が上回るのは正徳三年、五年（一七一三、一五）だけであった。

銅輸出高に値段を掛けると輸出額を算出することができる。『唐通事会所日録』に銅口銭が、元禄九年（一六九六）一三七貫三三四匁六八九七、同十年（一六九七）一二六貫七六〇目五六とある（刊本二、一九八頁・二四六頁）。銅の唐通事口銭は一〇〇斤につき内通事二匁（始期不明）、本通事三匁（貞享二年＝一六八五から）、計五匁であるから、口銭銀高を本通事分の銀三匁で割って算出される銅高は、元禄九年（一六九六）四五七万七八二二斤九三、同十年（一六九七）四二二万五三五二斤で、表1の唐船の典拠史料「寛文三卯年ゟ年々唐船買渡銅高帳」の記載と一致する。この史料による代物替銅高の信頼性の高さが傍証され、算出した代物替銀高（表4）も信頼できる。『唐通事会所日録』の随所に唐船の銅代物替商売高の割付記事があるが、それより相当大きい。なお、確認のため繰り返すと、銅の輸出は銅屋（のちには一手請負人や元禄銅座）の商売で、銅代物替の経営主は対応する輸入貿易の独占によって利益を収めるのである。そこで、請負人である長崎の町は、みずから仕切ることのできる銅代物替貿易へ顕著に傾斜していった。

その銀高等と口銭銀の配分を表4・5も示す。口銭銀とはオランダ通詞・唐通事が得る手数料で、銅口銭を買手が輸出値段のうちから通事・通詞に渡し、銅屋は口銭を差し引いた手取りを受取る。こうした事例がはっきり分かるのは、出島（蘭通詞）の銅口銭一〇〇斤につき三匁とされた延宝四年（一六七六）からで、唐人は内通事口銭二匁、本通事口銭三匁、計五匁である。(5)

唐人売り銅口銭の経緯は出島のそれとは異なる。『崎陽群談』（刊本八五頁）によると、宝永六年（一七〇九、この部分の執筆は正徳三年＝一七一三）廻銅がもってのほかに不足したとき、唐人の願によって口銭の銀高に相当する代物を差し出すことになったという。『通航一覧』（刊本四、四五九頁）にある正徳五年（一七一五）六月長崎奉行大岡備前守（清相）の「五ケ所宿老宛申渡」のなかに、「唐方銅口銭之儀、銅百斤に付八匁三分七厘宛之定法を以渡」とあり、『長崎会所五冊物』（刊本三三頁）には「銅百斤ニ付四匁三分五厘宛」とある。後者は前者（八匁三五）の半分四匁一七五に近似する。住友の記録「古来ゟ銅方万覚帳」（『住友』⑱）によると、宝永六年（一七〇九）の唐人売銅値段は一一四匁二替（手取り）、ほかに五匁七七口銭とあり、口銭は旧来の売値段のうち五匁とは異なって売値段のほかとなっていた。口銭はこの年の五匁七七からさらに上昇して、正徳五年（一七一五）には

表4　銅代物替銀高　　　　　　単位：匁

年　次	唐船	オランダ	計
元禄8(1695)	666,670	333,330	1,000,000
〃 9(1696)	4,728,891	500,000	5,228,891
〃 10(1697)	4,411,268	800,000	5,211,268
〃 11(1698)	4,396,262	800,000	5,196,262
〃 12(1699)	3,974,060	800,000	4,774,060
〃 13(1700)	3,252,892	800,000	4,052,892
〃 14(1701)	3,176,512	800,000	3,976,512
〃 15(1702)	4,252,105	800,000	5,053,105
〃 16(1703)	4,378,092	800,000	5,178,092
宝永元(1704)	5,220,848	0	5,220,848
〃 2(1705)		475,000	
〃 3(1706)		0	
〃 4(1707)		800,000	
〃 5(1708)		0	
〃 6(1709)	4,200,000	800,000	5,000,000
〃 7(1710)	3,900,000	800,000	4,700,000
正徳元(1711)	3,520,620	200,000	3,720,620
〃 2(1712)	2,500,000	60,000	2,560,000
〃 3(1713)	2,500,000	100,000	2,600,000
〃 4(1714)	3,350,000	150,000	3,500,000
〃 5(1715)	0	150,000	150,000

出典：唐船は住友家文書26-6-3-1「寛文三卯年ゟ年々唐船買渡銅高帳」から算出、オランダは『長崎実記年代録』。

表5　唐船代物替銅口銭・銅代銀・口銭銀の配分(元禄9・10年＝1696・97)

事　項	元禄9年	元禄10年
下げ渡口銭銀高	137貫334匁6897	126貫760目56
輸出銅代銀	4728貫891匁	4411貫268匁
同値段	103匁3　うち5匁口銭	104匁4　うち5匁口銭
同高	457万7822斤余	422万5352斤余
唐船入津(積戻)数	70艘(11艘)	70艘(33艘)
『唐通事会所日録』記載	夏20艘・10艘・秋20艘・14艘	春20艘・夏14艘・秋20艘
同上割付高	3081貫346匁196	3200貫目
口銭銀の配分		
通事目付	10貫目　2人に各5貫目	20貫目　4人(唐2人蘭2人)に各5貫目
稽古通事	6貫目　2人に各3貫目	
稽古通事	20貫目　10人に各2貫目	20貫目　10人に各2貫目
林道栄		7貫目
通事	101貫目334匁6897　通事9人	79貫760目56　唐通事9人

出典：『唐通事会所日録』刊本二、198、246頁ほか。

八匁三七になった。そののち享保四年（一七一九）、幕府が唐船商売高を翌年より、それまでの四ツ宝銀八〇〇〇貫目から半減新銀四〇〇〇貫目としたのに合わせて、銅口銭も半減して四匁三五にした。すなわち半減する前の銅口銭は八匁七であった、と考えられる。

銅代物替を契機として長崎貿易に運上が続出する。幕府も積極的に賦課し、運上と貿易利銀を統合して元禄十二年（一六九九）にはいわゆる長崎運上金を発足させる。利益のうちから長崎の町に配分する分を七万両とし、それを上回る分を幕府への運上とするというものである。長崎貿易上のひとつの転機のきっかけが銅代物替の開始なのである。

第三節　運上付き請負い

ここで銅貿易への運上賦課の過程を整理しておくと次のとおりである。まず、元禄九年（一六九六）、幕府は古来銅屋に初めて翌年から運上銀三〇〇〇枚（一二九貫目）を賦課した。これには輸出銅高の請負いはなかった。古来銅屋は運上を納めたが、その直前に翌年からの一手輸出は別の商人、桔梗屋らの手に移った。

元禄十年（一六九七）、江戸の桔梗屋又八・岡又左衛門・納屋長左衛門が、運上を金一万六〇〇〇両（銀九六〇貫目）に競り上げて、翌年から銅輸出を一手に請負った。ただし輸出銅高の請負いはなかった。少なくとも同時代の史料では確認できない。

元禄十年（一六九七）の長崎銅輸出高は、過去最高で唐船六四〇万二〇〇〇斤、オランダ二五〇万斤、計八九〇万二〇〇〇斤であった。

翌十一年（一六九八）五月、幕府は長崎に対して、この八九〇万二〇〇〇斤をとりあげて「向後渡高に当年より相定之候、右の員数の外に少にても相渡間敷事」と命令した。この文面をオランダは上限と受け取った(6)。しかしこの文面を上限かつ歳額であると受け取る余地は皆無ではない。代物替貿易をする長崎町人や、高額運上で一手請負いを出願した桔梗屋らや、許可した幕府勘定所は、あるいは歳額と認識していたかもしれない。しかし桔梗屋らは、翌年春限りで銅輸出から撤退し、残った運上不納も廻銅不全も咎められた形跡はない。この八九〇万二〇〇〇斤という銅高の長崎廻銅は、はじめからだれも請負わなかったといわざるをえない[7]。ちなみに、輸出銅を「御用銅」と呼ぶのはこの時からというのは当たらず、元禄銅座設置以後のことである。

八九〇万二〇〇〇斤を歳額とする文献で著名なものは、新井白石の『折たく柴の記』と長崎奉行大岡清相編『崎陽群談』である。新井も大岡も正徳新例策定のために長崎貿易の最初にさかのぼって貿易仕法を調査し、この施策についても、その当事者（荻原重秀ら）を除いて最も事情に通じうる立場にはいた。しかし『崎陽群談』の記述は銅の仕法に関しては、元禄銅座をはじめとして、まったくお座なりである。ただし大岡が長崎奉行に就任したのちに体験した銅吹屋廻銅請負期の実務の細部の記述は参考になる。

もう一方の『折たく柴の記』を要約すると、徳川将軍家宣の就任（宝永六年＝一七〇九）のころから輸出用の銅が不足して貿易が停滞し、長崎町人が困窮すると長崎奉行所から注進してきた。そこで経過を調べると、元禄十二年（一六九九）荻原らが長崎において、運上金や地下配分金のことを定め、貿易額全体に対応する輸出銅の歳額を八九〇万二〇〇〇斤とした、もともと輸出銅は大坂の銅吹屋一六人が運送していたものを江戸の商人桔梗屋らが請負ったが、長崎への廻銅が不足したため止めさせて、大坂の銅吹屋と諸国商人の自由な運送にしたが七〇〇万斤止まりであったので、銀座加役の銅座に請負わせ、その不足を請負う出願人にも許可したが事ゆかず、正徳二年（一七一二）銅座を廃止して、大坂吹屋のものに下命した。その前年の産出銅は六四〇万斤で、国内用一六〇万斤を除き、四八〇万斤を長崎に運送するべきところ、一四〇万斤にすぎないのは、相場が上昇して買い集められないからという。

正徳新例では「当時我国に通じ用ふる数と、毎歳諸国に産する数とをはかりて、長崎幷に対州薩州等の地より、外国に入べき所の歳額をば定むべきなり」を原則としたというのが叙述の眼目で、八九〇万二〇〇〇斤云々はその経過説明の一部にすぎない。正徳新例の原則について、『崎陽群談』（刊本五三頁）は端的に「諸国諸山の出銅も追年減少候へは、外国の商売も減少可申段必然之事ニ候」と述べている。銅輸出の数量、したがって長崎廻銅の数量を初めて幕府がはっきりと規定したのは正徳新例で、その前にはなかったのである。

桔梗屋らは元禄十二年（一六九九）春唐船貿易を最後に銅貿易から撤退した。四月に荻原らが幕府の上使として長崎に到着し、貿易利益から地下配分金その他を控除し、残りを運上とするなどの重要事項を指示した。そのなかに長崎廻銅の自由化と銅買金の設定もあった。長崎廻銅を自由化し、それを長崎町年寄が買うための資金として、銅買金二万五〇〇〇両（銀一五〇〇貫目）と銅足金《どうたしきん》（銅輸出が赤字の場合の補塡用と考えられる）三万両（銀一八〇〇貫目）を設定した。二万五〇〇〇両あれば銅を一五〇万斤ほど買うことができた。

翌十三年（一七〇〇）の長崎下し銅の進行状況は、着坂した長崎町年寄で唐蘭商売総元締役の高木彦右衛門や、長崎にいる町年寄薬師寺又三郎宛の銅屋からの報告などを集計すると、次のとおりである(8)。

春から五月十三日まで	古来銅屋	一〇六万三〇〇〇斤	他の大坂商人	五〇〇〇〇斤
春から六月晦日まで	同	二三〇万八九〇〇斤	同	二万斤
春から七月二十八日まで	同	二九八万七四〇〇斤	同	七万斤

右の七月二十八日までの古来銅屋二九八万七四〇〇斤の内訳は次のとおりである。

大坂屋	六八万二〇〇〇斤	住友	四一万七〇〇〇斤	大塚屋	二万一四〇〇斤
分銅屋	五四万五〇〇〇斤	博多屋	四六万斤	海部屋	三六万七五〇〇斤
刀屋	三〇万八〇〇〇斤	丸銅屋	一八万五五〇〇斤		

また同じ記録によると、江戸で銭座の活動がますます拡大して鋳銭のための料銅も増大することに関して、同年三月に薬師寺が江戸からの帰途に大坂で大吹屋三人と江戸銭座の状況を話しあったことが知られるが、こうした銅需要の高まりに対して幕府が対処した形跡はない。

同年の長崎下し棹銅は、翌十四年（一七〇一）十二月に大吹屋三人から銅座役人に出した書付によると五二二万九五八五斤で、その内訳は四九五万一八八五斤が大吹屋共より、二七万七七〇〇斤がそれ以外の諸商人より、であった。前年長崎で廻銅を自由化した結果、銅屋以外の大坂商人の廻銅があった。ほかに長崎で大坂以外の商人から直接買った分は確認されないが、仮にあったとしてもごく僅かであり、古来銅屋の下し銅がほとんどであった。ただし古来銅屋は全員が毎年必ずしも長崎へ廻銅したわけではない。

ところで、銅足金三万両のうちからの支出がこの元禄十三年（一七〇〇）の唐船輸出銅にあったと考えられる。唐船売り銅値段は次のとおりである。(9) 秋船は銅不足のため定高分の銅がなく、すべて代物替である。

	売値段	銅屋手取り	公儀足銀	銅口銭
春船・夏船（定高・代物替）	一一一匁二	一一三匁五	二匁三	なし
秋船（代物替）	一一六匁二	一一三匁五	二匁三	五匁

右から関係者の動きをみると、売値段は、桔梗屋が元禄十一年・十二年（一六九八・九九）大幅に引き上げた反動で、春・夏には下落させられた。銅屋（桔梗屋らが撤退して前年夏から直売に復帰）は大坂の相場上昇を理由に手取りの引き上げを主張した。そこで春・夏は唐通事の銅口銭なしを条件に、公儀足銀を受領した。さらに銅屋は秋は銅不足を理由に売値段の引き上げを図った。銅屋手取と公儀足銀を春・夏と同額とし、銅口銭五匁を確保して売値段を一一六匁二で決着したと考えられる。公儀足銀の額は、二匁三をこの年の唐船輸出銅高三六三万斤（表1に表示）に掛けると八三貫目余である。

これまでみたところ、幕府は長崎廻銅高の指定も鋳銭の規制もせず、翌年銅座を設置し、設置後も廻銅高の指定や鋳銭の規制をしなかった。それらは市場の動きにゆだねられたことになる。幕府の銅統制は強権的ではあったが総体的ではなかった。

第四節　元禄銅座

元禄十四年（一七〇一）三月、幕府は大坂に銀座加役の銅座を設置する。その理由として、『折たく柴の記』や『崎陽群談』が、銅輸出歳額八九〇万二〇〇〇斤の廻銅が不足したことをあげており、それが通説になっている。この理由が不自然であることは、前節で述べたとおりである。「長崎御役所留」によると設置の手順は次のとおりである。

一月晦日、老中から勘定奉行荻原・大坂町奉行永見・在府長崎奉行二人へ、大坂にて銅座を設置することが命令された。その理由は、「近頃銅之義向々之様に罷成取しまり不申候、若長崎江之銅等ひしと差支候而者いか丶ニ有之候間」である。二月二日付で在長崎の奉行に伝えられた趣旨には、委細の儀は荻原申談すなわち荻原の主導であることと、銅座は「向後銅山出し之様子幷商売方之儀惣而銅一色之儀請込相勤、尤銅問屋幷ニ大吹屋小吹屋共右銅座之支配を請商売仕候筈之事」とあり、別紙に仕法が列記されている(10)。

銅座設置にあたり、後年の元文銅座や明和銅座のように幕府から触が出された形跡はない。関係先（例えば銅山所在地の領主）へは個別に通知があったようで、『会津藩家世実紀』（刊本第五巻、二三七頁）によると三月六日に荻原から江戸の会津藩聞番へ、領内の山師の名前・居所・銅の販売先の書付提出のことと、銅座を設置するから銅座へ売れば山師の益になるが必ずしも強制しないと告げた。ちなみに、元禄銅座が銅の集荷・鋳造・輸出の一切を管理したのではなかったことは、このことからもわかる。

右の二月二日付長崎奉行書状の別紙にある銅座の仕法に関する覚書は次のとおりである（丸数字は引用者）。

覚

①一別紙ニ申入候、此度大坂ニ而銅座被仰付候ニ付、委細之儀者荻原江州申談、其許ニも可申達由豊後守殿被仰聞候間、則江州へ承合申進候事

②一右銅座之儀、向後銅山出し之様子幷高売（商カ）方之儀惣而銅一色之儀請込相勤、尤銅問屋幷ニ大吹屋小吹屋共右銅座之支配を請高売（商カ）仕候筈之事

③一其表江差廻候銅之義、向後は右銅座之者より送状ヲ以可差廻候間、左候ハヽ、前々通役人相請取、送状之銅高ニ引合、町年寄とも方より代銀可相渡候、右銀代渡様之儀者、只今迄之通為替ニ仕候共、又者送状持参之者江則相渡候共、其段者いか様共勝手次第ニ仕、兎角代銀滞不申候様ニ御心得可有之、畢竟銅座之もの江公儀御金御借被成、右之金子を以銅相調、元直段ニ而其許江相渡、其許ゟ受請取候銀子ヲ以段々拝借上納仕候わけニ候ゆえ、其許ニ而相渡候銀子滞候而ハ手支ニ罷成候之条、無滞銀子相渡候様にとの事ニ候、尤其許高売（商カ）以前なと銀子有合不申候節ハ、銅買銀之内ヲ以而被相渡候様ニと江州被申候事ニ候間、右之御心得可有之事

④一右銅差廻候送状之儀、町年寄とも宛所ニて銅座之もの印形候而可遣之間、尤町年寄共より請取手形仕遣候様ニ可被成候、銅座請取候儀ハ只今迄之通役人相勤可存候事

⑤一銅座之もの大坂ニ而差引仕差廻候迄之内、最早先達前之銅とも廻着も可有之候哉、左候ハヽ、尤其分者跡々之通先御請取せ可有之候事

⑥一右銅座之儀、銀座ゟ願候而被仰付候わけニ而無之、然者此者とも利分なと有之仕候儀ニ而ハ無御座候、兎角銅之儀取しまり不申候ニ付、急度支配いたし高売（商カ）いたさせ、又者山々出高等も相考、手支無之相勤候た

め二、此度銅座御定被成、就夫御吟味之上外ニ被仰付候而者訳立かたく候ニ付、銀座之者江被仰付候事ニ而候、右之通候得ハ、只今迄銅之義願ニ付而請合候ものとはわけ違候事ニ候、是又御心得ニ申入候

右之趣被得其意可被申付候、相滞候義も候ハ、可被仰越候、猶又江州申談可申入候、以上

二月二日

大嶋伊勢守

丹羽遠江守

近藤備中守様

林　土佐守様

これによると銅座の仕法は次のとおりである。（1）銅座へ「公儀御金」が銅購入資金として貸与される。（2）銅が長崎に到着すると、役人が送状（銅座から長崎町年寄宛）と照合の上、町年寄が代銀を渡す。支払いは為替送銀もしくは送状持参人渡し。（3）時期的に長崎の「商売」（輸入貿易）開始前で銀子がないときは、「銅買銀」を支払いに充てる。なお、（4）銅座の設置は銀座の出願によるのではない。また銅座に「利分」（利益）はない。

右の③に銅座の最初に公儀御金が出されるとあるのは、長崎で保留されていた銅買金（元禄十二年＝一六九九に設定された銅買金二万五〇〇〇両）であろうが、それだけではおそらく不足で、銀座が元禄改鋳で獲得して当時豊富にあった資金も出されたであろうが、銅座の資金繰りの解明は今後の課題である。

三月七日大坂町奉行所で、大吹屋・小吹屋に、せんだって申渡したとおり今度江戸で銀座のものへ銅座の設置が命じられた。そこで銀座年寄から大坂の銅屋・問屋への申渡しが、九日に大小吹屋、十日に問屋にある、と告げられた。そして十一日に銅吹屋から誓詞を差し出した。(11)

三月十一日に大坂の銅吹屋一八人が銅座に差し出した誓詞をみると、銅吹屋は銅座の支配を受け、指図に従い、隠し事はしない、銅の到着や売買・吹立員数・出灰吹銀は届け、他国にある出店も届ける、相場を仲間が申合せ

て理不尽の高値にしない、などとある。一八人の顔ぶれは第一章第一節一覧［3］や第二節表2に掲出した。

元禄銅座設置より前は、大坂における荒銅購入は吹所を持つ銅屋と小吹屋の入札であり、長崎における販売は銅屋と唐蘭商人の相対である。正徳二年（一七一二）三月二十九日、大吹屋三人の糸割符年寄宛への上申書によると銅座設置以前は次のとおりである(12)。

一銅座初不申以前ハ、異国売之銅長崎へ之廻着如何様ニ仕候哉と御尋被成候、古来銅屋拾六人之内吹屋所持仕候ものと、小吹屋共立会入札仕、荒銅買取竿銅ニ吹立、長崎へ差下シ申候、右拾六人之内吹屋所持不仕候ものハ、小吹屋之内ゟ竿銅買取長崎へ差廻シ、唐人・阿蘭陀并通詞と、拾六人之銅屋共立会、直段相対、売渡し申候御事

銅座ができても銅吹屋が大坂で入札によって荒銅を購入することは変わらないが、小吹屋は公認のものに限られ（ただし後年の銅吹屋仲間一七人のように成員が固定されたのではない）、吹所を所持しない銅屋は廻銅休止（廃業）となり、銅座への棹銅売上げ値段は安く固定されてしまった（ただし銅座から前貸しがある）。長崎における相対の値組は変わらないが、外国商人への売手は古来銅屋から銅座に変わった。地売銅は銅座ができても専売制にならなかったが、扱う銅吹屋が公認されたことは間接的な統制になった。

銅座の設置によって実際に起きたことをみると、まず古来銅屋の長崎廻銅を廃止、すなわち古来銅屋を休業させ、輸出銅は銅吹屋に相場より安値で銅座へ売り上げさせ（銅座が買い上げ）、長崎の銅貿易では銅輸出値段を引き上げた。その結果、前年に低下した銅輸出高は回復したが、元禄十一年（一六九八）歳額として設定されたとされる八九〇万斤はもとより、二、三年前の輸出高にもはるかに及ばなかった。古来銅屋一六人に対しては、吹所を持つ大吹屋三人（住友・大坂屋・大塚屋）と銅山持ち小吹屋である熊野屋を除く一二人を休業させた。古来銅屋であったこの四人と小吹屋一四人の計一八人（おそらく志願者全員）から誓詞を取って、銅座配下の銅吹屋とし

た。「相場より安値で」とは、相場が一一二匁ほどの棹銅を一〇五匁で売り上げさせることであった。
ここで大坂における荒銅・吹銅の相場を表6・7に示す。銅座設置の前年から相場は大幅に上昇した。古来銅屋のうち吹所を持たない銅屋の長崎廻銅停止と、銅吹屋からの棹銅安値買い上げは、どちらも銅座による強権の発動である。ただし、元禄銅座のもとでは銅相場の上昇にもかかわらず、銅吹屋が相場より安く提供する（させられる）ことによって銅座の集荷値段を抑制しており、その役割の重さに鑑みると、荷主ではなくなったという形式の変化を差し引いても大坂銅商人による長崎銅貿易は連続していると認められる。なお地売銅の流通も銅吹屋が統制していたことは第四章第一節に後述する。

表6　荒銅・吹銅の相場　　100斤につき匁

伊予銅売値段		棹銅売平シ値段	
		元禄12年　2月23日	91
		〃　5月11日	91.7
		〃　5月26日	91
		〃　6月18日	92
		〃　7月11日	92.5
元禄12年　7月	85	〃　8月7日	94.5
〃　8月	86.9	〃　8月25日	95
〃　9月	84.2	〃　9月20日	93.7
		〃　9月29日	93.5
〃　閏9月	84.7	〃　閏9月14日	93.75
〃　10月	84.5	〃　10月22日	93.25
〃　11月	88.3		
〃　12月	89.2	〃　12月1日	95
元禄13年　1月	94.9		
〃　2月	95.2	元禄13年　2月19日	102.5
〃　3月	95.2	〃　3月10日	102.25
〃　4月	96.2	〃　4月3日	102.3
〃　5月	96		
〃　6月	96.1		
〃　7月	97.5	〃　7月12日	105.25
〃　8月	100.9	〃　8月29日	107
〃　9月	100.3	〃　9月14日	106.5
〃　10月	99.7	〃　9月30日	107.25
		〃　11月3日	107.75
		〃　11月22日	107.5
元禄14年1～2月	104	元禄14年1～2月	111.99

出典：「鉱業諸用留」（『住友』⑤）206頁、「銅座公用留」（『住友』④）24頁。

表7　荒銅・吹銅の相場　　100斤につき匁

年　次	荒銅		細工向き銅		
	別子銅	秋田銅	上	中	下
宝永5（1708）	97.5	94.3	136	116.3	103.5
〃　6（1709）	97.5	93.4	136	111	101
〃　7（1710）	97.5	95.9	132.8	117.5	104.6
正徳元（1711）	110	97.5	194.4	143	121.3
〃　2（1712）	150	106.2	251.5	216.5	141.5

出典：「去ル子年ゟ辰年迄五ケ年分買入銅高幷買直段之書付」・「去ル子年ゟ辰年迄五ケ年分諸国江売出候細工向銅高幷売直段之書付」（『住友』⑮）。

銅座から銅吹屋へは前貸しがされた。相場より安値で売り上げさせることに対する補償と考えられる。住友の例を示すと、「銅座公用留」元禄十四年（一七〇一）五月十六日の記事に、十日に売り上げた棹銅四万五〇〇〇斤代四七貫二五〇目を受取っていない、十八日に受取る予定だが、「五十〆匁かりへ差引申ニ付延引至極候」とあり、まとまった額の前貸し銀あるいは預け銀があったようである。

長期の年賦借銀としては、宝永元年（一七〇四）六月二十七日付、泉屋吉左衛門から日比五郎左衛門ほか七人の銅座掛り銀座役人に宛てた、銀一五〇貫目を御用銅代銀前借りとして一五年賦借用するという証文がある。住友の本店の帳簿「宝永元年申勘定」では残銀一四〇貫目、同じく「宝永二年酉勘定帳」では同一三〇貫目あり、証文の規定どおり返済していることが確認できる。このほかに短期の棹銅代前貸しとして、宝永二年（一七〇五）正月三十日付金三〇〇〇両を三月十五日から四月中旬まで売上御用銅で差し引きする証文、同年中に銀二二貫五〇〇目と五八貫目（金一〇〇〇両）を受取り、翌年正月と同二月に棹銅を渡した記載がある。[13]

宝永元年・二年（一七〇四・〇五）のころ、銅座にはこのような資金的余裕があり、宝永五年（一七〇八）六、七月ころに逼迫するまでは、銅吹屋に前銀を渡していた。銅座の長崎廻銅も設置当初よりも増大し、安定した。それは銅座への棹銅集り高と銅吹屋ごとの内訳を表示した表8・9にも明らかである。[14]

宝永五年（一七〇八）、銅座の資金繰りが悪化し、銅吹屋に銅代銀が支払われなくなった。六月から七月はじめにかけて、住友は銅座から棹銅二一万二五〇〇斤代銀二二三貫一二五匁の代金三八四六両三歩と銀一三匁五分が支払われず、別子銅山稼行資金に困り、またほかからの借用の返済も滞り訴訟になっている旨、別子銅山所管代官遠藤新兵衛（信澄）へ訴願し、大坂本町代官屋敷の元〆が銅座へ出向いて事実関係を問い合わせた。九月七日の棹銅代銀前借催促の口上書に「例年ハ竿銅代銀御前借被成被下、勝手能手支無御座候処ニ、今年は竿銅代銀御延引」とある。[15]このため長崎への廻銅が停滞したので、長崎への廻銅を促進するため、翌年長崎会所役人が現金

表8　元禄銅座へ棹銅集り高

年　次	斤
元禄14(1701)	5,680,800
〃　15(1702)	5,197,600
〃　16(1703)	
宝永元(1704)	
〃　2(1705)	
〃　3(1706)	6,675,000
〃　4(1707)	6,417,500
〃　5(1708)	6,120,200
〃　6(1709)	7,164,000
〃　7(1710)	5,592,000
正徳元(1711)	2,668,433

出典：小葉田淳「第一次銅座と住友　銅貿易と幕府の銅政策」(『泉屋叢考』18) 第16表。

表9　元禄銅座売上御用棹銅銅吹屋内訳（宝永3年＝1706）

名　前	売上棹銅　斤	備　考
泉屋吉左衛門	2,362,500	
大坂屋久左衛門	862,500	
大塚屋甚右衛門	289,000	
富屋藤助	1,078,000	
平野屋忠兵衛	326,500	
平野屋八十郎	297,100	吟
平野屋三右衛門	292,500	
多田屋市郎兵衛	287,500	
丸銅屋次郎兵衛	279,000	
熊野屋徳兵衛	164,700	
平野屋市郎兵衛	156,500	
熊野屋十兵衛	145,500	
吹屋次郎兵衛	100,200	治左衛門
川崎屋市之丞	21,500	平兵衛
平野屋小左衛門	12,000	
大坂屋又兵衛		宝永4年(1707)開業
富屋伊兵衛		正徳元年(1711)開業
大坂屋三右衛門		正徳2年(1712)開業
計	6,675,000	

出典：「銅座御用扣」(『住友』④) 394頁。

携行で出坂して棹銅を調達した。その財源は長崎で保留されていた銅買金であろう。長崎会所の役人は七月から十月まで滞在して銅吹屋から直接銅を買い付けて長崎へ送った[16]。長崎から出向いてきたのは、浜武源次郎（宿老浜武縁者）・加幡弥介（唐人屋敷組頭）・中村弥三右衛門（長崎会所表筆者か）・今村伝左衛門（長崎会所請払年番）の四人である。浜武から用件を聞いた住友の手代は、山元から銅は廻着し、おびただしく所持しているが、銅座への売り渡しが中絶して困っているといい、銅代の前貸しを要望し、浜武は同意した。浜武は大坂町奉行や銅座と交渉を重ね、七月二十五日から長崎役人が銅吹屋に代銀を支払うことになった。

　長崎役人は銅代に充てる現金を長崎から携帯し、大坂町奉行との交渉の過程で、「御番所へ金子指上ケ可申候間、如何様共御了簡を以（銅を銅吹屋から）御買下候様ニ願」っている。九月十五日に浜武・加幡・中村が住友の銅吹所を見物、今村は十月五日に見物した。このころまで滞在して業務に当たったのであろう。

結果としてこの年の長崎廻銅高は数年来で最高になった。こうして長崎会所役人が大坂で銅吹屋から直接に前年よりも多量の銅を購入した。この年の十二月には銅座から銅吹屋に対して、大坂の銅座を閉鎖して異国売銅を長崎改めに変更する可能性の打診があり、仲間は検討のうえ無理が多い旨回答した。翌七年（一七一〇）は銅座が存続したが廻銅が減少した。

その翌正徳元年（一七一一）には相場が上昇し、輸出銅の集荷は困難であった。同年六月二十九日、長崎で廻銅自由の触が出された(17)。

一当年銅座廻り銅不足候間、銅所持之者有之候ハヽ、銅座無構、荒銅ニ而成共長崎へ直々持寄候ハヽ、勝手次第商売可申付候、以上

これに応じてすぐさま七月に、江戸の商人中川六左衛門が、銅座の御用銅集荷不足を補充するため一五〇万斤の長崎廻銅を請負った。銅吹屋の由緒書（享保四年＝一七一九）のうちに、「一正徳元年卯七月、銅座より長崎江指廻シ銅不足仕候由被仰出、江戸神田鍛冶町中川六左衛門と申者へ、足シ銅百五拾万斤被仰付、翌辰年まで差下シ申候御事(18)」とある。

中川の廻銅を例示すると、荒銅を銅吹屋仲間荒銅買入高六一〇万八五〇〇斤のうち一三七万九五六七斤買い入れ、銅吹屋に賃吹きさせ、ほかに棹銅六二万四三三斤を一〇〇斤につき一二四匁五で銅吹屋から買い入れた(19)。

この年、輸出銅は唐船・オランダの合計五二六万斤である。銅輸出の値段から口銭を除いた手取り値段は、唐人売り一一四匁二分替、オランダ売り一一五匁九分替で、これは数年来変わらない値段である（輸出高・値段は表

1参照)。銅吹屋が棹銅を中川へ売った値段は前記の一二四匁五（別の史料では一二四匁五分～一七五匁）で、輸出手取り値段を上回った。『折たく柴の記』に、中川六左衛門が銅座の廻銅不足を請負ったが「銅の価なを騰り貴くなりて、これも其利をうしなひて事ゆかず」とある。

中川六左衛門は銅座傘下の銅吹屋たちとは別の集荷先を持って請負ったと考えられるが、実際は大部分を大坂市場で入手していた。中川が大坂市場へ割り込んだのを機に、銅吹屋は棹銅を時価で売り込んだのであろう。そのため大坂で銅値段がさらに高騰した。銅座と中川の両立は困難で、銅座は集荷不能になり、翌年三月廃止となった。このような銅座を無視した長崎廻銅の自由化と大口請負い申請者の登用という施策の中心は、勘定奉行荻原重秀であった。この一件は元禄十一年（一六九八）の桔梗屋らの登用（高額の運上をもってする一手請負い）と翌年の撤退、廻銅自由化という一連の施策を想起させる。桔梗屋らの登用は古来銅屋の廻銅を否定するもので、元禄銅座設置の前触れとなった。今回中川の登用は銅座の廃止に直結した。荻原はみずから設置した銅座を廃止に追いやったのである。

第五節　銅吹屋仲間の長崎廻銅請負い

元禄銅座廃止前後の大坂における銅相場の高騰の主要因は中川六左衛門との競合ではなく、品位の低い銀貨が発行されたためである。いわゆる元禄改鋳が進んで、品位の低い銀貨が大量に発行されるに至った。宝永七年（一七一〇）発行の三ツ宝銀は銀品位三二％、正徳元年（一七一一）発行の四ツ宝銀は同じく二〇％で、実体は銀を含有する銅貨である。その結果諸物価は高騰した。とりわけ四ツ宝銀が発行されると、低品位のためと、さらなる低品位銀貨の発行を見越した人々が物資の購入に走ったためとで、物価の高騰を招いた。

元禄銅座設置の直前に銅相場が上昇したのは、金銀改鋳の直接の影響は顕著ではなく、当時の大量の鋳銭（これは金銀改鋳の間接的影響とみられる）にともなう銅需要との競合が主要因と考えられるが、この時幕府は、勘定奉行荻原重秀が銅座を設置し、銅吹屋に輸出用の棹銅を相場より安く売り上げさせるという施策で対処した。今回の相場の上昇はその時と比較にならないほど激しかった（相場は前掲表7）。

今回幕府は銅座を廃止し、老中の意を受けた大坂町奉行が銅吹屋に長崎廻銅請負いを命じた。銅吹屋は請負いにあたって、まず銅輸出値段を引き上げることと、それで足りない場合の足し銀の支給とを要求した。そこで、まず長崎で輸出値段が大幅に引き上げられた。その後種々の経緯があって、償い銀の額が確定し支給された。あわせて幕府は銅を大坂に集めることを命ずる触を初めて出した。これに対応して銅吹屋は荒銅買入れ値段を調整し、吹賃を標準化・平準化して棹銅製造費を調整し、それは償い銀の算定に反映された。これらの結果、償い銀が正徳三年（一七一三）中に確定し、翌年に廻銅請負い当初にさかのぼって実施された。これについては後述する。

元禄銅座の長崎廻銅不振に当面して、幕府勘定所も銅吹屋も長崎（奉行と町人）も、それぞれに何らかの行動をとり、それらの連携によって、銅貿易は一応の安定をみた。その経緯をみていきたい。

（一）　銅輸出値段の引上げと前銀の支給

正徳二年（一七一二）には、三月に銅座が廃止され、六月四日に銅吹屋へ廻銅請負いが命じられるという輸出銅の荷主の変更があったため、この年の値組には長崎町年寄があたった。唐人売り銅値段が一〇〇斤につき二〇匁八引き上げられて一三五匁になり、オランダ売りは〇匁五引き上げられて一一九匁四になった（表1）。

銅吹屋は廻銅請負い受諾の前から、相場や損銀につき幕府と交渉した。例えば四月二十日付の上申書[20]には、大坂の棹銅相場一〇〇斤につき二〇〇目のところ御威光をもって一四〇目で買う（市場で調達する）と、一〇五匁（銅座の買上げ値段、採算に合う水準）に比べると三五匁損になり、これを公儀から銅屋に下されたい、とあった。

六月の大坂町奉行宛上申書[21]では、同じく相場二〇〇目、オランダ売り手取り一一五匁九、唐人売り手取り一一四匁二で、八五匁の損があり、公儀足し銀三五匁を江戸で出願したと主張した。七月には長崎で値組する町年寄に銅吹屋は、手取りで唐人売り一八〇目、オランダ売り一八三匁を希望した。

八月に決着したところは唐人売り一三五匁（手取り同）、オランダ売り一一九匁四（手取り一一六匁四）であった。輸出値段は翌年銅吹屋が値組して、唐人売りで〇匁五上げ、オランダ売りは三匁上げられた（表1）。それがほぼ限界で、それでも銅吹屋が当初希望したところとは懸隔があり、この後は足し銀すなわち償い銀の算定と支給が交渉の要点になった。そのため棹銅値段の確定が必要であり、さらに荒銅買入れ値段と棹銅製造費の調整が必要であった。

あわせて長崎会所が、前銀（棹銅大坂船積時に渡す内銀一〇〇目のこと。輸出より前に渡すので前銀という）を支給し、前銀一〇〇目は次の年から、銅吹屋が大坂町奉行に家質を差出して（長崎廻着時に）御金蔵から借用することに変更された[22]。その資金は長崎から御金蔵に送られた。財源は長崎で保留する銅買金である。銅吹屋のほうでは大坂商人から共同で借銀もして集荷資金にあて、のちその利子補給分も償い銀に込められた（表14-2、表15）。

なお『崎陽群談』（刊本八五頁）はごく簡単に、「唐阿蘭陀方江商売の料として相渡候銅、唐人阿蘭陀人の買直段ハ、大坂より相廻候銅直段ゟハ格別下直ニ候、夫故近年以来年々銅代の足し銀、出銀の内ゟ大坂吹屋江相払候」と記述している。

（二）　荒銅大坂集中令と産銅状況の全国調査

正徳三年（一七一三）六月には幕府が触を出して、山元そのほかでの囲置きや前例のない販売先への送付・販売を禁止した。『御触書寛保集成』一八六五号である。

近年長崎廻銅難渋に付て、唐人共商売相滞、唐物価も高直に罷成候、依之去年大坂銅吹屋之者共相廻し候様に申渡候、然ル処一両年以来大坂え廻り候銅員数減候ニ付、所々銅山之様子令吟味之処、山元又ハ外之所々にても囲置、或猥りに余国えも相廻して商売、此員数も相増候由、尤国々ニて道具類に用候銅も可有之事候得共、此分量ハ前々より大数も有之候処、近年脇々え売出候員数相増、其外猥ケ敷儀も有之候様に風聞候、古来より売来り候所々は各別、其余ハ如跡々大坂え廻し、吹屋共え可売渡候、此儀御用一筋計之儀ニも無之、世上之ために候間、諸国銅山ハいふに及はす、其外之所々にても少も不囲置、売払候様、御料ハ其所支配之御代官、私領ハ領主役人より銅山之者ともにも申付、向後猥成義無之様に可相心得者也

六月

右の文中に、「所々銅山之様子令吟味」という調査は、会津藩や大坂の銅吹屋仲間での例でみると、かなり詳細な調査であった。『会津藩家世実紀』（刊本第六巻、一五九頁）によると、会津藩へは勘定所役人が江戸の聞番に対して、領内の各銅山の宝永五～正徳二年（一七〇八～一二）の一年ごとの出銅高と銅山全体の合計、大坂へ送付して販売したか、ほかの地へも送付・販売したか、その値段と五カ年の推移、特別の増減の有無を報告させ、また銅山のほかに百姓の自分稼ぎや試掘についても同様の事項の調査を命じた。

大坂における調査結果の報告が、大坂銅吹屋から大坂町奉行に差し出した三冊、すなわち正徳三年（一七一三）四月「去ル子年ゟ辰年迄五ケ年分買入銅高幷買直段之書付」（『住友』⑮収載）、同「去ル子年ゟ辰年迄五ケ年分長崎廻御用銅高幷売直段之書付」（同）、同「去ル子年ゟ辰年迄五ケ年分諸国江売出候細工向銅高幷売直段之書付」（同）であろう。

幕府が触を出して銅を大坂へ集中させ、山元そのほかでの囲置きや新規の送付・販売を禁止するということは、これが最初であった。大坂町奉行はその前年九月、老中の意を受けて、大坂で占売り・貯置きを禁止する町触を

出していた。それを全国に拡大したのであった。

長崎御用銅於当地しめ売仕、又ハ貯置、直段高直に仕者も有之様ニ相聞候、向後左様之儀堅不仕、吹屋共へ銅無滞売渡シ可申候、若相背者在之者、縦後日ニ相聞候共、急度曲事可申付事

右之通此度従江戸被仰下候条、三郷町中可相触者也

辰九月十四日

覚

当地廻着銅之義従江戸被仰下、別紙之通相触候、先達而も申渡候通、諸国ゟ爰元へ廻着之銅、弥無遅滞吹屋共へ可相断候、若隠置候もの在之候ハヽ、急度曲事ニ可申付事

右之趣三郷町中可相触者也

辰九月十四日(23)

(三) 荒銅買入れ値段の調整

銅吹屋仲間買入れ荒銅書上げの正徳二年(一七一二)の分は、前述の正徳三年(一七一三)四月付大坂町奉行宛「去ル子年ゟ辰年迄五ケ年分買入銅高幷買直段之書付」(『住友』⑮収載、本書では正徳三年四月付「荒銅書上げ」①と略称)と、「正徳六年申四月廿九日於飛驒守様被仰付候辰年ゟ去未年迄四ケ年分廻着銅之員数幷直段付同代銀高之扣帳」(『住友』⑮収載、享保元年四月付「荒銅書上げ」②と略称)を比較すると基本的に一致するが、荒銅の買入れ値段は相当異なり、正徳三年(一七一三)四月以後に調整されたと推測される。二つの「荒銅書上げ」によって、宝永五〜正徳五年(一七〇八〜一五)の主要銅の買入れ値段を表10に表示する。表中の正徳2年①と同②は、「荒銅書上げ」①と②による。(24)後掲表13①表示の「午ノ歳問吹帳」の荒銅値段はほとんどが享保元年四月付「荒銅書

表10　主要荒銅買入値段（宝永5～正徳5年＝1708～15）

100斤につき匁

国名　産銅名	宝永5年		宝永6年		宝永7年		正徳元年	
	仲間	住友	仲間	住友	仲間	住友	仲間	住友
陸奥　尾去沢	90 ～97.7	95.5	88.5～94	93.7	92 ～92.8		108	
出羽　秋田	90.5～102	94.3	89 ～99.6	93.4	93.5～100.1	95.9	94 ～122	97.5
〃　永松平・幸平	100.2～127	100.7	97.2～127.5	102.7	101.5～127.6	107.2	102.5～150	124.8
紀伊　熊野	90 ～107	108	90.3～98		93.5～100.5	98.9	98 ～155	
摂津　多田	82 ～100.4		80.6～87.2		84.1～88.4		89.7～137.9	
但馬　生野	85 ～111		93 ～108.1	98.9	94.5～110.5	101.8	106 ～136	109.8
備中　吉岡	105	105	105	104.95	105	105	110	110
伊予　別子	93.8～101.7	97.5	92 ～96.5	97.5	97 ～104.5	97.5	103 ～140	110
〃　立川			85 ～95	87.29	92 ～97.7	93.5	99.7～134.5	134.5

正徳2年①		正徳2年②		正徳3年		正徳4年		正徳5年	
仲間	住友	仲間	平均	仲間	平均	仲間	平均	仲間	平均
108	108	108	108	105.5～109	107.7	108.92	108.92	107 ～107.5	107.4
102 ～135	106.2	90.4～110	107.71	106 ～110	108.9	109.5	109.5	108	108
115 ～165		116 ～116.5	116.08	121.5～121.8	121.7	119.8～121.8	120.97	117.3～120.3	120
102 ～195		93 ～108.5	107.32	108.5	108.5	108.5	108.5	108.5	108.5
93.6～141.2		88.8～100.48	97.57	99.52～107.04	103.3	104.16～106.24	104.78	101.76～106.08	103.6
113 ～185	113	113	113	105 ～108	107.7	104 ～108	106.52	104	104
210	210	120	120	120	120	120	120		
102 ～195	150	108.5	108.5	108.5	108.5	108.5	108.5	108.5	108.5
108 ～186		108	108	102.7～109	105.7	105.5～107.5	107.23	105.5	105.5

出典：141頁註(24)参照。

表11　秋田銅値組関係記事(正徳２・３年＝1712・13)

年月日	記　　　事	出　　　典
(正徳２年)		
６月22日	小沢銅75丸三軒問屋入札、住友落札25丸90匁２、25丸90匁４、25丸90匁８。	「長崎下銅公用帳」一番(『住友』⑩)179頁
７月24日	秋田銅2000丸三軒問屋売出、小沢銅102匁替の積り。	同上207頁
８月16日	秋田銅4000丸買取り、値段は御威光をもって相対済みの報告(大坂町奉行宛住友・大坂屋より)。2000丸は105匁替、2000丸は108匁５替。	「長崎下シ銅御用ニ付御番所へ差上候書付写」(『住友』⑩)308頁
９月22日	秋田銅4932丸先達て値段同事に相対済みの報告(大坂町奉行宛銅吹屋共より)、小沢銅108匁５替ほか。	「長崎公用帳」三番(『住友』⑩)274頁、281頁
(正徳３年)		
６月28日	秋田銅2000箇106匁替買済み、残7500箇および以後廻着分108匁５替値組を出願(大坂町奉行宛銅吹屋共より)。	「長崎公用帳」二番(『住友』⑫)166頁
７月28日	秋田銅1500箇買取り済み、残り銅値段折合わぬ断(大坂町奉行宛銅吹屋共より)。	同上194頁
７月晦日	秋田銅108匁５替にて銅吹屋へ売るよう大坂町奉行が三軒問屋へ指示。	同上190頁

表12　銅吹屋の手山銅(正徳２・３年＝1712・13)

単位：斤

銅吹屋	国名	産銅名	正徳２年	正徳３年
大坂屋	陸奥	滝野沢	0	2,160
〃	〃	白根	225,100	284,300
〃	〃	仙台	8,600	2,900
〃	〃	会津	12,800	34,800
熊野屋	紀伊	熊野	40,785	99,946
〃	阿波	次郎	11,900	16,125
〃	伊予	千原	0	7,472
住友	播磨	小畑	0	3,375
〃	備中	吉岡	10,000	23,000
〃	伊予	別子	1,338,410	1,606,910
〃	土佐	桑瀬	0	42,292
〃	日向	日向	9,430	145,725
		手山計	1,657,025	2,269,005
		総計	4,110,230	6,460,030
		比率	40%	35%

出典：「長崎公用帳（正徳四年)」(『住友』⑫）321頁。

上げ」②と一致する。

なお正徳三年（一七一三）四月付「荒銅書上げ」①の値段は地売細工向き銅の相場上昇を反映していたが、享保元年（一七一六）四月付「荒銅書上げ」②の値段では御用銅分に限定し地売銅分を外した可能性もある。

次にこの時期産出高が最大であった秋田銅（前掲表2）の値組をみて、右の「調整」とは大坂町奉行の威光を借りた値段の抑制であったことを明らかにしたい。秋田銅は大坂で三人の銅問屋が銅吹屋に、入札払いかまたは相対の値組で売り渡した。相場の上昇傾向のなかで長崎廻銅を請負った銅吹屋は、値組に行き詰まると大坂町奉行の威光を借りて問屋の言い値を抑えた。表11はその事例を表示する。

輸出依存傾向のある山元に対して元来銅輸出商人は優越する立場にあったが、相場の上昇傾向のなかではこのように辛うじて上昇を抑制できたのはその効果の最後の現れであろう。また銅吹屋の手山銅を表示する（表12）。

（四）　棹銅製造原価の確定

銅吹屋仲間は長崎廻銅請負いの当初、銅輸出値段の引き上げと幕府からの足し銀（償い銀）の受給によって対処しようと、幕府勘定所や長崎宛の訴願を繰り返した。銅輸出値段は一定程度引き上げられたが限度があった。足し銀支給は否定されたわけではなかったが、進展がみられなかった。そこで銅吹屋は次第に、当初の相場を基準にした足し銀の請求から転じて、棹銅の製造原価に諸経費を加えたものと輸出値段との差額を償い銀として請求する方向に進んだ。そして結局、この趣旨に沿って落着した。

諸経費は棹銅値段の数%程度のもので、のちにみることにする。棹銅の製造原価（史料上、「元直段」、「吹立元直段」などという）は、荒銅値段に精錬経費（史料上「吹雑用」などという。広義の「吹賃」も同じ）を加えたものである。したがって製造原価を決めるということは、吹雑用を仲間共通で決めるということと、荒銅値段を仲間共通にしたうえに相場より低く調整するということを含んでいた。

正徳四年（一七一四）「午ノ歳問吹帳」は、銅吹屋仲間が同年中に買い入れて吹立てた荒銅四六種類の代銀と棹銅製造費を集計した記録である。表紙に「午ノ歳問吹帳　正徳四午正月ゟ同極月迄吹立候銅問吹之書付　未二月廿七日ゟ改之　銅会所」とある。[25] 翌正徳五年（一七一五）二月二十七日からこれが精錬法と経費の基準となったと解される。

「午ノ歳問吹帳」の秋田銅の部分は次のとおりである（数字の表記を見やすいように改め、丸数字を挿入した）。この史料によると、四割を間吹、六割を南蛮吹している。

①一〇九匁五　秋田銅一〇〇斤代銀、買入直段平均如此
②　〇匁四　銅出し舟賃・水上賃
③一匁五三　此銅四〇斤ハ間吹ニ致候、此吹減り一斤四歩之代、銅一〇〇斤ニ付三斤半ノ積り
④二匁四八　間吹ニ四〇斤吹立候雑用、一〇〇斤ニ付六匁二分宛
⑤三匁二九　此銅六〇斤ハ鉸吹ニ致シ、此吹減り三斤之代銀、一〇〇斤ニ付五斤之積り
⑥九匁　右六〇斤鉸吹ニ致候留粕燃七斤二歩之代、銅一〇〇斤ニ付一二斤宛燃申積、留粕一〇〇斤ニ付一二五匁かへ
⑦一二匁　合吹ゟ南蛮・灰吹迄雑用、一〇〇斤ニ付二〇匁宛之積り、右六〇斤之雑用如此
⑧八匁　小吹雑用
⑨三六匁七　吹雑用七口合（②～⑧の計）
内
⑩七匁二　鉸吹六〇斤之出灰吹、一〇〇斤ニ付一二匁宛之積り

表13　主要銅の棹銅製造費（正徳４年＝1714）　単位：匁

国名	産銅名	精錬法比率% ⑤	③	吹雑用 ⑨	出灰吹銀通用銀額⑫	残 ⑬＝⑨－⑫	荒銅代 ①	棹銅代 ⑭＝⑬＋①
陸奥	尾去沢	南蛮50	間吹50	37.03	10.92	26.11	108.92	135.03
〃	白根	〃	〃	37.03	10.92	26.11	108.28	134.39
出羽	秋田	南蛮60	間吹40	36.70	12.10	24.60	109.50	134.10
〃	永松平・幸平	南蛮100		48.03	30.24	17.79	120.97	138.76
〃	永松床	〃		57.69	55.44	2.25	138.18	140.43
〃	幸床	〃		55.32	47.04	8.25	131.94	140.22
〃	永松仐	〃		52.51	38.64	13.87	126.15	140.02
紀伊	熊野	南蛮30	間吹70	31.06	4.03	27.03	108.50	135.53
摂津	多田	南蛮30	記載ナシ	28.59	4.03	24.56	110.36	134.92
但馬	生野	南蛮100		55.92	28.56	27.36	106.52	133.88
伊予	別子	南蛮30	間吹70	31.06	4.03	27.03	108.50	135.53
〃	立川	南蛮30	間吹70	31.06	4.03	27.03	107.23	134.26
日向	日向	間吹100		67.85	0.00	67.85	71.72	139.57

出典：住友家文書19－２－４「午ノ歳間吹帳」。

⑪　四匁九　右灰吹之歩入、但シ午ノ年中歩入平均
六割八歩

⑫　一二匁一　小以（⑩＋⑪）

⑬　二四匁六　残　差引雑用如此掛ル（⑨－⑫）

⑭　一三四匁一　此残銀と銅買之直段と二口合（①＋⑬）

但シ秋田銅、棹銅迄ニ吹立候出来直段如此

右の⑩は四割を間吹、六割を南蛮吹すると、南蛮吹する部分からの出灰吹銀は銅一〇〇斤につき一二匁であり、これを全体に均すと七匁二となるということ、⑫は出灰吹銀七匁二の通用銀値段は一二匁一であるということである。

「午ノ歳間吹帳」の記載を、主要な銅一三種類について表示すると、表13のとおりである。表の項目の下の丸数字は、右の秋田銅の事例の項目番号に対応する。

表13の①に表示する荒銅代は前述のようにほとんどが享保元年四月付「荒銅書上げ」②と一致し、荒銅値段の調整と棹銅製造費の仲間共通化が一体のものであることが分かる。

ところで、秋田銅の棹銅原価計算には試案があった。秋田銅の入札値段は正徳二年（一七一二）中に九〇匁台から

正徳2年(1712)			正徳3年(1713)		
銅　高	銀　高	100斤につき	銅　高	銀　高	100斤につき
353万4213斤	4712貫385匁26	133匁336	503万8087斤	6766貫604匁18	134匁3089
	286貫271匁25	8匁1		408貫085匁04	8匁1
	4998貫656匁51			7174貫689匁22	
74万6900斤	869貫391匁6	116匁4	100万斤	1194貫目	119匁4
277万7313斤			402万4387斤	5453貫044匁38	135匁5
内棹銅271万7313斤	3668貫372匁55	135匁			
玉銅　6万斤	90貫目	150目			
352万4213斤	4627貫764匁15		502万4387斤	6647貫044匁38	
	89貫495匁			210貫705匁	
	4717貫259匁15			6857貫749匁38	
	281貫397匁36	7匁9846		316貫939匁84	6匁308

(『住友』⑫)318頁。

表14-2　掛り物銀内訳

事　項	正徳2年	正徳3年
銅箱・釘・縄代	63貫615匁83	90貫685匁57
長崎まで船賃	45貫944匁77	65貫495匁13
他借銀の歩銀	119貫238匁13	171貫656匁19
長崎雑用銀	57貫472匁52	75貫851匁65
下関船待蔵敷他		4貫396匁5
小計	286貫271匁25	408貫085匁04
銅100斤に付	8匁1	8匁1

出典：「長崎公用帳（正徳四年）」(『住友』⑫)353、355頁。

表14-3　長崎雑用銀内訳

事　項	正徳2年	正徳3年
蔵鋪	6貫目	7貫目
日雇賃・舟賃	4貫700目5	6貫516匁
銅箱直し賃	2貫785匁	3貫500目
廻船用小旗代	2貫500目	4貫目
破船損銀	3貫目	7貫500目
手代・下人給銀	17貫450目	17貫450目
世帯方雑用	16貫332匁02	28貫622匁65
飛脚賃	1貫850目	
往来遣銀	2貫855匁	1貫263匁
小計	57貫472匁52	75貫851匁65

出典：「長崎公用帳（正徳四年）」(『住友』⑫)352～354頁。

表14-1　長崎輸出銅の収支

年　次	
事　項	
御用銅高・代銀	①
掛り物	②
小計	③＝①＋②
蘭売	④
唐人売	⑤
唐蘭売計	⑥＝④＋⑤
金値違い徳	⑦
銅売代共計	⑧＝⑥＋⑦
残、損銀	⑨＝③－⑧

出典：「長崎公用帳（正徳四年）」

一〇八匁五に上昇した。翌年には一〇八匁五でも難航し、一〇九匁五で決着した。その途中の六月二十八日付大坂町奉行に宛てた銅吹屋の口上書のうちに、荒銅値段一〇八匁五、吹雑用二七匁四四、棹銅値段一三五匁九四とする計算書がある。[26] これを右の「午ノ歳問吹帳」と比較すると、荒銅値段①は一〇八匁五から一〇九匁五へ上昇したにもかかわらず、棹銅値段⑭は一三五匁から一三四匁一へ下降しているが、それは吹雑用⑬を二七匁四四から二四匁六に抑制したからである。ここに調整の実態をみることができる。調整は、引き上げられた銅輸出値段に棹銅値段を合わせ、その棹銅値段に荒銅値段と吹雑用を合わせ、吹雑用は仲間で共通化したものである。

（五）償い銀の確定と支給

銅輸出値段と棹銅製造原価がこのように確定すると、あとは諸経費が確定すれば償い銀が確定する。償い銀は二年後の正徳四年（一七一四）になって確定し、さかのぼって正徳二年（一七一二）分二八一貫三九七匁三六と同三年（一七一三）分三一六貫九三九匁八四が支給された。輸出銅の収支全体を示した表14に表示する。表14-1の②掛り物の内訳が表14-2であり、その長崎雑用銀の内訳が表14-3である。表14-1にあるとおり、①棹銅代と②掛り物代の合計と⑥異国売代銀（および⑦金値違い徳、すなわち金銀両替の差益）との差額が⑨償い銀として支給され、それは銅一〇〇斤につき正徳二年（一七一二）分が七匁九八、同三年（一七一三）分が六匁三であった。

正徳四年（一七一四）の御用銅の売買勘定は、翌年八月に銅吹屋仲間から大坂町奉行に申告した。また同五年

表15　長崎下し銅・償い銀・雑用銀（正徳2～5年＝1712～15）

年　次	正徳2年	正徳3年	正徳4年	正徳5年
下し銅高	356万9300斤	500万3000斤	500万斤	450万斤
償い銀(損銀)	281貫397匁36	316貫939匁84	281貫663匁539	229貫135匁0424
雑用銀計	286貫271匁25	408貫085匁04	280貫目	216貫164匁6
内大坂箱代・船賃等	109貫560匁6	160貫577匁2	195貫目	136貫164匁6
〃大坂他借銀の歩銀	119貫238匁13	171貫656匁19	—	—
〃長崎雑用銀	57貫472匁52	75貫851匁65	85貫目	80貫目

出典：「古来ゟ銅方万覚帳」（『住友』⑱）ほか。141頁註(27)参照。

（一七一五）の分は享保二年（一七一七）二月に支給されたことがわかる。それらを含めて銅吹屋仲間長崎廻銅請負い期の長崎下し銅高と償い銀高・雑用銀高は表15のとおりである。(27)

正徳二年・三年（一七一二・一三）の雑用銀にある他借銀の歩銀は、この仕法を運営するための借入銀に対する利子補給である。

(六)　長崎廻銅請負いと銅吹屋仲間

右の(一)～(五)で見たような経緯で、四ツ宝銀の通用が惹起した銅相場の上昇の影響を何とか吸収することができた。長崎会所は銅輸出値段の引き上げを実現し、幕府は前銀や償い銀を支給して、銅吹屋仲間の長崎廻銅を支援した。この仕法では山元が荒銅買上げ値段の抑制で大きな負担を強いられ（これへの反発が、次代の御割合御用銅の荒銅値段上昇となったことは間違いない）、山師を兼ねる銅吹屋も当然負担を負った。地売銅商売を含む銅精錬業者としての得失は明確には分からないが、このような廻銅請負いは仲間共同でなければ果たしえないことは明らかで、幕府の強請と支援を受けた銅吹屋仲間は、銅座同様の存在であった。

この仕法は長崎貿易の仕法としてはわずか四年で破綻して終了し、御割合御用銅に移行した。破綻の主な理由は、正徳新例の施行で唐船に義務付けられた信牌をめぐる混乱のために唐船の来航が一時激減し、銅の滞貨が激増したからであろうと推定される。

銅吹屋仲間はこの請負いを契機に、強い共同性をもつ御用請負い商人の団体になった。顔ぶれが固定し、休業者の補充はなかった。大坂と長崎に銅会所を設置し、銅の現物の取扱いについて、このときはじまった方法が大坂でも長崎でも基本的に幕末まで持続した。

大坂の銅会所ははじめ南木綿町にあり、正徳五年（一七一五）錺屋町へ移転し、宝暦四年（一七五四）西横堀吉野屋町へ移転して御用銅吹屋会所と称し、会所屋敷は町役御免となった。町役御免の措置は、元文銅座が銅吹屋仲間から多額の借銀をしながら返済できないことへの一種の補償と考えられる（第五章第三節）。

長崎の銅会所は、廻銅請負い期の銅吹屋仲間が銅輸出商人として、銅の保管と外国商人への掛け渡しにあたるための施設で、住友と大坂屋はもともと長崎にあった出店でおこない、そのほかの一五人は共同で会所を設けた。のちには住友の出店がそれに充てられ、明和銅座の設置後は新地にある蔵が銅の保管に充てられた。

銅吹屋仲間は、荒銅買入れの比率を定め（手山銅を除く）、これを千丸の割といい、この比率を仲間諸経費などの負担割合にも適用した。別に地売銅売出し高月一〇万斤の配分比率も決めた。表16に示す。この比率はこのころの実績を反映していたが、のち休業者が出るようになり、銅吹立高全体が減少したので、寛延三年（一七五〇）段階では第一章表5のように変更した。

大坂銅商人が商売としておこなう長崎銅貿易は、こうして正徳五年（一七一五）をもって終了した。十七世紀中期、長崎銅貿易への参入がまったく自由で貨物輸入貿易も可能という時期があり、ついで、古来銅屋仲間の緩やかな独占が公認されるが、輸入貿易は禁止されてしまった。やがて古来銅屋の銅貿易に運上が賦課され、すぐに実績のない商人が運上額をせりあげて独占的に請負い、銅商人は請負い商人に銅を供給する立場になるが、こ

表16　銅吹屋仲間吹方割付一覧（正徳2年＝1712）

名　　前	千丸の割(丸)	地売銅(斤)
泉屋吉左衛門	95	8,000
大坂屋久左衛門	85	7,000
大塚屋甚右衛門	73	12,000
富屋藤助	73	7,200
丸銅屋次郎兵衛	73	7,200
平野屋忠兵衛	73	7,200
多田屋市郎兵衛	70	7,200
平野屋三右衛門	70	7,200
平野屋吟	70	7,200
熊野屋十兵衛	54	4,500
平野屋市郎兵衛	42	4,000
大坂屋又兵衛	40	4,000
熊野屋徳兵衛	39	3,500
富屋伊兵衛	39	3,500
大坂屋三右衛門	38	3,500
吹屋治左衛門	33	3,400
川崎屋平兵衛	33	3,400
計	1,000	100,000

出典：「長崎下銅公用帳」一番（『住友』⑩）167、168頁。

の請負いはたちまち破綻し、長崎銅貿易は自由化された。同じころ国内の銅相場が上昇し、それを外国商人に転嫁して長崎貿易が混乱するのを危惧した幕府が銅座（元禄銅座）を設置した。大坂銅商人は銅吹屋として銅座に輸出用の棹銅を供給したが、銅座が資金繰りの不具合で廃止になると、銅吹屋仲間が長崎廻銅を請負って銅座同然の存在になった。

古来銅屋への運上賦課（元禄九年＝一六九六）から銅座設置（元禄十四年＝一七〇一）までわずか数年間に激変があった。この間に長崎では、貿易枠を拡大する銅代物替仕法（元禄八～正徳五年＝一六九五～一七一五、銅商人が輸出する銅に見合う額の輸入貨物を長崎の町が商売として扱う）を契機として、町が輸入貿易の主体となり、長崎会所が設置された。長崎会所の設置には、幕府による長崎貿易の管理と運上徴収という意図ももちろん深くかかわっていた。

いったん銅座同然となった銅吹屋仲間は、幕府の権威を背景に全国の銅を大坂に集め独占する体制を、以後長く維持しようとした。精錬法の標準化と精錬経費・精銅品質の平準化を維持し、長崎における輸出銅の現物も長く銅吹屋仲間の管理下においた。その後国内の流通機構の変化によって独占体制は相当に揺らぐが、銅統制仕法は基本的に明和銅座に引きつがれ、銅吹屋仲間は明和銅座の下請け商人となった。

一方、輸入貿易の主体となった長崎会所は、銅貿易でも大坂銅商人に替わる主体になったのかどうか、それを検討するのが次章の課題である。貿易の継続を願う長崎にとって銅貿易をいかに位置づけるのかは大きな問題であるが、本書はそれに立ち入ることはせず、従来解明されていない長崎廻銅の推移を追うことにしたい。そこでは、元文改鋳に端を発する元文銅座の存在が巨大な影響を及ぼす。元文銅座の影響は長崎のみならず、山元にも大坂銅商人にも及ぶ。それについては次章では長崎の立場で扱うことにし、元文銅座については第五章でも改めて検討する。

（1）中村質『近世長崎貿易史の研究』（吉川弘文館、一九八八年）三一八頁では「都市共同体的貿易経営」と呼んでいる。ただしこれは幕府への運上のほかはすべて費消し、企業のように利益を蓄積して資金化する経営ではなかった。

（2）表1の出典は住友家文書二六―六―三―一「寛文三卯年ゟ年々唐船買渡銅高帳」、『長崎実記年代録』、「古来ゟ銅方万覚帳」（『住友』⑱）。長崎の銅輸出値段を、毎年唐人・オランダ人それぞれと売り主の銅商人が交渉して決定するという古くからの慣行が正徳五年（一七一五）までおこなわれた。輸出値段は原則として、本割（定高）と代物替で差はない。本文（一一五頁）の元禄十三年（一七〇〇）は例外である。表2の出典は「去ル子年ゟ辰年迄五ケ年分買入銅高并買直段之書付」、「正徳六年申四月廿九日於飛驒守様被仰付候辰年ゟ去未年迄四ケ年分廻着銅之員数并直段付同代銀高之扣帳」（ともに『住友』⑮）。

（3）収支計算は「寛宝日記」（長崎歴史文化博物館所蔵史料一三―三四）、『通航一覧』（刊本四、三四七頁）による。銅については註(2)「寛文三卯年ゟ年々唐船買渡銅高帳」、「古来ゟ銅方万覚帳」と、『唐通事会所日録』（刊本二、一八五頁）による。

（4）伏見屋は将軍の側用人柳沢吉保の保護をうけており、かつ材木商人としては伊予別子銅山近傍の御林山を伐採して、住友が開坑したばかりの別子の鉱況を知っていた可能性が高い。茶屋の願書は「年々帳」無番（『住友』①）一四六頁。伏見屋と柳沢の関係は、永積洋子「柳沢吉保と伏見屋の代物替」（『日本歴史』第四三四号、一九八四年）。

(5) 註(4)「年々帳」無番、一六頁、四四頁。『長崎実記年代録』によると出島の銅口銭はその後変動なく、オランダ売り銅値段が享保六年（一七二一）から半減の手取り六〇匁二五になったときの口銭は一匁五で、口銭とも半減六一匁七五であった。

(6) 八百啓介『近世オランダ貿易と鎖国』（吉川弘文館、一九九八年）九二頁。同頁の『崎陽群談』の引用から算定した銅値段と本書表1を照合すると、『崎陽群談』の史料価値を疑問視しなければならないであろう。

(7) 『唐通事会所日録』に「定高銅不足百万斤」（刊本三、五五頁）などの記事がみえるのは定高商売向けの銅が不足しているという意味で、廻着銅が規定高に対して不足しているという意味ではない。また桔梗屋らが古来銅屋と外国商人との間に介在したため、唐人売りの元禄十一年（一六九八）と十二年（一六九九）春船で古来銅屋の手取りが減少した。註(2)「古来ゟ銅方万覚帳」二八三頁。

(8) 「鉱業諸用留」（『住友』⑤）一六七頁。以下九行分の出典は、同じく一七三、一八〇、一八六頁。

(9) 註(2)「古来ゟ銅方万覚帳」二八三頁、「銅座公用留」（『住友』④）二四頁、『唐通事会所日録』（刊本三、一〇二頁）。

(10) 「長崎御役所留」収載「元禄十四巳年二月、在府奉行より之別紙幷覚書其外銅座役人名前書共　三通」のうちに、大嶋伊勢守（義也、在府の長崎奉行）・丹羽遠江守（長守、同）から近藤備中守（用高、在長崎の長崎奉行）・林土佐守（忠和、同）宛の二月二日付「覚」がある。「長崎御役所留」は国立公文書館内閣文庫所蔵史料、一八一函一一三号、翻刻は太田勝也編『近世長崎・対外関係史料』（思文閣出版、二〇〇七年）一七一頁。

(11) 註(9)「銅座公用留」七頁。

(12) 「年々諸用留」二番（『住友』②）一〇二頁、「長崎下銅公用帳」一番（『住友』⑩）一四九頁。

(13) 「銅座御用扣」（『住友』④）三八〇頁、住友家文書二一―四―六「宝永元年申勘定」、同二〇―二―一二「宝永二年酉勘定帳」。

(14) 表8の原史料は、註(13)「銅座御用扣」、「長崎公用帳」二番（『住友』⑫）、「去ル子年ゟ辰年迄五ケ年分長崎廻御用銅高幷売直段之書付」（『住友』⑮）。

(15) 「別子銅山公用帳」二番（『住友』③）一八七頁、註(13)「銅座御用扣」四〇四頁。

(16) 「宝永六年日記」（『住友』⑩）による。宝永六年（一七〇九）の長崎会所役人による御用銅直買の経緯はこの史料による。

(17) 註(12)「年々諸用留」二番、八三頁。触は各地で出されたようで、大坂の町触頭書七月二十八日条に「長崎廻り銅中川六左衛門請負之事」とある。

(18) 「年々諸用留」三番(『住友』②)三一〇頁。山脇悌二郎「統制貿易の展開」(『長崎県史　対外交渉編』吉川弘文館、一九八六年)六〇四頁は、中川を大判座の手代とする。

(19) 註(2)「去ル子年ゟ辰年迄五ケ年分買入銅高幷買直段之書付」二二頁、「去ル子年ゟ辰年迄五ケ年分長崎廻御用銅高幷売直段之書付」(『住友』⑮)三三頁。

(20) 註(12)「長崎下銅公用帳」一番、一二四頁。

(21) 同前、一六一頁。

(22) 註(14)「長崎公用帳」二番、一四二頁以下。

(23) 「長崎公用帳」三番(『住友』⑩)二五一頁、二五七頁。

(24) 表10の出典は、正徳三年(一七一三)四月付「荒銅書上げ」①、享保元年(一七一六)四月付「荒銅書上げ」②、住友家文書一九―二―一二「子年ゟ辰年迄五ケ年分買入銅幷売払銅代銀之書付」。表中の正徳2①、正徳2②は、「荒銅書上げ」①・②による。

(25) 住友家文書一九―二―四「午ノ歳問吹帳」。

(26) 註(14)「長崎公用帳」二番、一六六頁。

(27) 表15の出典は、下し銅・償い銀は註(2)「古来ゟ銅方万覚帳」、償い銀・雑用銀の正徳二・三年(一七一二・一三)は表14-1~3、同四年(一七一四)は小葉田淳「第一次銅座と住友　銅貿易と幕府の銅政策」(『泉屋叢考』第一八輯第27表、原史料は住友家文書二〇―二―八―六「午年長崎御用銅売買勘定覚書」)、同五年(一七一五)は「銅会所公用帳扣(享保二年)」(『住友』⑮)二二八頁。

第三章　長崎会所の銅貿易と大坂銅商人

第一節　御《お》割合《わりあい》御《ご》用銅《ようどう》

（一）　御割合御用銅の仕法

正徳新例の施行によって、唐船には来航許可証である信牌の持参が新しく義務付けられ、それにともなう混乱のため、唐船の来航が一時激減した。そのため輸出銅が大量に滞貨となり、銅吹屋仲間長崎廻銅請負いが行き詰まったと推定される。そこで幕府勘定所は、正徳新例が規定する輸出目安高が四〇〇〜四五〇万斤なので、荒銅五〇〇万斤を山元の領主や代官に割り付けて大坂へ供出させ、その代銀を申告値段で支払うことにした。享保元年（一七一六）から六年間続いたこの仕法を御割合御用銅という。この仕法では長崎輸出銅の荷主は幕府勘定所である。

『崎陽群談』（刊本三一九頁）に御割合御用銅のことが次のようにある。

（上略）向後は（享保元年以後）（中略）長崎廻り銅ハ諸国山々公役同前ニ而大坂江差廻し、此代金ハ大坂御金蔵ニ而被相払、当表商売相済候上、此金高大坂江納候積りニ相極り候、旁ニ而以来年々御直段ニハ不罷成候事ニ候、只今迄之直段を定直段ニ相定め候積ニ候（下略）

ここには、①諸国銅山に割り付けた銅は「公役同前」であること、②代金は大坂御金蔵で支払われること、③

銅輸出値段は従来のように毎年値組するのではなく現在の値段を定値段とすることが記されているが、実際は③を除けばもっと柔軟であった。そこでここでは、①の割付斤数は決して一方的な押しつけではなく適宜修正されたこと、②の代金は申告に従った額が査定のうえで、大坂御金蔵だけでなく江戸や各地の代官所など便宜の地で支払われたこと、③銅輸出値段が固定されたこと、を史料に即して検証し、御割合御用銅の仕法の実態をみていきたい。

まず、『盛岡藩雑書』（刊本第一〇巻、一〇五八頁）によると、盛岡藩領の白根・立石・尾去沢銅山には計六五万斤の御割合御用銅が割り付けられた。老中の意を受けた幕府勘定吟味役二人が、正徳五年（一七一五）十一月二十七日に藩役人に渡した書付は次のとおりである。

覚

銅六拾五万斤　奥州 白根・立石・尾去沢　銅山より廻シ高

是は長崎表為御用、来申年より年々壱ケ年ニ書面之斤高大坂ニ相廻シ、銅吹屋共へ相渡候様可被申付事

一右銅山元ニて掘出候諸入用幷大坂へ廻候運送入用等、委細吟味之上少も無相違様に書付可被差出候、其上ニて右入用大坂ニて成共、江戸ニて成共可相渡候事

一此御用銅高之外ニ堀（掘）出シ候銅は、山師共勝手次第手寄宜方へ相廻払候積り可申付事

一廻候時節之事は年々正月より八月中迄を限、公残（不カ）大坂へ廻着候様ニ可被申付事

右長崎御用之廻銅、国々御料・私領銅山より割合を以、来申年より年々大坂へ相廻筈付、右三ケ所より可指廻銅高書面之通ニ候、右ケ条之趣被得其意、廻高不足無之様ニ念入可被申候、尤年々八月中迄ニ皆済之節、其訳書付可被差出候、且又若子細有之て銅出高相減、右斤数程大坂廻難成訳も有之候は、其訳又は不足之分

量等委細書付を以可被申聞候、此旨山師共ニも被申渡、随分無滞様ニ可被致候、若其謂も無之、廻銅之高定数より不足ニおよひ候得ハ、長崎御用之指支ニ罷成可為不念候条、能々入念無油断被遂吟味無相違可被相心得候、此趣我等共より可申達旨、阿部豊後守殿被仰渡候ニ付如斯候、以上

未十一月

萩原源左衛門

杉岡弥太郎

長崎表の御用のためとしてかなり強硬な文面であるが、この斤高は申告によって修正され、三銅山計六五万斤から尾去沢四〇万斤となった。別子銅山については一〇〇万斤、立川銅山には七〇万斤が同様に割り付けられた。別子・立川を所管する代官から別子山師の住友へあった打診に対する回答が、住友の記録「別子銅山公用帳」三番(『住友』⑰)一〇頁にある。御割合銅の荒銅を大坂で受け取り、賃吹きする銅吹屋仲間へは大坂町奉行から割付高の一覧表の提示があった。

御割合御用銅の仕法施行期間中の割付高と確定高、それに輸出高は次の表1のとおりである(1)。

表示の割付高と確定高を対比すると、六年間計七二例のうち、当初の割付高のとおり供出した例が三九件、当初の割付高より多く供出した例が一九件、下方修正した例が一四件である。修正した時期もさまざまで、山元からの出荷開始前、あるいは終了までの途中、また結果的に供出できなかった、などである。この仕法の歴史的意義を考える場合、供出の強制を数量面であまり硬直的にとらえることはできない。

表示のうち銅吹屋が山師として供出するのは、住友の別子銅山と但播州のうち小畑銅山・明延銅山、熊野屋の熊野銅山である。表示には銅山から出る荒銅のほかに、吹分場から出る出銅《でどう》も含まれた。吹分場出銅とは、四ツ宝銀などの低品位銀貨を高品位の享保銀に改鋳するための銀銅吹分け過程(銅吹屋仲間が請負った。第一章第三節で前述した)で出る鉸銅《しぼりどう》のことである。

前掲の南部銅の御割合御用銅の仕法の覚によると、費用は申告制、支払いは便宜に従う、ということである。享保四年（一七一九）の御割合銅全体の産銅名・数量・代銀・一〇〇斤につき、値段・支払い方法などは表2のとおりで、支払いは大坂と江戸の御金蔵のほか、銅山近辺の代官所からのこともあった。

費用は申告制、支払いは便宜に従う、という仕法は山元に好評であったといえる。実際に申告された荒銅の値段は、次に掲げるように高騰した（出典は表1に同じ）。銅吹屋仲間長崎廻銅請負い期に荒銅の大坂集荷値段が抑制された反動と考えられる。この値段は査定のうえその通り支払われた。秋田銅・別子銅・熊野銅・立川銅の値段の推移は以下のとおりで、騰勢は通用銀が四ツ宝銀から享保銀へ切り替わった後も持続した。

	通用銀	秋田銅	別子銅	熊野銅	立川銅
享保元年（一七一六）	四ツ宝銀	一四五匁余	一一四匁余	一三五匁余	一一七匁余
同　二年（一七一七）	〃	一四八匁余	一二二匁余	一四九匁余	一五六匁余
享保三年（一七一八）	〃	二〇四匁余	二五六匁余	二八八匁余	二三三匁余
同　四年（一七一九）	享保銀	一一一匁余	九一匁余	九八匁余	一〇〇目余
同　五年（一七二〇）	〃	一一〇匁余	九七匁余	一〇四匁余	一二三匁余

この推移をみると、山元が買い手（幕府勘定所）に対して強気に出ていることが分かる。秋田銅は正徳二・三年（一七一二・一三）当時、第二章表11が示すように、値組は銅問屋と銅吹屋の相対が原則で、銅吹屋は大坂町奉行の支援を得て騰勢を抑制した。それに比べてこの御割合銅申告値段は劇的な変化である。後述の元文銅座期の値段決定の経緯では藩が主導権をとるが、その態勢は勘定所が誘発して、この時始まったと考えられる。

御割合御用銅の仕法は荒銅値段が高騰したため、幕府は長崎から徴収した運上を荒銅代の支払いに使い果たし、六年目で終了せざるを得なかった。次の史料は享保六年（一七二一）十二月、長崎奉行石河政郷の用人平松小平

治の言として銅吹屋同士の書状に引用されているところである。(2)

異国渡銅之儀近年諸国銅山出銅御買上ニ成候以後、壱年増ニ銅直段高直ニ罷成、尤諸色共ニ高直成故ニ而も可有之候得共、余り格外成故只今ニ而ハ長崎代物直段と釣合不申、依之長崎ゟ上納銀ハ皆々諸国銅山江之御仕送之様ニ罷成候

単位：万斤

享保５年		享保６年	
割付高	確定高	割付高	確定高
40	40	40	45
140	141	140	135
0	0	0	15
4	4	4	4
4	4	4	7
5	7	5	10
30	30	30	30
85	85	85	85
50	50	50	50
2	7	2	4
45	56	55	55
9	5	4	4
414	429	419	444
輸出高		輸出高	
	298		272
	75		115
	373		387

100斤につき(匁)	代銀渡し方
91.526	大坂御金蔵にて
100.080	〃
71.063	石川四郎右衛門・鈴木運八郎・長谷川庄五郎・薗部源四郎検見所物成銀のうちを以て
78.335	鈴木九大夫代官所物成銀のうちを以て
98.903	森山又左衛門代官所物成金のうちを以て
63.000	竹田喜左衛門代官所物成銀のうちを以て
51.000	大坂御金蔵にて
98.680	大坂御金蔵にて
66.071	江戸御金蔵にて
111.443	大坂御金蔵にて
119.809	江戸御金蔵にて
87.669	江戸御金蔵にて
120.676	窪嶋作右衛門代官所物成金のうちを以て
97.573	大坂御金蔵にて
85.713	大坂御金蔵にて
98.540	

表1　御割合御用銅の割付高・確定高と長崎輸出高（享保元～6年＝1716～21）

産銅名	国名	享保元年 割付高	享保元年 確定高	享保2年 割付高	享保2年 確定高	享保3年 割付高	享保3年 確定高	享保4年 割付高	享保4年 確定高
尾去沢	陸奥	65	40	0	0	30	30	40	40
秋田	出羽	170	170	161	161	192	165	140	141
永松	〃	28	5	20	15	25	25	30	28
大野	越前	7	7	3	3	4	4	4	4
熊野	紀伊	4	4	4	4	4	6	2	2
多田	摂津	5	5	5	5	5	10	7	8
但播州	但馬播磨	43	46	43	23	30	30	30	30
別子	伊予	100	100	95	95	114	80	85	85
立川	別子	70	70	65	44	78	50	50	50
日向	日向	2	2	0	0	0	0	2	2
吹分出		0	6	0	11	11	13	48	54
その他		6	6	4	4	7	3	3	8
総計		500	461	400	365	500	416	441	452
		輸出高		輸出高		輸出高		輸出高	
唐船			83		483		410		373
オランダ			150		150		150		75
計			233		633		560		448

出典：172頁註（1）参照。

表2　御割合御用銅の斤数・代銀・渡し方一覧（享保4年分＝1719）

産銅名	国名	銅斤数	代銀（匁）	此代金
別子	伊予	850,000.0000	777,972.000	
立川	〃	500,000.0000	500,400.000	
但播州所々	但馬播磨	300,000.0000	213,189.989	
多田	摂津	79,575.0000	62,335.640	
飛州	飛驒	1,500.0000	1,483.550	24両2歩、銀13匁55
石州	石見	3,100.0000	1,953.000	
青野	伊豆	30,000.0000	15,300.000	255両
熊野	紀伊	20,000.0000	19,736.000	
仙台熊沢	陸奥	30,000.0000	19,821.579	440両1歩、銀10匁329
秋田	出羽	1,412,900.0000	1,574,588.250	
尾去沢	陸奥	400,000.0000	479,236.419	9984両、銀4匁419
永松	出羽	284,589.7500	249,498.765	5197両3歩、銀6匁765
大野	越前	40,000.0000	48,270.760	804両2歩、永12文672
猿渡	日向	21,600.0000	21,075.800	
吹分場出銅		542,508.3125	465,005.122	
計／平均		4,515,773.0625	4,449,866.574	

出典：「年々諸用留」四番（『住友』⑦）98頁。

右によると、近年銅値段もその他の物価も上昇傾向であるが、銅値段の上昇は格外で輸入品物価と不釣り合いであり、そのため長崎からの運上（輸入品の販売利益から拠出する）はすべて銅代の支払いのためのようになっている、という。これを載せる書状は大坂の銅吹屋仲間から江戸にいる仲間へ宛てたもので、その趣旨は、長崎奉行石河から用人平松を介して打診のあった、かつての銅吹屋仲間長崎廻銅請負いと同様の仕法（山元から銅を購入して輸出銅を製造し、長崎へ送って代銀を長崎から受け取る）は請負えない、という回答である。長崎奉行は山元における銅値段の高騰に直面して、銅吹屋仲間に廻銅を請負わせようと考え、打診した。これに対して銅吹屋仲間は、①御割合御用銅期の長崎輸出銅値段を知らない（すなわち銅輸出の赤字がどれほど大きいのか把握していない）、②銅代を大坂御金蔵ではなく長崎から渡されるのでは仕入れ銀に差し支える（すなわち滞る可能性が高い）、という理由でこれを断ったのである。

（二）　銅輸出値段の切下げ

元禄八年（一六九五）に始まった金銀貨改鋳（品位の引き下げ）が度重なって金銀貨幣の種類が増大し物価も高騰したので、品位を慶長金銀の水準に戻す改鋳が実施され（改鋳後の通用金銀を通称新金・新銀という）、享保三年（一七一八）閏十月の新金銀通用令で新旧金銀貨幣の引き替え法が規定された。これによると、乾字金（宝永小判）表示の価値は半減、四ツ宝銀表示の価値は四分の一になった。この通用令の影響は長崎貿易には次のように及んだ。

唐船貿易は『通航一覧』（刊本四、三二二頁）によると享保四年（一七一九）、「是まで商売高四ツ宝積もりのところ向後半減積もり」と指示された。輸出値段は第二章表1によると、正徳五年（一七一五）は一三五匁五、その二分の一なら六七匁七五であった。

オランダ貿易については、『通航一覧』（刊本四、三四三頁）によると、享保五年（一七二〇）従来の商売高乾字金五万両を翌年から半減二万五〇〇〇両にすることとあり、同じく翌年、銅値段は定値段にては損失あるので値段が上がり「割合を銀高にて加」えられる旨が漢文で仰せ渡された、とある。『長崎実記年代録』によると、享保六年（一七二一）から商売高が新金二万五〇〇〇両、銅値段は前年の半減六一匁七五である（ただし前年積残し銅の値段は四分の一の三〇匁八七五で、この点は国内では四ツ宝銀値段は新銀で四分の一という新金銀通用令の規定に沿っている）。

こうして決定した唐人売り六七匁七五、オランダ売り六一匁七五で輸出すると赤字になる。それに対して長崎会所は享保七～十八年（一七二二～三三）銅輸出の損を回避する方策をとり、享保十八年（一七三三）唐人売り一一五匁とするが、それらについては第二節で取り上げる。

(三)　御割合御用銅と銅吹屋仲間

御割合御用銅の仕法によって、長崎銅貿易の荷主の立場は銅吹屋から幕府勘定所に移転し、その後は幕末まで長崎会所が荷主になり、銅吹屋はそれまで約一世紀間続いた荷主の立場（元禄銅座期も、詳述は省略するがその変型であったと考えられる、第二章第四節）を喪失した。輸出依存産業である銅山の山元に対して、銅を輸出することに立脚する優越的立場を銅吹屋が持っていたとすれば、荷主でなくなることは山元に対する優越の基盤を失うことになる（自家稼行銅山はもちろん別である）。この視点による銅山史の検討は今後の課題である。

他方で同じころに、各地から大坂に集まる銅を銅吹屋が独占的に集荷することを幕府が公認した。正徳三年（一七一三）には荒銅大坂集中令が出された（第二章第五節（二））。当時は銅吹屋仲間が銅座同様の存在で長崎廻銅を請負っており、荒銅すべてを相対値段で自己資金で買い入れた。同五年（一七一五）には翌年から御割合御用銅の仕法を開始する命令のなかで、御割合荒銅を山元から大坂の銅吹屋に送るものとされた。御割合銅は銅吹屋が買い入れるのではないが、その受領・吹立て・長崎への送付と保管という実務は銅吹屋の公認の業務となった。受領については、大坂へ廻着した御割合銅は、銅吹屋の受取証文に大坂町奉行が裏書きして銅問屋（荷主の代理人）に渡され、その書類に基づいて、所定の幕府機関（大坂・江戸の御金蔵や銅山近隣の代官所）から荷主に支払われた。廻着の進捗状況も銅吹屋が把握した。(3)

地売銅は第四章第一節（二）で後述するとおり、元来銅吹屋の支配下にあり、御割合銅の受領・吹立て等業務の公認は銅吹屋の立場に権威を付与したといえる。

このように銅吹屋にとって、御割合御用銅の仕法は長崎銅貿易の荷主の立場を否定される一方で、荒銅の廻着受領・吹立て・保管業務を公認され権威付けられるものであった。日本の銅の歴史にとって、御割合御用銅は長崎銅貿易の赤字輸出の出発点であった。また、銅値段の決定における山師の立場を相対的に強化し、ひいては銅相場上昇の背景となったものと考えられる。

第二節　第一次長崎直買入れ《じきかいい》

御割合御用銅の仕法が享保六年（一七二一）までで廃止され、翌年から長崎奉行の命令で長崎会所が御用銅を集荷する仕法となった。その仕法は享保七～元文二年（一七二二～三七）まで行われ、これを第一次長崎直買入れと呼ぶ。ここで長崎会所が初めて輸出銅の集荷の主体になり輸出の荷主になった。続く元文銅座の時期をはさんで宝暦元～明和二年（一七五一～六五）に再び長崎会所が御用銅を集荷したが、その仕法を第二次長崎直買入れと呼ぶ。

第一次の開始にあたり、御割合御用銅の廃止と長崎直買入れの指示は、享保六年（一七二一）十二月六日に江戸で勘定所から産銅地七藩の役人にあった。銅吹屋仲間へは勘定所から大坂町奉行を通じて通告された（「年々諸用留」四番、『住友』⑦、一一五頁）。南部藩役人が受けた指示は『盛岡藩雑書』（刊本第一二巻、一三九頁）によると次のとおりである。

先達て、来寅年長崎御用銅山々へ割付之員数書付を以申渡候処、寅年より山々割付は相止、長崎ニて銅買上、唐・阿蘭陀へ相渡筈候条、大坂へ廻、吹屋方へ相渡候儀可為無用候、向後山師勝手次第ニ長崎へ廻シ、相廻《（ママ）》相対を以売渡候筈ニ成候間、被得其意此旨山師へ可被申渡候、尤自今右之通候得は、公義より代銀等相渡候筋は無之候、長崎へ廻相対を以売候儀は、長崎奉行へ可被承合候、以上

文面では、明年から御用銅の銅山への割付けは止める、御用銅は長崎で山師が相対にて売り、長崎奉行が管理する、とあるが、御用銅の集荷の中心は大坂で、実態は以下で見るように多岐にわたり変化もした。同じく『盛岡藩雑書』（刊本第一二巻、三七四頁）によると、翌年五月十六日に南部藩は江戸で長崎奉行から、上銅の買上げ値段は一〇〇斤につき九〇目を限り、中下銅はそれに準ずると指示された。

享保七年（一七二二）八月、長崎会所から銅買方役人が大坂に着任した。執務場所の呼び方は史料上さまざまであるが、本書では長崎御用銅会所と呼ぶ。この長崎御用銅会所と、銅吹屋仲間の大坂・長崎の銅会所とは、史料上も紛らわしいので注意を要する。長崎御用銅会所につき、享保十五年（一七三〇）九月の大坂町触には「銅会所」としてその職分が「諸国銅山ゟ大坂へ相廻候銅之分、向後大坂廻着之分ハ、其度々ニ右廻候員数書付、長崎ゟ当地へ相詰居候役人へ書付可被差出候、此旨銅問屋同吹屋共銅商売之者共へ可申渡候、以上」、すなわち大坂の銅問屋や銅吹屋へ各地銅山から銅が廻着したら、その数量を長崎御用銅会所に届けるように、とある。

所在は享保十八年（一七三三）以降は大坂過書町の長崎屋（為川）五郎兵衛方で、ここは長崎奉行の宿泊する本陣であり、オランダ商館長の宿泊するオランダ宿でもあった[4]。長崎御用銅会所はこののち元文銅座の設置・廃止

表3　長崎会所の輸出銅高と調達先（享保7～12年＝1722～27）　単位：万斤

年　次	享保7	享保8	享保9	享保10	享保11	享保12
輸出高	331.7	369	157.6	368.3	425.1	457.1
うち唐船	262.9	265.2	97.6	263.3	339.1	357.1
〃 蘭船	68.8	103.8	60	105	86	100

長崎廻着高	266.3	205.2	477.6	374.8	592.6	658.2
うち大坂銅吹屋賃吹き	124.7	171.6	440.9	115.2	181	163.2
〃 〃 請負い				200	155	143
〃商人下し		33.6	4.7	0.3	25.4	3.9
〃長崎銅吹所				6.7	76.2	121.9
〃破船銅				0.2		0.2
〃前年より繰越	141.6		32	52.4	154.5	226

出典：173頁註（5）参照。

があっても存続し、明和三年（一七六六）以降はここが銅座となった。

表3は、長崎会所の輸出銅高とその銅をどこから調達したのかを示すものである(5)。

この表で注目されるのは、まず、調達先が多岐にわたること、次に、輸出高が表1（御割合御用銅期）の約八割と減少したことである。表3に則してみていくと、享保七年（一七二二）の長崎廻着銅一二四万斤余は御割合銅の残を銅吹屋が吹いて送ったもので、それに前年からの残一四一万斤余と合わせた二六六万斤余を輸出し、この年の調達分は次年以降の輸出に回された。

享保八年（一七二三）から大坂の商人下し（新吹屋からの供給）が始まった。享保九年（一七二四）には長崎奉行が江戸で秋田藩と一〇〇斤につき九五匁替で買い入れる交渉をし、銅吹屋仲間と吹賃を交渉したうえで、現物が大坂にある秋田荒銅を銅吹屋仲間が吹いて長崎へ送った（「年々諸用留」四番、『住友』⑦、二三九頁）。これは表3の四四〇万斤余のうちに含まれることになる。享保十年（一七二五）には銅吹屋からの棹銅買入れと長崎銅吹所からの供給が始まった。こうして調達先は多岐にわたることになった。

商人下しを担った商人は次のとおりであった。(6)

享保八年（一七二三）は、五人組（小山甚右衛門・舟橋助市・永井源助・鈴木清九郎・藤懸武左衛門）と中川六左衛門

同九年（一七二四）、十年（一七二五）、十二年（一七二七）は五人組

同十一年（一七二六）は五人組と菅野幸太郎

さらに享保十六年（一七三一）には潮江長左衛門が銅山を稼行し新吹屋として長崎御用銅売上を開始した。

享保十年（一七二五）、長崎の浜町裏築地に銅吹所が設置された。この銅吹所（通称、長崎吹屋・地下吹屋など）については岩崎義則氏の研究がある。(7)

表3とは別の史料による第一次長崎直買入期の輸出銅の調達状況は表4のとおりである。(8)

輸出銅高と銅吹屋吹下しすなわち表3大坂銅吹屋賃吹きと表4の①で大差がないので、連続して考察することができる。表4の①～④は史料のままを表示したものである。表4の①欄は棹銅に吹く前の荒銅高なので、表3の大坂銅吹屋賃吹き高（棹銅高）と一致するといえる。表4の②欄は記載が少なく、④欄の享保十五年（一七三〇）以前も空白であるが、記載されている分は信頼できるようである。

表4の①～④の計⑤と輸出高⑥とは相当差がある。その差は①～④の方法によらない集荷分であるから、その多くは銅吹屋からの棹銅供給によるとみなければならない。①の銅吹屋の荒銅賃吹きは減少している。その理由は、長崎会所側の荒銅買入れがはかどらないためか、銅吹屋側が吹賃の引き上げを要求したためか、その他の理由なのかは分からない。

③の長崎銅吹所の荒銅吹立ては最大一三〇万斤、記載の平均で九三万斤余である。この数量は銅吹屋仲間にとっては強力な競争相手となり、その影響は少なくないが、(9)おおむね輸出高の三分の一以下にすぎず、長崎輸出銅の独占にはほど遠い。そのように少なかった理由の解明は将来の課題である。

⑤=①~④の計	輸出高			⑦=⑥－⑤	買入れ別子銅		
	唐	蘭	⑥計		種類	値段	数量
130万斤	263万斤	69万斤	332万斤	202万斤	荒銅	90匁	60万斤
180 〃	274 〃	104 〃	378 〃	198 〃	〃	90匁	65万斤
460 〃	98 〃	60 〃	158 〃		〃	90匁	71万斤
320 〃	253 〃	105 〃	358 〃	38 〃	棹銅	105匁5	87万斤余
260 〃	354 〃	86 〃	440 〃	180 〃	〃	109匁5	67万斤余
270 〃	348 〃	100 〃	448 〃	178 〃	〃	108匁	63万斤
160 〃	163 〃	96 〃	259 〃	99 〃	〃	105匁5	48万斤余
150 〃	304 〃	100 〃	404 〃	254 〃	〃	105匁2	48万斤
150 〃	353 〃	83 〃	436 〃	286 〃	〃	105匁2	?
160 〃	359 〃	44 〃	403 〃	243 〃	〃	108匁2	65万斤
130 〃	344 〃	99 〃	443 〃	313 〃			
160 〃	266 〃	91 〃	375 〃	215 〃			
90 〃	279 〃	102 〃	381 〃	291 〃	〃	110匁	60万斤
180 〃	281 〃	70 〃	351 〃	171 〃			
90 〃							

さらに住友が別子銅を供給した際の種類・値段・数量の判明する分を表示した。まず享保七～九年（一七二二～二四）は荒銅を一〇〇斤につき九〇目で供給しており、この値段は前述のとおり勘定所が指示した値段である。享保十年（一七二五）からは棹銅になり、その翌年値段が四匁も上昇しており、住友にとって荒銅供給よりも有利であろうと推測される。ただし翌年から下げられ、享保十四年（一七二九）には一〇五匁二になってしまうが、また上昇に転じる。これらは毎年の交渉の結果である。ここから推察すると、長崎会所にとっては、必ずしも潤沢ではない資金[10]をもって、大坂で荒銅や棹銅の相場を勘案して買い入れ、銅吹屋と吹賃の交渉をすることは容易いことではなかった。

銅が自由売買となったこの時期でも、石田嘉平次が長崎銅吹所設置の理由とした九州の産銅（球磨銅）が長崎へ直送されたごく少数の例を除き、荒銅は大坂へ集まった。銅吹屋仲間は数年前まで

表4　長崎会所の輸出銅集荷状況（享保7～元文元年＝1722～36）

年次	①仲間吹立て荒銅	②仲間売り棹銅	③長崎銅吹所吹き荒銅	④大坂新吹屋吹き荒銅
享保7（1722）	130万斤余			
〃　8（1723）	180万斤余			
〃　9（1724）	460万斤余			
〃　10（1725）	120万斤余	200万斤		
〃　11（1726）	180万斤		80万斤程	
〃　12（1727）	170万斤		100万斤程	
〃　13（1728）	70万斤		90万斤程	
〃　14（1729）	60万斤余		90万斤程	
〃　15（1730）	50万斤		100万斤程	
〃　16（1731）	30万斤		120万斤程	10万斤
〃　17（1732）	20万斤		100万斤程	10万斤
〃　18（1733）	20万斤		130万斤程	10万斤
〃　19（1734）	20万斤		60万斤程	10万斤
〃　20（1735）	40万斤		100万斤程	40万斤
元文元（1736）	20万斤		60万斤程	10万斤

出典：174頁註（8）参照。

銅座同様の存在であり、依然最も有力な銅商人であった。銅吹屋は後述（第四章第一節）のとおり地売銅市場で支配的立場にあったから、長崎会所の御用銅の集荷活動に対して、長崎・山元双方の動向を睨みあわせて対応できる立場にあった。吹賃の切り下げに対して荒銅の吹立てを減少させ、棹銅の買い入れへと誘導したと断言はできないが、そのような可能性を視野に入れて考察することが必要である。

さて、享保十八年（一七三三）には長崎で貿易の改革が実施された。長崎町民の救済を眼目として、(1)幕府への運上金を五万両から三割減額し、地下配分金四万両を優先的に確保し、直前二年分の運上金の上納不足分は宥免する。貿易では(2)唐船数を抑制しオランダ商売銀額を削減する、(3)唐船輸出銅を値上げし、海産物の口銭銀を廃止するなどである。この改革仕法に関して八百啓介氏・岩崎義則氏の研究がある[11]。

その改革申渡し[12]のなかに、唐船売渡銅値段が低いという指摘がある。

一唯今迄唐船江売渡シ候棹銅直段、日本之相場より過半下直ニ売渡し候、此償ハ出銀之内より差足来候、依之弥出銀減少相成候、日本之産物を相応之利潤を以唐人江売渡候而こそ交易法も立候事ニ候、然るを過半下直ニ売渡可申候事、無其謂事ニ候、因是此度銅直段を上け、日本相場にて売渡候事

さて、前述のとおり新金銀通用令に沿って銅の輸出値段は半減され、唐人売り六七匁七五、オランダ売り六一匁七五となった。これに対して長崎会所は、享保七～十八年（一七二二～三三）、輸出銅買入れ値段が輸出値段を上回り赤字になる分だけ貿易枠を拡大（「銅値上り増」と呼ぶ）して輸入貿易による利益を確保し、銅輸出の損を回避するという方策をとった。(13)

今回の新法で、南京・寧波船の銅売り値段は一一五匁となった。その規定の要点は次のとおりである。(14)

「南京・寧波湊口一艘分之仕形」として

御定売銀高　九五貫目

御加増銀高　三〇貫目　雑物替名目を廃止して本商売のうちへ差加え、持渡品は雑物替のとおり

唐寺冥加修理寄進物　三貫三三〇目余

定例寄進物　九貫一二五匁

音物銀高　七貫三〇〇目余

計一四四貫七五五匁余

内　九五〇目　丁銀にて持渡

一〇一貫二〇〇目　棹銅八万八〇〇〇斤　一〇〇斤につき正銀一一五匁替

残　四二貫六〇五匁　俵物・諸色代ならびに遣捨

『長崎実記年代録』によるとオランダ売り銅値段は六一匁七五で、長崎会所側からみて変更はなく、この後も持続した。それゆえ、かつての当事者同士の相対で決めた唐・蘭売り銅値段（前掲第二章表1に表示）を半減して

持続してきた値段が、享保十八年（一七三三）になって、唐人売り一一五匁、オランダ売り六一匁七五と、倍近く開くことになった。この輸出値段は会所貿易が軌道に乗るにしたがって固定されたと考えられる。

第三節　元文銅座の設置と荒銅買上げ方法

銅の相場は享保期（一七一六〜三六）に上昇した。大坂市場の物価表によると、銅一〇〇斤の値段は正徳四年（一七一四）一三二匁一、元文元年（一七三六）一一五匁二であった。主要商品二四品目について、正徳四年（一七一四）の値段を一〇〇として元文元年（一七三六）の値段を指数で示したところによると、銅は八七・二で第二位であった（一位は毛綿綛）。ほかの二二品目は七〇台と六〇台が各二品目、五〇台六品目、四〇台九品目、三〇台二品目、最低の二〇台は米二七・一だけであったから[15]、銅値段の高騰ぶりは顕著であった。

元文元年（一七三六）、幕府は元文改鋳、すなわちいったん慶長金銀の水準に戻した金銀通貨の品位を再び引き下げる改鋳をおこない、それにともなって銭座を各地に設置して、大量の鋳銭を開始した。このため銅の相場がさらに高騰した。幕府は銀座加役の銅座を再度設置した。この銅座を第二次銅座、元文銅座という。この銅座は、荒銅をすべて鋳銭用を除いて御用銅だけでなく地売銅も買い上げ、銅吹屋に吹かせ、御用銅は大坂で長崎御用銅会所に渡し、地売吹銅は売り出した。

元文三年（一七三八）四月、銅座を設置する旨の幕府の触が出された。元禄銅座設置の際には幕府の触はなかったため、最初の触である。荒銅を大坂に集中するようにと指示する幕府の触は、正徳三年（一七一三）六月に出されたが（本書一二六頁）、それ以来である。

『御触書寛保集成』に元文銅座設置に関する触が三点ある。『御触書寛保集成』第一八八〇号の触（元文三年四月）、第一八八一号の触（同）、第一八八二号の触（同年八月）で、三点で一体として機能するはずの内容である。

まず三点を掲出する（丸数字は引用者が挿入）。

第一八八〇号（元文三年四月）

①一近年銅出方不取〆、長崎廻銅も少ク候ニ付、此度銀座為加役、大坂表え銅座申付、国々銅山より之出銅一向ニ右銀座え買請候積ニ候間、国々山元にて銅出方出情致、他売不致、大坂え相廻し、右銅座え売渡シ可申候、但銅山問堀等いたし、銅出方試候類、出銅少ク候とも、大坂銅座え売渡し可申候事

②一諸国銅山より出候銅高之内、長崎廻り銅幷地売銅共出方ニ応割合相定、直段之義ハ、長崎え相廻シ候銅は、山元より差出し候直段相極置、幷地売銅之分ハ、時相場を以銅座と相談いたし、売買可致候、尤右銅代は当銀払之積りニ候間、銀座より直ニ買取可申事

③一山元より銅津出致、大坂迄相廻し候銅、道筋之問屋又は津々浦々幷海上ニて銅売買致間敷候事

④一銅大坂え不相廻、山元其外何方ニても銅囲置候儀致間敷候事

⑤一国々出銅船積致、大坂え相廻シ候節、右銅員数書付廻船之者え相渡し、大坂町奉行所え可差出事

⑥一東国筋より出候銅、近年東海廻シニて江戸え相廻シ候由、向後東海廻相止、前々之通大坂え相廻し、銅座え可売渡事

⑦一其年銅出方凡積を以て員数書付、前年之暮ニ銅座え可差出事

⑧一銅銀しほり吹幷銅吹立候義、大坂表銅問屋《（ママ）》共之外、諸国山元ニて銅銀しほり吹幷銅吹立候儀停止事

⑨一諸国銅大坂銅座え一向ニ買請、銅座より諸国え売出し候間、銅買候ものハ、大坂銅座又ハ銀座え相対を以買請可申候、但銅百斤ニ付口銭銀拾匁宛銅座え引取候事

右之条々、国々所々ニて急度相守、大坂銅座之外ニて銅売買一切致間敷候、尤銅座よりも銅之義相改候間、若外ニて売買致し候儀於相知は、急度可申付者也

四月

第一八八一号（元文三年四月）

一銅商売方一件惣支配之儀、銅座え申付候間、銅吹屋并問屋其外銅商売人之分、銅座差図を請候筈ニ有之間、右商売いたし候者共ハ、江戸銀座え承合、可差図請候、以上

四月

第一八八二号（元文三年八月）

一鋳銭座相願候もの在之ニおゐてハ、銅山之出銅銅座え差出候て、銅出方等吟味を請、其趣を銅座より奉行所え相達候上、鋳銭可致由之願ニ候ハ、可遂吟味候、右之通ニ無之願は、一切取上不申事

八月

右之通、町中え相触可申候

触の内容は、銀座加役として大坂に銅座を設置し、産出銅はすべて銅座が買い上げる。山元から大坂までの途中での売買や、山元での囲い置きは禁止する。銅からの銀しぼりや吹立ては大坂の銅吹屋に限る。吹銅の売り出しは銅座に限る、など銅座による専売を規定する。また、銅商人は銅座の指図を受ける。鋳銭をおこなう者はその使用する銅の産出銅山を銅座に届けることも規定されている。先に触れたように、鋳銭用の銅は銅座に支障がなければ銅座で扱う分のほかであったが、その銅についても銅座は把握することと規定されたのである。

右の一八八〇号⑧に「銅問屋」とあるのは一読して銅吹屋の誤記であると分かるが、刊本には銅問屋とするものと銅吹屋とするものとがある。『徳川実紀』（刊本第八篇、七九三頁）の規定（和文）では、「銅銀しぼり吹。并に銅製造する事は。坂の工人にかぎるべし。（下略）」とあるので、銅吹屋であることは明らかである。

右の触は三点で一体として機能するはずの内容がばらばらに出されており、発令前の準備が十分でなかったこ

とがうかがわれる。とくに一八八〇号②の規定は、荒銅買上げ値段の規定であるが、実施されたところと差がある。規定によると、諸国銅山から出る銅は長崎廻銅向けと地売銅向けに配分し、長崎廻銅分は山元から出す値段を決めておき、地売銅分は時価をもって銅座と相談して売買するようにとある。『徳川実紀』とあわせ読むと、長崎廻銅分と地売銅分を配分するのは山元で、長崎廻銅分の値段も山元で決めるようである。ところが銅座の荒銅買上げ値段の決め方とその実施方法は次のとおりであった。

荒銅値段の主要銅は勘定所が決定し、ほかの銅はこれに準じて銅座が決めることになっていた。元文三年（一七三八）五月一日、銅座は銅問屋を招集し、銅値段が大概決まったと申し渡した。例えば別子銅は一〇〇斤につき一四五匁であった。それに対して値増願い提出などの経過があった。六月三日になって銅座は銅問屋に、秋田銅値段に近似する一七〇匁を標準として指示した。別子銅は一七〇匁であった。

この間の一カ月余りは、江戸で秋田銅の買上げ値段を決定するのに費やされた。幕府は江戸城に秋田藩役人を呼んで交渉した。五月十八日、江戸城蘇鉄之間における勘定奉行・長崎奉行・勘定吟味役と藩役人の交渉を経て、三十日に勘定所が「七歩一二七匁四、三歩二七〇匁」を申し渡し、翌六月一日平均の一七〇匁一八に決定し、藩は請書を差し出した。藩の申し立てた値段一七〇目が通り、藩側も満足した。

銅座設置の当初から、買上げ値段は古銀（享保銀）の三割増という原則と、銅の七歩は御用銅、三歩は地売銅で、地売銅には相場を反映させるという原則が示された。御用銅七歩、地売銅三歩という比率は、近世を通じてほぼ実勢であった。当時の秋田銅の長崎御用銅と江戸深川十万坪銭座渡銅との比率にもたまたま合致した。御用銅と地売銅で、値段が触の規定にあるような二本立てではなく、ひとつの銅の値段は一本となった。秋田銅の実例を示す。

長崎御用七歩通り七〇斤　一〇〇斤につき　一二七匁四替　この代銀八九匁一八

地売向三歩通り三〇斤　　同　　二七〇匁替　　同　　八一匁

二口代銀一七〇匁一八　　これが秋田銅一〇〇斤の平均値段

古銀値段の三割増と、七歩御用銅、三歩地売銅という算定方法では、「古銀通用時の銅値段」と「地売銅現在相場」の評価適用によって結果は種々変化し、そこに交渉の余地がある。右の御用銅一二七匁四が古銀の三割増とすると、古銀値段は九八匁であったと判定し、地売銅相場は二七〇匁と判定したのである。七歩御用銅、三歩地売銅で平均する銅値段では、従来から御用銅であった銅は地売相場を加味した大幅な引き上げとなり、それまで地売銅であった銅は相場上昇に比して低い値段になる。いずれにせよひとつの銅の値段は一本となった。この値段は秋田藩にとって「申立候直段相応」で、満足できるものであった(16)。

　秋田銅は当時産出高が抜群に大きく品質も優秀で安定し、含銀もあったので、秋田銅の値段の確定と御用銅・鋳銭用銅の確保は幕府にとって最優先事項であった。幕府は右のように秋田銅の値段を標準として扱い、六月三日に大坂で提示した。翌四日銅吹屋仲間一四人（休業者を除く全員）が「銅直段定り書付」に請印を求められた。

　十六日に銅座から江戸勘定所の指示として、予州銅（別子・立川・今出・下串）の代銀が一六四匁九六と引き下げられた。予州銅値段を標準より下げた理由はこのときは明示されないが、標準値段一七〇匁提示の付記に「但含灰吹不同有之銅之分ハ、其口々積りを以銅代銀相増積」とあり、予州銅は含銀のない間吹物銅だからであろう。正徳・享保期（一七一一〜三六）までは秋田銅と別子銅・尾去沢銅はだいたい同値段であった。これらの銅の質、すなわち出灰吹銀高と吹雑用（吹賃・吹減・諸経費）を値段に反映させるということは、このときはじまった新しい原則であった。

　荒銅値段の決定方法が触と異なることになったのは、秋田藩と幕府勘定所との直接交渉の結果であった。銅値段に関して秋田藩はかつては問屋任せで、銅吹屋仲間長崎廻銅請負い期にみられたように、大坂の銅相場の影響を受けた。御割合御用銅の値段が申告制になったことをきっかけに、藩が関与して高値の申告をするようになった。そのうえ元文改鋳・鋳銭拡大期がはじまると、秋田銅は鋳銭用としても需要が高まり、単なる長崎御用銅以上の圧力を幕府にかけることができるようになった。そしてついに、勘定所の想定をはるかに越える売り上げ値段を勝ち取り、それが標準として荒銅全体に波及したのであった。

元文銅座は元禄銅座と同じく銀座加役（兼務）の銅座であったが、元禄銅座が輸出用の棹銅だけを銅吹屋に安値で売り上げさせたのと異なり、荒銅すべてを、相場を反映した高値で買い上げ、吹銅も値段を公定して売り出した。専売するので、売買益を得られる仕法であったが、相場が下落すると損失が出る可能性があった。荒銅すべてを買い上げるので、産出が増大すると銅余りになる可能性があった。相場の下落や銅余りはのちに現実になった。

元文四年（一七三九）五月に値増しがあり、一〇〇斤につき一〇匁値増ししてこれを七歩御用銅、三歩地売銅の比率で適用することになり、秋田銅は七匁増し一七七匁一八、別子銅は同じく一七一匁九六となった。この値段は寛保三年（一七四三）に荒銅すべての買上げ値段が二〇匁引き下げられるまで継続し、同年秋田銅は一五七匁一八、別子銅は一五一匁九六となった。後述するとおり元文銅座が廃止される寛延三年（一七五〇）に秋田銅・別子銅・尾去沢銅は棹銅売上げ値段として秋田一五六匁二五、別子と尾去沢は一三九匁四八となった。これら一連の値段の推移の上昇局面には前述のとおり山元（秋田藩）の意向が反映しており、下降局面は大坂の相場を反映していた（第五章第二節参照）。

ところで長崎貿易の銅輸出値段は前述のとおり、オランダ売りは一〇〇斤につき六一匁七五、唐人売りは一一五匁であった。この値段は、享保三年（一七一八）の新金銀通用令を長崎銅貿易に適用した値段から、享保十八年（一七三三）に唐人売りのみを引き上げた値段である。すなわち、銅の長崎輸出値段に新金銀通用令は適用されたが、元文新金銀の引替率は適用されなかったのであり、それが長く固定され、銅は大幅な赤字輸出となったのである。

第四節　長崎会所と幕府御金蔵

幕府勘定所が元文三年（一七三八）に秋田藩と交渉して決めた秋田荒銅買上げ値段を標準とする銅値段は、輸出値段よりはるかに高値で、翌年さらに上昇した。長崎会所はこれを従来通りの値段で輸出し、赤字は輸入貿易の利益で補塡することになった。近世長崎貿易の特徴であるいわゆる会所貿易が定着するためには、輸入貿易の利益が十分確保されなければならない。根本的には、元文改鋳の結果、国内物価が上昇したために輸入貿易の利益が拡大し、会所貿易が軌道に乗ったと考えられる。幕府はそれまで長崎会所から徴収してきた運上の徴収を二の次にして対処した(17)が、運上はいずれ回復させるつもりであったと考えられる。

会所貿易が軌道に乗るまでの間、幕府御金蔵は長崎に銅代を取り替え（立て替え）、銅座には諸銅山への前貸し資金を貸し付けた。長崎からは銅座へ銅代前貸しを渡した（この前貸しとは、輸出銅代が入銀するより前に支払うという意味で、銅の長崎廻着より前という意味ではないと考えられる）。長崎は銅座への銅代支払いを優先させたようで、御金蔵からの取替えの返済は遅延したようである。このような経緯は、次に述べる御金蔵への返納問題と、第五章第三節でみる銅座勘定帳の内容から想定される。この経緯の実態の検証は今後の課題である。

延享三年（一七四六）三月、長崎商売・銅渡方の仕法変更の触書が出された。その規定は、①オランダ船と唐船一〇艘への渡銅を三一〇万斤とすること、②長崎銅代古借《こしやく》（前年までの御金蔵の取り替え分）と当年銅代の合計を二〇万両余として翌々年（寛延元年）から年一万五〇〇〇両の年賦返納にすること、③来年から拝借（御金蔵の取り替え）はやめること、④唐蘭商売金銀等渡方は規定外に過分にならないようにすること、⑤唐船渡俵物の集荷を強化することであり、追記の(1)に、長崎貿易は長崎奉行の取り扱いをやめ、古来のとおり相対交易とすること、(2)に拝借金・唐蘭渡金銀銅は奉行が合《あわせ》封印《ふういん》し地下人の一存にしないこと、があった[18]。触書の②は銅代滞銀を幕府が肩代りしたもので、のちに返納完了後は幕府への運上(例格上納金)一万五〇〇〇両に切り替えられたのであるから、運上復活の端緒であった。この触書をもって、いわゆる元文改鋳に起因する銅相場高騰の影響を吸収した会所貿易が本格的に開始された、といえる。

翌年九月付の、二人の長崎奉行田付阿波守(景厖)・安部主計頭(一信)から大坂町奉行久松筑後守(定郷)・小浜周防守(隆品)と大坂金奉行・大番各二人に宛てた「請取申金銀之事」は、銀座年寄が御金蔵から借用した金三万五〇〇〇両・銀一万〇七一一貫七六〇目七四二(金二一万三五二九両余に相当)を年一万五〇〇〇両ずつ長崎から返納することを承知した証文の写しである(次の引用史料中の丸数字は引用者が挿入した)[19]。

請取申金銀之事

合金三万五千両

銀壱万七百拾壱貫七百六拾目七分四厘弐毛

内

金三万五千両 ①

是者前々長崎拝借金七万両之内、去ル丑年迄返納残之分

銀弐千八百拾八貫九拾八匁五分壱厘壱毛 ②

是者丑年銅代返納残之分

銀五百貫目 ③

是者丑年秋田前貸之分

銀四千九百四拾弐貫六拾弐匁弐分三厘壱毛　④
是者寅年銅代之分
銀弐千四百五拾壱貫六百目　⑤
是者銅座鋳銭諸失脚返納残之分

右者前々長崎拝借返納残金幷去々丑去寅銅代返納残、銅座鋳銭諸失脚返納残り銀先達而銀座年寄共入手形ニ而請取候処、書面之銀高来辰年ゟ壱ヶ年金壱万五千両宛長崎ゟ返納可仕旨被仰渡候ニ付、先達而従長崎入置候拝借金七万両之手形幷銀座年寄共ゟ入為置候手形、此手形ニ引替可被相返候、尤返納皆済之上此手形引替可申候、仍如件

延享四卯年九月

安部主計頭印
田付阿波守印

久松筑後守殿
小浜周防守殿
鵜飼左十郎殿
篠山平次郎殿
横山伊左衛門殿
糟屋彦三郎殿

同じ史料内に別にある明細によると、①は正徳五～享保十九年（一七一五～三四）の未進分を延享二年（一七四五）までに返納した残で、元文銅座以前のもの、②③④は延享二、三年（一七四五、四六）という直近のもの、⑤は「大坂鋳銭座中途止候失脚損金」が金二万七三〇〇両余、「吹賃鉛代返済残」が二万一四〇〇両余、この計四[20]

万八七〇〇両余のうち延享二年（一七四五）に金八〇〇〇両（銀にして四八〇貫目）を返済した残が二四五一貫六〇〇目である。この銭座は銅座が経営した大坂高津新地の銭座で、この銭座については第五章第一節で述べる。

この返納計画の主眼は①と⑤にある。元文銅座期の銅代取替銀がこれ以外返納済みであったかどうかは分からない。この確定案より前の段階で圧縮があった可能性がある。寛延元年（一七四八）長崎会所から大坂御金蔵への年賦返納がはじまり、宝暦十一年（一七六一）予定どおり完済となり、翌年から例格運上金に名目を変更して年一万五〇〇〇両の上納を命じた。右の銭座失脚金⑤はしたがって解決済みのこととなった。

長崎会所は延享三年（一七四六）には幕府からの銅代立て替えと返納を止め、長崎で商人が落札した輸入貨物代銀の一部を大坂で支払うよう命じられた[21]。貨物代銀が大坂の地でそのまま御用銅買入れ資金に充てられるようになり、資金の回転が円滑化したという制度上の意義は大きい。この仕法はのちの明和銅座にも引き継がれた。ただし上方からの落札代銀納入方法という点では、十九世紀になっても正金銀の長崎下しや商人為替による下し銀もあり[22]、商人の都合で選択したと考えられる。

運上金の再開は幕府にとって規律の回復という意義があり、運上金は備蓄して長崎への将来の財政出動に備えられたのではなかろうか。このころ幕府は大坂での御用金による米価引き上げのような財政政策を展開しており[23]、長崎運上金の幕府財源としての意味は変化していたと考えられる。

こうして元文改鋳に起因する銅相場上昇の影響を吸収し、輸入貿易の利益で輸出の赤字を補塡する会所貿易が軌道に乗った。前述したように、根本的な環境条件として改鋳後の物価上昇のために、長崎会所が輸入利益を確保できるようになったことが考えられ、その検証は今後の課題である。

元文銅座の荒銅買上げ値段は元文改鋳前からは大幅な値上げであったが、市場の相場そのままよりも抑制的であった。また銅座が買い上げ、棹銅にしてから長崎へ送るので、長崎会所が大坂銅商人や山元に直接に銅代を支払う必要がなくなった。このように元文銅座が銅吹場と長崎との間で時間稼ぎをしたことで会所貿易は軌道に乗ることができた。次は資金繰りの無理が重なった銅座をなるべく円滑に廃止することが課題であった。

そこで勘定奉行兼帯の長崎奉行松浦信正は、長崎会所に大坂有力町人から資金を借入し、元文銅座末期の課題を解決し、長崎会所は借入をただちに返済した。しかしこのとき巻き込まれた対馬藩には第四章第一節で後述するとおり、大坂町人からの長期滞銀が発生した。(24) 元文銅座末期の課題解決の経緯は次のとおりであった。

寛延元年（一七四八）、長崎会所は鴻池屋善右衛門・平野屋又右衛門・平野屋五兵衛・十人両替・上田三郎左衛門・鴻池屋徳兵衛から、元銀一一一〇貫目を借用し利銀二四貫九二五匁、元利合計一一三四貫九二五匁を翌年二月までに完済した。これはおそらく尾去沢銅七〇万斤を買い上げる資金であった。この年は長崎奉行が買い上げたが、翌年も藩から長崎奉行に出された買上げ願は拒否し、銅座へ売上げるよう指示した（第五章第二節）。右の大坂町人を為替御用達に登用し、寛延三年（一七五〇）一六七〇貫目、翌宝暦元年（一七五一）九二五貫目の計二五九五貫目を借入した。これを長崎方九一二貫目、対州方一六八三貫目に振り分け、長崎方の分は宝暦元年（一七五二）中に返済した。対州方の分は対馬藩の長期滞借銀となった（第四章第一節（三））。

第五節　第二次長崎直買入れとその後

元文銅座廃止後、明和銅座設置までの宝暦元～明和二年（一七五一～六五）、再び長崎会所が輸出銅を直接買い入れて輸出した。この仕法を第二次長崎直買入れと呼ぶ。第二次の実態は第一次とは大幅に異なっていた。

延享三年（一七四六）三月に長崎で出された前記の唐蘭商売・銅渡方の仕法変更の触のうちに、銅輸出高唐・蘭計三一〇万斤、御金蔵からの銅代取替え廃止、長崎貿易の奉行による取り扱い中止、古来のとおりの相対交易へ変更などがあった。この触は元文銅座の廃止を視野に入れていた。『大意書』冒頭（刊本一頁）に「延享三寅年田付阿波守様御在勤之節、壱ケ年御定高三百拾万斤に相極り」とあるのはこの触を踏まえている。

この触により主要御用銅である秋田銅・南部銅は、藩が長崎奉行に買上げを出願し、相場の底値を反映した棹銅値段で請負い、住友の別子銅もこれに準じさせられた。寛延三年（一七五〇）七月、秋田御用棹銅を一〇〇斤につき一五六匁二五で秋田藩が請負った証文を掲出する。[25] これは『大意書』（刊本四〇頁）巻二諸山御用銅並長崎御買入銅訳書、一御用秋田銅訳書のうち「寛延三午年松浦河内守様御在勤の節、秋田方依願棹銅にて秋田より長崎へ直売上仕度被相願、同年直御買入に相成、壱ケ年御定高百六拾五万斤、棹銅百斤に付百五拾六匁五分弐厘替の極を以御買入、代銀の内、前年五百貫目宛御前渡被仰付、翌年廻銅代銀を以返納致来候」とあるのに照応する

単位：万斤

備中 吉岡	長門 長州	豊後 佐伯	日向 延岡	日隅 日隅	平銅	別御用銅
7.8						
					9.2	
7.8					10	7
7.8					10	23
					10	13
					10	20
					10	20
					10	20
					10	20
					10	8.5
					10	
3.17					2	
11						
13			0.8			
13		0.03	0.38			
10	0.37				5	
10					0.5	
10					0.5	
12.8					0.5	
16.9					0.5	
15.1					0.5	
17.5		0.08			0.5	
15.5		0.03			0.5	
10					0.5	
10					0.5	
10					0.5	
10					0.5	
7.86					0.5	
4.03					0.5	
3					0.5	
					0.5	120
						95
				4.61		
2.3						

表5　長崎会所買入御用銅の内訳

年次	買入高	出羽秋田	陸奥南部	伊予別子	出羽永松	下野足尾	摂津多田	但馬生野	石見笹ヶ谷	播磨栢木
宝暦元(1751)	310	165	70	49			1.7	6		10.5
〃 2(1752)	310	165	70	42			2.9	9	2.8	10.5
〃 3(1753)	327	165	70	55			2		0.2	10.5
〃 4(1754)	346	165	73	57						10.5
〃 5(1755)	348	180	73	72						
〃 6(1756)	355	180	73	72						
〃 7(1757)	355	180	73	72						
〃 8(1758)	355	180	73	72						
〃 9(1759)	355	180	73	72						
〃 10(1760)	344	180	73	72						
〃 11(1761)	332	180	70	72						
〃 12(1762)	322	180	70	72						
〃 13(1763)	326	172	73	72		3.18				
明和元(1764)	252	103	54	72		12.2				
〃 2(1765)	190	104	0	72						
〃 3(1766)	311	124	102	72						
〃 4(1767)	254	104	68	72						
〃 5(1768)	255	104	69	72						
〃 6(1769)	255	104	69	72						
〃 7(1770)	278	124	69	72		0.01				
〃 8(1771)	305	146	69	72						
安永元(1772)	303	146	69	72						
〃 2(1773)	305	146	69	72						
〃 3(1774)	353	146	119	72						
〃 4(1775)	344	143	119	72						
〃 5(1776)	301	100	119	72						
〃 6(1777)	305	104	118	72						
〃 7(1778)	304	104	117	72						
〃 8(1779)	297	104	112	72						
〃 9(1780)	296	104	113	72	2					
天明元(1781)	296	104	113	72	2					
〃 2(1782)	412	104	113	72	2					
〃 3(1783)	291	104	113	72	2					
〃 4(1784)	251	104	73	72	2					
〃 5(1785)	198	51	73	72	2					
〃 6(1786)	259	109	76	72	2					
〃 7(1787)	353	108	76	72	2					
〃 8(1788)	273	122	60	89	2.57					
寛政元(1789)	221	81	50	84	2.3					
〃 2(1790)	162	53	39	65	2.7					

出典：176頁註(26)参照。

証文である。棹銅値段は荒銅値段に吹賃を込めた値段である。

午七月廿五日差出候秋田役人請書之写

覚

一秋田銅定式百弐拾五万斤、鋳銭余銅四拾万斤、都合百六拾五万斤長崎廻銅銅座近年買入方後レ、銅さはけ兼、山元難義仕候ニ付、竿銅ニ仕立長崎会所へ直売ニ仕度旨奉願候処、此度段々御吟味之上、畢竟銅下直ニ成候而も　上之御益ニ成候筋ニハ無之候得共、長崎之廿ニ相成、山元相続之ためニも成候ハヽ、双方之為ニ候間、直段可成たけ引下ケ候様被仰含候ニ付、竿銅ニ吹立是迄銅座ゟ相納候通箱詰荷造廻船へ積入候迄一式竿銅百斤ニ付唯今迄之直段ニ定式ハ拾匁、余銅ハ拾壱匁引下ケ、定式・余銅百六拾五万斤百斤ニ付百五拾六匁五分弐厘之積り以来売渡させ可申候、竿吹出来次第会所へ可相渡、一二三日も前船用意之義会所へ相達候様可仕候事

一右銅月々廻シ方之義ハ、月割長崎表ゟ申聞候通無相違相渡させ、代銀之義は是迄之通竿銅相渡候ハヽ、即銀払ニ被仰付可被下候、尤近々御発足被成候ニ付、早速取懸り、御下知次第手支無之様手配可仕候事

一吹方申付候吹屋共人別追而相極次第可差上候事

一秋田銅之義ハ含銀有之候、其儘ニ而異国江渡候義不益ニ付、是迄之通鉸り吹之竿銅ニいたし可相渡旨被仰渡候事

一去暮前渡銀五百貫目之儀、当年直渡銅代之内ニ而差引可仕候事

右長崎廻銅銅座被差止、長崎直売願之通被仰付、定例・余銅無差別百六拾五万斤年々定数ニ御買上被成、山元永々相続仕、於私共難有仕合奉存候、長崎表廻銅以来被仰付次第少も手支無之様諸事申付候様可仕候、尤此度直売被仰付候而ハ、取〆り方等心付候義ハ追々奉伺候様可仕候、以上

表6　長崎会所の御用銅収支（明和3～安永2年＝1766～73、文政10～天保12年＝1827～41）

明和3～安永2	銅買渡定高	買入平均値段	買渡値段	買渡銅代	償銀
唐船	130万斤	150匁	115匁	1,495貫目	455貫目
蘭船	80万斤	150匁	60匁25	482貫目	718貫目
計	210万斤			1,977貫目	1,173貫目

文政10～天保12	銅買渡定高	買入平均値段	買渡値段	買渡銅代	償銀
唐船	100万斤	173匁2	115匁	1,150貫目	582貫目
蘭船	60万斤	173匁2	60匁25	361貫500目	677貫70C目
計	160万斤			1,511貫500目	1,259貫70C目

出典：『長崎会所五冊物』刊本、5、14、21、39頁。
註1：ここの買渡値段は口銭を含まない手取りである。
　2：買渡値段は蘭船では口銭1匁5込み61匁75になる。
　3：唐船の買渡値段は115匁で、口銭は別扱いである。本書110頁参照。

寛延三午二　七月
佐竹左京督（兵衛）家来
岡日清三郎
長山久平

南部銅についても同様の請負い証文が出され、御用南部棹銅値段は一〇〇斤につき一三九匁四八であった。その翌月には、別子銅について住友が一三九匁四八で請負った。

御用銅の供給が長崎奉行への請負いになって以後、長崎会所が買い入れた御用銅は表5のとおりであった[26]。

表中の「平銅」は、御用銅外のオランダ脇荷物（東インド会社の貿易ではない個人貿易）商売用の銅で、棹銅ではなく板状の銅であった。「別御用銅」は定高外の臨時の輸出であった。御用銅はほとんどが主要三銅山の産出銅であった。ちなみに銅生産最盛期の産出状況は前掲第二章表2にある。御用銅の山元は足尾以外は地売銅としての売り上げもあり、御用銅の方が多い山元と地売銅の方が多い山元があった。値段は主要三銅山の場合と同様、御用銅と地売銅では地売銅の方が高かった。それにも関わらず御用銅に売り上げる選択をする山元があったのである。御用銅を出すことに何らかの利点があったものと推測される。

さて長崎会所の銅赤字輸出とその補塡を『長崎会所五冊物』によって示すと表6のとおりであった。

ずっと後年にごく一時期、長崎会所が唐船に臨時分の銅を定値段よりはるかに高値で売り渡したことがあった。『長崎会所五冊物』（刊本九一頁）に「別段銅買渡方商法」とあるもので、天保元～七年（一八三〇～三六）の間、唐船計四〇艘に銅二〇万斤を売り渡した。このとき長崎会所は一〇〇斤につき二四一匁三一三五で大坂にて買い入れ、三二八匁三三で唐船に渡し、掛入《かけいれ》目《め》銅《どう》（計量時の不足を補う名目で付加する銅）の出費を除いて利益一五八貫九四九匁余を得たという。大坂買入れ値段は、御用銅買入れ値段など三種類の銅値段の平均という独特の算出値段であるが、当時の大坂の相場より若干低い程度であった。この商法では対応する元代《もとだい》六五六貫六六〇目の輸入品の販売益もあるから、輸出・輸入の両方で利益をあげた。この商法を永続・展開させる機運がまったくなかったのかどうか不明である。

（1）表1の出典は、「中年諸国御割合御用銅高幷代銀吹賃銀勘定帳」（『住友』⑮）、「銅会所公用帳扣（享保二年）」（『同』同）、「銅会所公用帳（享保三年）」（『同』同）、「銅会所御公用帳（享保四年）」（『同』⑱）、「子年諸国御割合銅高幷代銀吹賃銀諸入用勘定帳」（『同』同）、「古来ゟ銅方万覚帳」（『同』同）、「別子銅山公用帳」三番（『同』⑨）、「年々諸用留」三番（『同』②）、「年々諸用留」四番（『同』⑦）、住友家文書一九—二—一〇「酉年諸国御割合御用銅高幷代銀吹賃銀勘定帳」、「銅会所公用帳（享保六年）」（『住友』⑱）、同二六—六—三—一「寛文三卯年ゟ年々唐船買渡銅高帳」、『長崎実記年代録』。

（2）註（1）「銅会所公用帳（享保六年）」二六四頁。この書状にある石河奉行の打診は（多分十二月十日。十日の江戸書状による、とあるため）、十二月六日に幕府勘定所が御割合御用銅の廃止を山元や大坂町奉行に指示した（本文一五〇頁）直後のことになる。勘定所は、石河が長崎から帰府する（多分十一月下旬。大坂通篤は十一月七～八日、『住友』⑱、二五三頁）までは、御割合御用銅を翌年も継続するつもりで、十一月十一日に銅吹屋仲間に対して大坂町奉行所は翌年の割付高を示している（『住友』⑱、二五四頁、「年々諸用留」四番、『住友』⑦、一〇九頁）。それから一カ月もしないうちに御割合銅を廃止したが、それに替わる仕法を十分時間をかけて準備したとはとてもいえないのである。

(3) 註(1)「銅会所公用帳扣（享保二年）」・「銅会所公用帳（享保三年）」・「銅会所御公用帳（享保四年）」・「銅会所公用帳（享保六年）」。

(4) 岩崎義則「享保期長崎会所役人の大坂出役と御用銅代の大坂送銀」（『史淵』第一三六輯、一九九九年）。

(5) 表3の輸出高の出典は、註(1)「寛文三卯年ゟ年々唐船買渡銅高帳」、住友家文書二六―六―三―二「寛四辰年ゟ年々長崎銅下り高」、『長崎実記年代録』。長崎廻着高の出典は右のほかに、住友家文書二〇―二―九―一二「享保十四己酉年ゟ扣」、同二〇―二―一二「享保八癸卯年長崎会所ゟ請込候荒銅吹賃銀幷長崎迄之諸雑用拾七軒家々勘定帳」、同二〇―二―三「享保九甲辰年分長崎江御買上銅吹立候吹賃銀幷箱釘蔵出し人足賃長崎迄之舟賃十七軒家々配分割方帳」、同一九―三―五「享保十乙巳年分長崎江御買上銅吹立候吹賃銀幷箱釘縄蔵出シ人足賃長崎迄之舟賃銀十七軒家々配分割方帳」、同二〇―二―四「享保十一丙午年分長崎江御買上銅吹立候吹賃銀幷箱釘縄代蔵出し人足賃長崎迄之船賃十七軒家々配分割方帳」、同一九―三―三「去未年分長崎御用銅出来棹銅吹賃銀諸入用、同年棹銅売上当地吹屋納銅幷川崎屋茂十郎・鈴木清九郎売上銅、備前小豆嶋十歩一御買戻シ銅請払諸入用勘定帳」。これらの史料やほかの関連史料の間で、ある年次の銅とするか前後の年次の分とするかの判断が異なるために、表示と必ずしも一致しない例が少なからずある。

(6) 註(1)「年々諸用留」四番、一七〇頁。中川六左衛門と五人はそれぞれ享保七年（一七二二）、銅山稼行や銅の買請けがあるので吹屋取立てや賃吹きをして長崎へ廻銅したい旨出願し、大坂町奉行は銅吹屋仲間に諮ったうえで今年中は不可、翌年春以後は勝手次第と指示した。中川は元禄銅座末期に銅座の廻銅不足を請負い、その後も活動の跡がみられる銅商人であった。五人組は新請負人とされる。

菅野幸太郎は確認できる限り、享保十一年（一七二六）一万八三〇〇斤一回だけである。三井文庫所蔵史料本七六〇「諸用留」二番に「菅野幸太郎と申仁、阿蘭陀通詞早川ト申仁之弟、則栗崎道宥老ト申仁之甥也」とある。山脇悌二郎「統制貿易の展開」（『長崎県史』対外交渉編、第六章、吉川弘文館、一九八六年）には、享保九年（一七二四）長崎町年寄後藤惣左衛門が「オランダ流外科医栗崎道宥の甥、菅野幸太郎という者を大坂に遣り、百七十万斤を吹下した」とある。

潮江長左衛門については、「銅座方要用控」三番（『住友』㉑）三〇五頁。

（7）岩崎義則「近世長崎銅吹所について」（『史淵』第一三五輯、一九九八年）。岩崎氏によると、長崎町人石田嘉平次が肥後球磨銅の吹立てを理由に設置し、敷地一三六八坪に吹床計五四床と土蔵ほかの関連施設と石田嘉平次宅まであった。その翌年三～七月に長崎会所役人が大坂で荒銅二二六万斤余と棹銅二六万斤余を買付けた記録に依拠して、荒銅のうち一八九万斤余を大坂の銅吹屋に賃吹きさせ、残りの荒銅三六万斤余と買付けた棹銅を長崎に送ったこと、また買入れた銅の銅山ごとの内訳や吹賃も分かり、秋田荒銅のうち含銀の多い銅を選別して長崎へ送付し出灰吹銀の取得を意図したことも分かる。銅吹所設置の目的には長崎の困窮対策が想定されるとする。なお、吹賃は大坂の銅吹屋のものを勘案して長崎奉行が決めた。

この論考の表2の荒銅一八九万斤賃吹は、本章表3や次の表4の仲間吹立荒銅一八〇万斤に該当する。また同表6の享保十二年（一七二七）唐船渡銅三四七・六六万斤と表7②一六三・二万斤、③一二一・〇八斤、④一四三万斤、⑤三・九万斤は、本章表3と一致または近似し、数値の信頼性を相互に立証するものとなっている。

岩崎氏は長崎銅吹所と大坂銅吹屋との関係を、「秋田銅の確保をめぐる対抗関係」と捉えている（三九頁）が、長崎会所と長崎奉行が長崎輸出銅を集荷する体制を確立できず、その体制の中に長崎銅吹所をしかるべく位置づけることもできなかったという面から捉えるべきであろう。

（8）表4の出典は以下の通りである。①～④欄の出典は「長崎売上銅幷證文控」（『住友』⑱）。唐船輸出高の出典は、劉序楓「享保年間の唐船貿易と日本銅」（中村質編『鎖国と国際関係』吉川弘文館、一九九七年）、オランダ船は『長崎実記年代録』。買入れ別子銅の出典は、註(5)「享保十四己酉年ゟ扣」、住友家文書五―五―三「逸題留書」、同二〇―三―三―一「銅方幷銅山覚書」。

（9）銅吹立て高が減少したため、銅吹屋仲間一七人のうち熊野屋徳兵衛と平野屋市郎兵衛が休業し、享保十五年（一七三〇）には一五人になった。「年々諸用留」四番（『住友』⑧）二九頁。

（10）年欠（推定享保十五年＝一七三〇）の銅吹屋仲間申合せに、「長崎会所ゟ代銀も不相渡、仕入銀ニ差支候儀有之候節」とある（「年々諸用留」四番、『住友』⑧、二九頁）。長崎会所の資金力を銅吹屋は危惧していた。

（11）従来の研究で正徳新例と新金銀通用令以後、享保六～二〇年（一七二一～三五）ころの長崎貿易の構造（商売高の内容や収支の構成など）が明らかにされていないので、この改革の評価や位置づけは困難であるが以下の論考がある。八百啓介『近世オランダ貿易と鎖国』（吉川弘文館、一九九八年）、岩﨑義則「元文銅座期の長崎廻銅と長崎貿易――延享二年と同四年の事例を中心に――」（『住友史料館報』第三四号、二〇〇三年）。八百氏はオランダ貿易に関する幕府の指示を、オランダ側がいかに受け止めたかをオランダの史料によって分析し、オランダ貿易の改革は、金銀とも享保金銀に基づく相場を導入して取引高の規模はそのままに、その額や銅値段を名目上で切り替え、国内の貨幣体系に包摂したものと位置づけている。岩﨑氏は新史料を提示している。いずれも基礎的で貴重な研究である。ほかに註(6)山脇悌二郎「統制貿易の展開」五七二頁に言及がある。鈴木康子『長崎奉行の研究』（思文閣出版、二〇〇七年）一〇六頁には、蝗害対策に成果をあげたにもかかわらず罷免された長崎奉行大森時長が、銅買入れ資金を米穀購入に充て、それが罷免の大きな理由となったとする指摘がある。長崎会所の第一次直買入体制の弱点の具体的事例である。

(12)　註(9)「年々諸用留」四番、一〇三頁、「唐・阿蘭陀商売につき申渡」。

(13)　註(7)岩﨑義則「近世長崎銅吹所について」。

(14)　三井文庫所蔵史料本七六一「会所諸用留」三番。註(6)山脇悌二郎「統制貿易の展開」に、この史料を出典として享保十八年（一七三三）唐人売値段百五拾匁とあるのは、百拾五匁の誤植である。

(15)　山崎隆三『近世物価史研究』（塙書房、一九八三年）九五頁。

(16)　秋田荒銅銅座買い上げ値段確定の経緯は、「御廻銅高調」（『新秋田叢書』一四、歴史図書社、一九七二年）二四二頁、「銅座方要用控」二番（『住友』㉑）一〇二頁。その後の予州銅値段の決定と翌年の値段引上げについては、「同」二番・三番（『住友』㉑）一一三頁、一七三頁、二五八頁。「御廻銅高調」によると、享保二十年（一七三五）まで長崎御用銅は古銀九五匁替御買入れ、元文元年（一七三六）長崎御用銅は文字銀一五八匁七替申立て、江戸深川十万坪銭座用は文字銀一六〇目替売渡し、同二年（一七三七）長崎御用銅は同一六四匁三替申立て、同銭座用は一八二匁替売渡しである。鋳銭用銅の需要が値段を上昇させ、それを梃子にして秋田藩が元文銅座への売り上げ値段を交渉したことが分かる。

(17)　「年々諸用留」五番（『住友』⑧）一七四頁、『通航一覧』（刊本四）三二二頁。

(18)　触書は「年々諸用留」六番（『住友』⑬）一二四頁。この時点で返納二〇万両余の少なくとも大枠は確定していた。

松浦信正が勘定奉行に就任したのは延享三年（一七四六）四月であるから、返納計画の策定者でない。中村質『近世長崎貿易史の研究』（吉川弘文館、一九八八年）三七七頁、註(11)鈴木康子『長崎奉行の研究』二〇六頁では、この返納計画は松浦が立案したとするが、そうではない。この触書の時期の勝手方勘定奉行は神尾春央である。

(19)　証文は初村家一〇八―二〇「銅座記録」のうち。岩崎義則「長崎御用銅会所の財政構造」（『長崎談叢』第七九輯、一九九二年）六四頁表6に内訳の表示がある。また六五頁に関連証文計七一通が長崎へ来ていたとあり、返納確定過程の一端が判明する。

(20)　享保十九年（一七三四）銅買入れ銀未進発生の事情については、註(11)岩崎義則「元文銅座期の長崎廻銅と長崎貿易――延享二年と同四年の事例を中心に――」五頁、註(11)鈴木康子『長崎奉行の研究』二〇五頁。

(21)　註(6)山脇悌二郎「統制貿易の展開」、註(19)岩崎義則「長崎御用銅会所の財政構造」。

(22)　賀川隆行『江戸幕府御用金の研究』（法政大学出版局、二〇〇二年）一九一頁。

(23)　註(22)賀川隆行『江戸幕府御用金の研究』六九頁。

(24)　拙稿「長崎貿易体制と元文銅座」（『住友史料館報』第三八号、二〇〇七年）。註(19)岩崎義則「長崎御用銅会所の財政構造」六二頁に大坂借入銀内訳の表示がある。

(25)　初村家一〇八―一九「御書出写帳」。

(26)　表5の出典は、長崎歴史文化博物館所蔵史料六六〇―一四「宝暦元未年以来　長崎御用銅御買入高幷長崎廻銅高訳書」。合計買入高と主要三銅山の高は万斤以下は四捨五入した。そのほかの銅は万斤未満も表示した。内訳の集計と合計が細部で一致しない場合がある。この史料の宝暦元～安永三年（一七五一～七四）は、『大意書』巻三（刊本七八～一一一頁）と同一である。

第四章　地売銅と鉛鉱業

第一節　近世の地売銅

地売銅は長崎輸出銅以外の銅の総称で、国内の細工用・鋳銭用、さらに対馬藩および薩摩藩の貿易銅もこの部類に入る。このうち細工向き銅は恒常的な需要があったが、鋳銭用の銅は間歇的な需要に対応して、銭座請負人が別個に調達した。対馬藩および薩摩藩の貿易銅は、(1)それぞれ藩の担当者が調達をおこない、需要は細工向き銅同様、恒常的であった。棹銅を中心とする長崎輸出銅にくらべて地売銅は種々の型銅であるが、ただし品位は同じで、元来は相場の水準の差もなかった。それが銅生産の繁栄期になると輸出も鋳銭も需要が拡大したことから、競合による相場に差が生じた。やがて幕府の統制にともない、地売銅よりも長崎輸出銅の調達が優先されるようになった。

地売銅は長く自由売買で、専売になったのは元文銅座設置の元文三年（一七三八）からである。しかしまもなく元文銅座が廃止されることになり、それより前の延享元年（一七四四）に再び自由売買となった。その後、明和三年（一七六六）明和銅座が設置されたことにより、御用銅も地売銅も専売に戻された。こうした状況のなかで、自由売買の時期、地売銅のうち細工向き銅は銅吹屋がその供給を事実上左右していた。

次にこうした地売銅の動向を個別に検討していきたい。

（一）　鋳銭用銅

徳川幕府はその貨幣制度を、金貨（主として小判）・銀貨（主として丁銀）それに銅銭を、公定の通貨とする三貨制度とした。金貨・銀貨は早く金座・銀座を設置して公鋳した。銅銭ははじめ中世の渡来銭などを相場を公定して通用させ、のち寛永十三年（一六三六）から寛永通宝を公鋳して統一した。銭を鋳造する銭座は、明和二年（一七六五）金座支配の鋳銭定座が設置されて独占するまでは、請負人がその都度幕府の許可を得て各地で一定期間経営した。(2)

寛永通宝は一枚の銅の目方一匁で一文に通用した（実際には軽量のものもあった）。銅銭四〇〇〇枚（目方四貫目）は四〇〇〇文で、公定の銭相場では金一両、銀六〇目に相当した。銅の値段が一〇〇斤（一六貫目）につき銀二四〇目のとき、目方四貫目の銅でできる銭四〇〇〇枚すなわち銭四貫文の値段は銀六〇目、金一両に相当する。ただし、この銅値段では銭の材料費が通用値段と同一で、これでは鋳銭しても利益が出ない。銅一〇〇斤の相場が銀二四〇目というのは元文（一七三六〜四一）ころの実態であった。このころになると寛永通宝銅一文銭の鋳造は採算がとれなくなった。それより前は鋳銭は利益があり、請負人が営利事業としておこなうことができた。

鋳銭一〇万貫文用の銅は（理念的には）一〇万貫目すなわち六二万五〇〇〇斤である。少なくともその程度まとまった銅が鋳銭事業には必要であった。寛永通宝の鋳造がはじまったとき銅の産出がまだ少なく、鋳銭のため幕府は銅の輸出を寛永十五〜正保二年（一六三八〜四五）禁止した。鋳銭用の需要がその次に高まった寛文八年（一六六八）にもいったん禁止したが、まもなく解禁し、輸出の中断には至らなかった。このころから銅の産出が増大し、輸出と両立できるようになった。その次の鋳銭需要増大期（元禄期＝一六八八〜一七〇四）は銅の産出かつ輸出の最盛期と重なり、しかも銅は主要輸出品としてすでに位置づけられていた。この時期には幕府が初めて金銀貨の改鋳をおこなって、それが物価上昇の要因となった。銅相場は大量の鋳銭と相俟って上昇した。

元禄十四年（一七〇一）、銅座支配下の銅吹屋である住友から銅座に出した、江戸・京銭座の床数・入用銅高の状況を報告した「覚」[3]によると、このころ地売銅四〇〇万斤のうち、江戸銭座一七五万斤、京都銭座五五万斤、計二三〇万斤、細工向き銅は一七〇万斤で、江戸銭座の床数は一二〇床、京都銭座は三六床、一床につき銅七貫九〇〇目（四九斤三七五）、年間三〇〇日吹とのことであった。なおこの前年大坂の古来銅屋三人が長崎町年寄に対して、江戸銭座はそれまでの八〇床から一〇〇床余に増設し、用銅が長崎輸出用と競合している、もし銭座への販売を禁止されたら江戸銭座へは銅を売らないと申し出たが、その施策はとられなかった（本書一一五頁）。

その次に鋳銭需要が高まったのは元文・寛保期（一七三六～四四）である。いわゆる元文の改鋳がおこなわれ、増大した金銀通貨に合わせて鋳銭は必須となり、鋳造高はおそらく近世で最大であった。鋳銭高と所要銅に関しては、元文三～延享二年（一七三八～四五）ころの鋳銭高（判明するもの、一部鉄銭含む）六七六万貫文余という数字が知られる。また銅銭二〇万貫文鋳造に必要な地銅が、一枚の目方七分の場合は七〇万五〇〇〇斤余、九分では九〇万六〇〇〇斤余という数字がある[4]。ここから算出すると、この間の鋳銭用銅は約二三八二～三〇六二万斤となる。なおこのほかに、元文元～三年（一七三六～三八）に元文銀三三万三〇九八貫目が享保銀の吹直しによって鋳造された計算になるが、それに要する銅（銀八〇％から四六％に変更、差三四％が追加銅）も地売銅で約七〇万斤である。この分だけでも合計の概算で年間二九八～三八三万斤となるが、これは長崎輸出銅の一年分の数量に匹敵した。

この改鋳と大量鋳銭の影響で銅相場が急上昇し（第五章第二節（一）参照）、寛永通宝銅一文銭の鋳造が採算割れの限界に達した。一方で活発な鋳銭事業が刺激となって銅の産出が拡大し、鋳銭が終了した後にもしばらく持続し、元文銅座の後半期には一時は銅余りが問題になった（第五章第二節（二）参照）。概してみると、この時期の相場の高騰のために、大量の銅が鋳銭用に回ることがなくなり、その分細工向きに回るようになったとみてよい。これ以後は鉄製の一文銭（寛永通宝）や明和五年（一七六八）からは真鍮四文銭（寛永通宝）が鋳造された。のち多少潤沢になった地売銅によって、天保六年（一八三五）から銅百文銭（天保通宝）、文久二年（一八六二）から銅四文銭（文久永宝）が鋳造され、その地金代（材料費）は一文銭の一〇〇倍や四倍もしなかったから、銅銭は地金価値とかけ離れた高い価値を表示するようになった。

（二）細工向き銅

銅の産出がまだ少なく自由売買であった十七世紀前半には、山元で精銅にされ、それが輸出あるいは国内の加工地に送られていた。加工地としては、近世初めまでは古代以来の伝統工業の地、京都が中心市場であった。のちに銅の産出が増大し棹銅を標準品として輸出が拡大すると、あらたに大坂が銅の中心市場として台頭した。これにともなって、全国の銅山で生産された荒銅はもっぱら大坂へ送られるようになり、大坂で精錬された銅地金が大坂から京都へ供給されるようになった。元禄十四年（一七〇一）細工向き銅一七〇万斤と記した前掲の江戸・京銭座の床数・入用銅高の「覚」によると、その内訳は江戸地売銅四〇万斤（うち一〇万斤は大坂より下り銅）、京都地売銅は八〇万斤、大坂は五〇万斤である。やがて銅産出が漸減に転じる正徳（一七一一〜一五）ころになると、長崎貿易の動向が細工向き銅にも影響して、供給量はやや減少傾向になり、吹立ても大坂に集中していった。

銅が長崎貿易の主要輸出品になり元禄銅座が設置された元禄十四年（一七〇一）には、大坂の銅吹屋が輸出銅のみならず地売銅市場をも事実上取り仕切るようになった。次の史料は(5)、地売銅が元文銅座の専売の対象からはずされて自由売買になった延享元年（一七四四）の翌年、大坂の「薬罐屋《やかんや》共」（銅の細工と販売をする業者）からあった訴願への回答を内容とする上申書である。銅が高値になり細工向き銅が生産難に陥った際、先例のように銅吹屋へ町奉行が指示して銅を自分たちに渡して欲しいという訴願が薬罐屋から町奉行にあり、そのような先例を探して提出せよという町奉行の指示に従って銅吹屋が二月二十六日に差し出し、それを銅座に届けた控である（丸数字は引用者による）。元禄十四年から延享二年（一七〇一〜四五）にわたる地売銅市場の状況をよく表しているので少し長くなるがみてみたい。

乍恐口上書を以奉申上候

一先年地売銅高直之節、私共被召出御尋被遊候様子共、扣書等操出し書上候様被仰渡候ニ付、左ニ書付奉申上候

①一四拾五年以前元禄十四辛巳年二月、長崎廻シ銅之儀銀座加役大坂ニ而銅座被為仰付候節、同年四月ニ天満薬鑵屋・細工人共遣用銅払底仕候由御願申上候ニ付、銅座幷吹屋共毎度被召出御吟味被遊候上、銅座ゟ被申上候者、右遣用銅売出シ之高いつれ之当テも無御座候得者、斤数月々売出シ難定候由被申上、銅座不被仰付候前八ケ年地売銅吹屋共ゟ売出シ高を寄せ、此高を八ケ年ニ割、壱ケ年百五拾八万五千八拾六斤余ニ相当り候を以、十二ケ月割壱ケ月ニ拾三万弐千九拾斤細工向売出シ高ニ究り候義ニ御座候

此拾三万弐千九拾斤一ケ月売出シ高

六万斤程　京糸割符銭座下地銅遣用ニ、鍰銅ニ而売渡ス

三万弐千斤余　京・大坂真鍮屋幷鋳物師遣用、鉸銅ニ而売渡ス

弐万五千斤程　京銅中買幷薬鑵屋・細工人江吹銅ニ而売渡ス

壱万五千斤程　当地銅中買幷天満薬鑵屋・細工人江吹銅ニ而売渡ス

小以如高

但銅座之儀ハ十ケ年御用方被相勤、正徳元辛卯年ニ長崎廻シ方御免被蒙銅座退キ被申候、此十ケ年之間地売向売出シ大概同用ニ売出シ候御事

②一正徳元辛卯年者、中川六左衛門と申者長崎廻シ銅弐百万斤御請負申上指廻シ候、此節ゟ地売銅右拾三万弐千九拾斤売出シ之究相止、銘々勝手次第ニ地売銅斤数売買仕候御事

③一正徳弐壬辰年三月ニ至り、右中川六左衛門長崎廻シ銅被召離候、其上地銅多分ニ高直ニ相成り、長崎表御売渡直段と当地地銅直段と格別直違出来仕、引合不申候ニ付、長崎廻シ銅請負候者無御座候、吹屋共ハ銅方手馴候事ニ候得者、江戸へ罷下り長崎御奉行様江御様子奉伺、長崎廻シ方相働請負候様ニと於当地被仰付、則江戸江罷下り御様子奉伺、同六月ニ長崎廻シ御請負仕候、此年八月天満薬鑵屋中ゟ地売銅高直ニ而難義仕候よし御願申上候ニ付、吹屋共被召出様子御尋被遊候、其節ハ長崎廻シ銅相嵩候様ニ被仰付候ニ付、地売斤数之売出シも難仕、其上諸色も高直ニ御座候間、銅吹雑用も多ク相掛り候ニ付、地売銅高直ニ相成り候段申上候得者、其趣御聞届被遊、薬鑵屋中と致相対相応ニ売渡候様ニと被仰渡候義ニ御座候御事

④一正徳六丙申年四月、天満薬鑵屋中ゟ秋田銅大津問屋ニ御座候ヲ秋田屋鋪ゟ御払被成度趣ニ候間、薬鑵屋中江買請、吹屋中江賃吹を以吹銅ニいたし、地売遣用銅ニ仕度之由相願候ニ付、吹屋共被召出御尋被遊候、他所江銅出買ニ罷越候義何角之支御座候故、先年ゟ之例も無御座段申上候得共、御用銅之外ニ成候銅ニ候ハ、薬鑵屋共勝手次第ニ致候得と被仰渡候得とも、大津出買ハ相止、薬鑵屋中右銅ハ相調不申候御事

⑤一享保三戊戌年三月・五月・閏十月、薬鑵屋中ゟ三度之願御座候、此三度之願いつれも地売銅高直ニ而難義仕候由御願申上候儀御座候、吹屋共被召出様子御尋ニ付申上候者、此節御用銅之外地売可成地銅無御座候、地売無数故ニ高直ニ相成候之段申上候処、時々之相場を以随分高直ニ不相成候様ニ致候得と被仰渡候御事

⑥一享保四己亥年正月・三月、薬鑵屋中ゟ弐度之願御座候、此義も前年戌年と同事ニ御座候御事

⑦一享保十二丁未年十月、薬鑵屋中ゟ地売銅俄ニ高直ニ相成難儀仕候候由御願申上候ニ付、吹屋共江様子御尋被成候、其節ハ全躰銅払底仕候上、此年之春江戸銭座江銅弐三拾万斤も買取、江戸へ指下シ候、其上新銭

座当地ニ出来候由取沙汰仕、直段引上ケ申候段申上候御事

⑧一享保十六辛亥年九月、天満薬鑵屋中ゟ此節も地売銅高直ニ御座候而難之由願候ニ付、吹屋共江様子御尋被成候、此節ハ全躰国々ゟ登り高無数御座候上、長崎廻シ御用方新請負人罷出、銅買取幷江戸之手筋へも買取候趣ニ付、双方せり買ニ成、直段高直ニ相成候趣申上候御事

⑨一享保十九甲寅年六月・七月、薬鑵屋中ゟ両度願御座候、此義も地売銅高直ニ御座候而難義仕候由御願申上候ニ付、吹屋共被召出御尋ニ付、申上候者、銅問屋・荷主ゟ外々江銅売渡シ吹屋共一手ニ銅請込不申候故、吹方過分ニ減少仕迷惑之段申上候、所々江銅捌方多御座候故銅払底仕、地売銅も高直ニ相成り候段申上候御事

⑩一元文元丙辰年八月、薬鑵屋中ゟ地売銅高直之由願御座候、此義も右同様ニ御座候、吹屋共ゟ申上候者、株立候銅之分長崎御用方江山元ゟ直ニ長崎江御買入被成候、地売之下地銅ハ端山之銅少々宛廻着仕候を吹屋共江買入、地売銅ニ吹立候ニ付、全躰地銅山元ゟ之出方無数御座候故、地売銅高直ニ御座候段申上候御事

⑪一元文二丁巳年十月・十一月、薬鑵屋中ゟ両度之願御座候、此願之趣ハ地売銅先年拾三万弐千九拾斤遣用ニ被仰渡候由、幷諸国ゟ当地江廻着之銅買取候仕方薬鑵屋中ゟ存寄之趣願候ニ付、吹屋共江御尋被成候故、先年ゟ之訳書付、其節指上候御事

⑫一元文三戊午年四月ゟハ銅座被仰付、銅座ゟ薬鑵屋江直売ニ御座候故、いつれ之様子も私共承不申候、去ル延享元甲子年七月七日ゟハ御用銅御買入之分御引抜、相残ル分ハ山元勝手次第売銅ニ売捌候様ニと銅座ゟ御申渡ニ付、七月七日以後同極月迄ハ少々宛地売下地銅吹屋共江買入仕候得者、地売銅相応ニ売出シ候得共、当丑年ニ至り候而ハ廻着銅之分不残御用向ニ御買入被成候ニ付、此節地売銅ハ払底仕候御事

右之通御尋被遊候ニ付、先年之儀私共控書を以書付奉申上候、以上

丑二月廿六日　　　　　　　　　　　　　　　　　銅吹屋共印

宛なし

右之通御番所ゟ御尋被遊候ニ付、書付指出候写奉御覧入置候、以上

丑二月　　　　　　　　　　　　　　　　　　　銅吹屋中印

銅座御役所

右の上申書は元禄十四年（一七〇一）の元禄銅座設置以来の、すなわち足かけ四五年前からの経緯を説明している。この間地売銅市場では銅吹屋が優位であり、ほぼ独占的な供給者として相場に影響を与えてきたことと、天満薬鑵屋（大坂の天満地区に集住する銅地金加工業者）が吹銅の主要な購入者であったことが説明の前提である。ただし⑫にあるように、元文三年（一七三八）に元文銅座が設置されて荒銅・吹銅は銅座が独占し、延享元年（一七四四）には地売銅が自由売買となったため、厳密にいえば銅吹屋も全貌を把握していない。しかし足かけ四〇年近く、銅吹屋と天満薬鑵屋が供給者・購入者として相場を形成したこと、その周囲に大坂の細工人・真鍮屋・銅仲買、京都の銅仲買・薬鑵屋・真鍮屋など、さらに山元が存在するという市場構造であったことが分かる。

①によって、元禄六～十三年（一六九三～一七〇〇）の地売銅の月割売出し高のうち銭座用六万斤を除く分につき、一二カ月分を算出すると次のとおりである。

三八万四〇〇〇斤余　京・大坂真鍮屋と鋳物師遣用、鉸銅（南蛮吹したまま鋳造していない銅）

三〇万斤程　京銅仲買と薬鑵屋・細工人へ吹銅

一八万斤程　大坂銅仲買と薬鑵屋・細工人へ吹銅

計八六万四〇〇〇斤余

この数量は元禄銅座の長崎御用銅集荷活動が細工向き銅を圧迫しないよう、大坂町奉行が裁定したものである。

元禄銅座が銅の生産・流通のすべてを統制したと考えることはできないのである。②にあるように、正徳元年（一七一一）にこの数量規定は廃止されたと銅吹屋はいう。したがって⑪にいう月割売出高一三万二〇九〇斤（①にある高）はすでに廃止され、またここには鋳銭用が含まれており、これだけ供給してほしいという要請は根拠がなかったといえる。

④は、天満薬鑵屋が単なる受け身の購入者ではなかったことを示している。秋田銅を大坂への途中の大津で購入して銅吹屋に賃吹きさせることを企図し、大坂町奉行の許可まで得たというのである。実現はしなかったが、この当時の天満薬鑵屋の力量を示している。

⑥までは町奉行の裁定は銅吹屋と薬鑵屋の相対で解決せよというものであったが、⑦〜⑩には、ほかの要因が出現する。⑦江戸銭座、⑧長崎廻銅の新請負人、⑨銅問屋・荷主、⑩長崎会所である。さらに⑩⑪の時期には、実は前述のとおり元文改鋳と鋳銭が影響したのであり、銅吹屋の認識を越える背景があったのである。

次に地売銅の数量について検討してみたい。まず、宝永五〜正徳二年（一七〇八〜一二）、大坂銅吹屋が諸国へ売り出した細工向き銅のうち、大坂売り・京都売りの細工向き銅は次のとおりである（大坂町奉行報告分）。

	〈大坂〉	〈京都〉	〈計〉
宝永五年（一七〇八）	四九万斤余	七九万斤余	一二八万斤余
同　六年（一七〇九）	四一万斤余	五一万斤余	九二万斤余
同　七年（一七一〇）	五七万斤余	五八万斤余	一一五万斤余
正徳元年（一七一一）	四二万斤余	三八万斤余	八〇万斤余
同　二年（一七一二）	五八万斤余	三一万斤余	八九万斤余

ほかには江戸銀座入用・江戸御用瓦下地・対馬売りがあり、他国の商人への販売はなかった。おそらく他国へ

は、京都や大坂から製品が販売されたものと考えられる(6)。

正徳三～享保三年（一七一三～一八）、銅吹屋が大坂町奉行に報告した細工向き銅売渡し高は次のとおりである(7)。

正徳三年（一七一三）	一〇一万四六七九斤	同　四年（一七一四）	九五万一七一九斤七五
同　五年（一七一五）	七六万七九三二斤	享保元年（一七一六）	一〇七万一四五〇斤
享保二年（一七一七）	一一八万七三五六斤	同　三年（一七一八）	三八万一一一四斤

右では享保二年（一七一七）は一一八万斤余であるが、約一三〇万斤とする別の史料もある（ただし古銅《こどう》の分を除くとすると大差はない）。

享保三年（一七一七）三月、銅吹屋が大坂町奉行の指示で差し出した前年中の細工向き銅売買差引の覚は次のとおりである(8)。

〈買入高〉		〈売出高〉	
荒銅買入高	七九万五二四四斤六五	対馬売銅	一〇万斤
古銅〃	一四万二六一八斤七六二五	吹減	四万一六九〇斤
前年より持越細工向き残銅	五七万四二八六斤六二五	細工向き売銅	一三三万二五一六斤〇六九
		次年へ持越	三万七九四三斤九六八五
計	一五一万二一五〇斤〇三七五		一五一万二一五〇斤〇三七五

〈細工向き売銅の内訳〉

八〇万斤余　上銅。薬罐屋・銹屋・針金物、そのほか小細工物に売

五〇万斤余　鋳物・真鍮向交用に売

これらによると、享保三年（一七一八）を除き、振れ幅は七六〜一一八万斤余の間である。前述の延享二年（一七四五）の上申書にある元禄十四年（一七〇一）の大坂町奉行が裁定した八六万斤余が維持されていたことがわかり、銅吹屋と天満薬罐屋が市場の中心にあったことが確認できる。

宝暦十二・十三年（一七六二・六三）の銅吹屋仲間の地売銅の売出高は次のとおりである。(9)

		〈宝暦十二年〉	〈同十三年〉	
地売吹銅売出高		一一二万斤	一一二万斤	
主な内訳	丁銅	三四〃	三三〃	船手銹、瓦板、火かき、諸色小道具切遣ひ
	丸銅	一九〃	二四〃	風呂釜類、薬罐、鍋釜類、丸形小道具ニ用
	長棹銅	一八〃	二三〃	針銅
	鍐(鈒)銅	二三〃	一五〃	真鍮地・唐金地
	その他	一八〃	一七〃	
	小計	九四〃	九五〃	

注目されるのは、この両年ともほとんど同額で、しかもその額が宝永〜享保（一七〇四〜三五）と大差のないことと、この史料は地売銅の種類と用途を記載していることである。この時期は後述するように、銅仲買が台頭し地売荒銅・吹銅商売に参入して、銅吹屋が圧迫を感じていたのであるが、銅吹屋の売出し高に目立つ変化はない。この時期、銅座はなく、地売銅は自由売買であった。銅仲買や真鍮屋の使用する銅がこのほかにあった可能性があり、市場は発展していたものと思われる。

用途をみると銅吹屋が売り出す吹銅は多くは実用的な種々の道具類の素材であり、その最終的な加工地も多くは大坂であったであろう。京都の高級品製造に対して大坂で実用的な銅製品の加工業が発展していたと考えられる。

元文三年（一七三八）元文銅座の設置により、地売銅は荒銅買上げも吹銅売出しも銅座の専売となった。銅吹屋の地売荒銅商売はなくなり、その商売は銅座が売り出す吹銅を買い入れて市中へ販売するものに限定されたと考えられる。地売銅の需給を考えると、元文銅座前半期には鋳銭用銅の需要が大きいうえに銅座の奨励策もあり、小銅山の生産が活発化した。銅座の後半に地売銅が勝手売買になり、世上の景気も改鋳の影響で好転し、活発化した地売銅市場に銅仲買が参入するようになった。このためいったん低落した地売銅相場は上昇し、宝暦十一年（一七六一）からはさらに急上昇した。やがて古銅仲買そのほか、かつては荒銅を扱わなかった商人が地売銅市場に参入して競合するようになったことから、銅吹屋仲間は宝暦十一年（一七六一）、大坂の長崎御用銅会所などに銅吹屋仲間外の荒銅商売の禁止を訴願するに至った(10)。

乍恐書附を以奉願上候

一近年古銅中買仕候者并素人之者江荒銅買入候ニ付、私共仲間買入銅不自由ニ相成、此節ニ而は銅直段高直ニ罷成、御用吹減足シ銅買入方差支、過分之損銀出来、難儀至極仕候ニ付、右之段此度長崎　御奉行正木志摩守様御当地御通駕之砌奉願候処、御用吹方之差支ニも相成候ハヽ、其段於御当地　御奉行様江御願申上候様被仰渡候、依之恐多奉存候得共、左ニ奉願上候

一先年者諸国より廻着荒銅之分不残私共仲間江買入、銅商売人并素人之者一切荒銅買入候儀無御座候処、近来古銅中買仕候者共江荒銅買入、其上近頃ニ而ハ含銀有之候銅も其儘潰シ方江遣候様之風聞も御座候而、次第ニ銅直段引上ケ、此節ニ而は別而高直ニ罷成、　御用吹減足シ銅買入方差支、過分之損銀出来、難渋仕候、自然此末　御用銅吹方差支も出来可仕哉と、恐多奉存候、先達大坂登り銅引請候者共より長崎　御用銅会所江廻着届申候様被仰付候得共、近頃猥ニ成候様相聞江申候、猶又右御届洩不申様被仰出、銅商人・仏具鋳物

師・古銅中買幷素人之者迄も、荒銅取扱不申候様被仰付被下度奉願上候、左候得は自銅下直ニ可相成哉と乍恐奉存候、然は　御用吹方差支も無御座、難有奉存候、先年ハ私共仲間計ニ而荒銅買入、吹方仕、諸細工向江売出、差支候儀無御座候、尤問屋共江は相対を以銅買入仕候、猶又過書町長崎　御用銅会所江廻着銅之分不洩様ニ相届、銅商売人幷素人之者荒銅一切不扱《(ママ)》不仕候様被仰出被下候ハヽ、冥加至極難有可奉存候、以上

巳九月朔日

銅吹屋共
惣名代
（大塚屋甚右衛門）大甚印
（丸銅屋治郎兵衛）丸治印
（平野屋三右衛門）平三印

御奉行様

文中「素人之者」が近年荒銅商売をするようになって弊害が出ているので禁止してほしい、という文言が何度もある。弊害とは銅吹屋の商売と競合して相場が高騰するほかに、彼らは南蛮吹が必要かどうかの判別もできない、と指摘する。「素人之者」とは文面上、銅商売の実績のない商人のようであるが、実際その多くは文中にある種々の銅商人や古銅仲買や仏具鋳物師などの細工人であろう。この願書にあるような古銅仲買などによる荒銅購入の背後には、第一章第五節で述べたような真鍮産業の発展が考えられる。多様な商人が市場に参入すると山元や各地方の情報伝達経路も多様化する可能性がある。その結果、第六章第一節でとりあげるような地売銅相場の顕著な上昇が生じた。こうして大坂の地売銅市場は規模が拡大して複雑化し、銅吹屋仲間では規律を維持し難いようになった。このような状況に対して、やがて明和三年（一七六六）幕府は明和銅座を設置して地売銅を専売し、銅吹屋や銅仲買の地売荒銅商売を禁止する方策をとる（第六章参照）。

明和銅座が設置されると、荒銅買上げ値段と吹銅売出し値段を銅座が公定し、商人の投機的行動が禁止される

ことになった。同時に銅の備蓄や長崎輸出銅と地売銅の間のそれぞれの需給関係の変化に従って融通するなど、柔軟な対応がとられるようになった。やがて産銅の減少が進み、吹銅の市場で投機的な行動がみられ相場が高騰すると、吹銅も銅座が細工人に直売することにした。長崎貿易では総額と銅輸出高を抑制固定し、地荒銅ではその後買上げ値段を引き上げるなどした結果、十九世紀には地売銅が潤沢になって相場が下落することになり、文政二年（一八一九）から地売吹銅は入札払いとなった。たとえば大坂では毎年九〇万斤入札払いされ、大坂・京都・伏見・堺の商人が入札に参加した（前掲第一章表3、後掲第六章表3参照）。半世紀近い期間の落札人には銅吹屋も一定の割合を占めたが、とくに前半期には、銅仲買が代表を勤める多数の商人の入札組合が落札する場合と、銅仲買単独名による落札に二分されている。後半期には銅吹屋・銅仲買も落札したが、金物商売との関連が不明な商人の落札も増大した（第一章第二節参照）。同時期、江戸で古銅吹所が入札払いした吹銅は三〜五万斤であった（後掲第六章表10参照）。十九世紀には吹銅は概して潤沢で、入札払いは銅座廃止まで約半世紀続いた。

(三) 対馬藩の貿易銅

対馬は古来朝鮮貿易を生業としてきた。近世の幕藩制のもとでは、対馬藩が幕府から朝鮮との通交（外交と貿易）の独占を認められ、近世日本の対外交易の窓口（いわゆる四つの口）の一角に位置づけられた。朝鮮貿易は朝鮮釜山に置かれた倭館で業務がおこなわれたが、長崎貿易の動向とも相互に影響する関係にあり、長崎貿易と同様主要輸出品は初期は銀、中期に銀と銅、後期（銀の輸出途絶後）に銅が中心になった。貿易の形式は、国王・藩主間の封進・回賜、朝鮮政府相手の公貿易、商人も参加する私貿易の三種類あり、銅は後二者の輸出品で、国内で調達するためには主に数量について幕府の許可が必要であった[11]。

朝鮮輸出銅は、長崎と異なり地売銅の部類に属する。対馬藩はその輸出銅を大坂や京都の市場で主として住友から、現銀で相対値段で購入していた。ただし宝永六年（一七〇九）のように、大坂の住友・川崎屋・海部屋そのほかに競争入札させた事例、正徳四年（一七一四）のように京都の糸割符仲間（当時立川銅山の山師であった）から調達しようとした事例もある。[12] 元禄十四年（一七〇一）の元禄銅座設置後も対馬藩の貿易銅は地売銅扱いであったが、その売銅も銅座専売になった元文銅座（元文三年＝一七三八設置）の前半期と明和銅座（明和三年＝一七六六設置）期には銅座の支配下におかれ、値段や数量を銅座に管理されつつ住友などの商人から購入する形をとっていた。

次の表1の元禄九〜明和二年（一六九六〜一七六五）は対馬藩の朝鮮輸出銅の大坂における調達状況である。享保（一七一六〜三六）の大半が不明だが、それを除けば約七〇年間にわたる朝鮮輸出銅の調達状況が判明する。[13] このうち元文三〜寛保三年（一七三八〜四三）は元文銅座からの購入であり、また明和四年（一七六七）以降は明和銅座からの調達分である。

対馬藩が調達した輸出銅には、荒銅・吹銅・延銅・棹銅・古銅など種々の銅があり、ほぼ棹銅一辺倒の長崎輸出銅と対照的である。

対馬藩は享保期（一七一六〜三六）から住友に対して、銅代の支払いを遅延したり現銀のかわりに輸入商品（白糸・人参・針丹など）を「質物」と称して銅代銀に充てたりするようになった。このころ、朝鮮貿易は下降傾向にあり、[14] そこで住友は何度かこれらの貸付銀を整理・圧縮する必要に迫られ、寛保元年（一七四一）大規模な整理がおこなわれたが、証文の書きかえだけで返済には至らなかった。

寛政九年（一七九七）になると対馬藩の古貸（長期累積の不良債権）証文は一三通、計四六三貫目余にのぼり、住友はこれを「上げ切り（証文の返却、すなわち棒引き）」で処理することになった。そのときの上げ切りの証文（「新古証文・小手形返却受領の覚」）と関連史料により、債権の発生や切り換えの事情がある程度判明する。[15] 表2は

表1　対馬藩の朝鮮輸出銅調達状況

年　次	内　　訳	合　計
元禄9年(1696)	不明	800,000斤
宝永3年(1706)	〃	40,000斤
〃 6年(1709)	〃	60,000斤
〃 7年(1710)	〃	102,000斤
正徳元年(1711)	〃	160,000斤
〃 2年(1712)	〃	100,000斤
〃 3年(1713)	〃	100,000斤
〃 4年(1714)	〃	100,000斤
〃 5年(1715)	〃	100,000斤
享保3年(1718)	〃	100,000斤
〃 4年(1719)	〃	100,000斤
〃 5年(1720)	〃	100,000斤
元文3年(1738)	荒銅25,000斤　棹銅5,000斤	30,000斤
〃 4年(1739)	なし	なし
〃 5年(1740)	荒銅62,000斤余	62,000斤余
寛保2年(1742)	荒銅18,000斤余	18,000斤余
〃 3年(1743)	荒銅122,000斤余	122,000斤余
延享元年(1744)	荒銅41,000斤余	41,000斤余
〃 2年(1745)	荒銅17,000斤	17,000斤
〃 3年(1746)	荒銅35,000斤余	35,000斤余
〃 4年(1747)	荒銅75,000斤　延銅6,700斤　棹銅11,000斤	92,700斤
寛延元年(1748)	荒銅60,000斤　延銅3,000斤　棹銅7,000斤	70,000斤
〃 2年(1749)	荒銅40,000斤	40,000斤
〃 3年(1750)	なし	なし
宝暦元年(1751)	荒銅400,000斤	400,000斤
〃 2年(1752)	なし	なし
〃 3年(1753)	なし	なし
〃 4年(1754)	なし	なし
〃 5年(1755)	荒銅150,000斤	150,000斤
〃 6年(1756)	なし	なし
〃 7年(1757)	荒銅50,800斤	50,800斤
〃 8年(1758)	荒銅88,700斤　延銅10,000斤　棹銅6,000斤	104,7000斤
〃 9年(1759)	荒銅70,000斤	70,000斤
〃 10年(1760)	荒銅77,000斤	77,000斤
〃 11年(1761)	荒銅38,000斤	38,000斤
〃 12年(1762)	荒銅33,000斤	33,000斤

年　次	内　　　訳	合　計
宝暦13年(1763)	荒銅30,000斤余　吹銅37,000斤　古銅1,800万斤	68,800斤余
明和元年(1764)	荒銅13,000斤余　吹銅98,000万斤余	111,000斤余
〃　2年(1765)	吹銅102,000斤　古銅1,000斤	103,000斤
〃　3年(1766)	不明	不明
〃　4年(1767)	荒銅30,300斤　吹銅10,000斤	40,300斤
〃　5年(1768)	荒銅28,000斤　吹銅27,000斤	55,000斤
〃　6年(1769)	荒銅17,300斤　吹銅35,000斤	52,300斤
〃　7年(1770)	荒銅45,900斤　吹銅118,700斤	164,600斤
〃　8年(1771)	荒銅52,000斤　吹銅20,105斤	72,105斤
安永元年(1772)	荒銅10,900斤　吹銅10,000斤	20,900斤
〃　2年(1773)	荒銅111,000斤　吹銅59,850斤	170,850斤
〃　3年(1774)	荒銅34,000斤　吹銅105,000斤	139,000斤
〃　4年(1775)	荒銅46,500斤　吹銅84,000斤	130,500斤
〃　5年(1776)	荒銅10,000斤　吹銅28,000斤	38,000斤
〃　6年(1777)	荒銅32,900斤　吹銅54,000斤	86,900斤
〃　7年(1778)	荒銅15,000斤　吹銅85,000斤	100,000斤
〃　8年(1779)	荒銅49,200斤　吹銅50,800斤	100,000斤
〃　9年(1780)	荒銅15,000斤　吹銅85,000斤	100,000斤
天明元年(1781)	荒銅27,600斤　吹銅72,400斤	100,000斤
〃　2年(1782)	荒銅33,000斤　吹銅87,000斤	120,000斤
〃　3年(1783)	荒銅63,000斤　吹銅89,200斤	152,200斤
〃　4年(1784)	荒銅20,400斤　吹銅79,600斤	100,000斤
〃　5年(1785)	荒銅55,800斤　吹銅142,200斤	198,000斤
〃　6年(1786)	荒銅27,900斤　吹銅112,100斤	140,000斤
〃　7年(1787)	荒銅27,900斤　吹銅82,100斤	110,000斤
〃　8年(1788)	荒銅10,000斤　吹銅60,000斤	70,000斤
寛政元年(1789)	荒銅22,900斤　吹銅19,100斤	42,000斤
〃　2年(1790)	荒銅3,500斤　吹銅33,500斤	37,000斤
〃　3年(1791)	荒銅37,500斤　吹銅42,500斤	80,000斤
〃　4年(1792)	荒銅30,000斤　吹銅40,000万斤	70,000斤
〃　5年(1793)	荒銅67,500斤　吹銅89,000斤	156,500斤
〃　6年(1794)	荒銅40,000斤　吹銅60,000斤	100,000斤
〃　7年(1795)	荒銅40,000斤　吹銅60,000斤	100,000斤
〃　8年(1796)	荒銅40,000斤　吹銅60,000斤	100,000斤
〃　9年(1797)	荒銅50,000斤　吹銅50,000斤	100,000斤
〃　10年(1798)	荒銅50,000斤　吹銅50,000斤	100,000斤
〃　11年(1799)	荒銅50,000斤　吹銅50,000斤	100,000斤

年　次	内　　　訳		合　計
寛政12年(1800)	荒銅50, 000斤	吹銅50, 000斤	100, 000斤
享和元年(1801)	荒銅30, 000斤	吹銅70, 000斤	100, 000斤
〃　2年(1802)	荒銅30, 000斤	吹銅70, 000斤	100, 000斤
〃　3年(1803)	荒銅30, 000斤	吹銅70, 000斤	100, 000斤
文化元年(1804)	荒銅30, 000斤	吹銅70, 000斤	100, 000斤
〃　2年(1805)	荒銅30, 000斤	吹銅70, 000斤	100, 000斤
〃　3年(1806)	荒銅30, 000斤	吹銅70, 000斤	100, 000斤
〃　4年(1807)	荒銅30, 000斤	吹銅70, 000斤	100, 000斤
〃　5年(1808)	荒銅30, 000斤	吹銅70, 000斤	100, 000斤
〃　6年(1809)	荒銅30, 000斤	吹銅70, 000斤	100, 000斤
〃　7年(1810)	荒銅30, 000斤	吹銅70, 000斤	100, 000斤
〃　8年(1811)	荒銅30, 000斤	吹銅120, 000斤	150, 000斤
〃　9年(1812)	荒銅30, 000斤	吹銅70, 000斤	100, 000斤
〃　10年(1813)	荒銅30, 000斤	吹銅70, 000斤	100, 000斤
〃　11年(1814)	荒銅30, 000斤	吹銅70, 000斤	100, 000斤
〃　12年(1815)	荒銅30, 000斤	吹銅60, 000斤	90, 000斤
〃　13年(1816)	荒銅30, 000斤	吹銅20, 000斤	50, 000斤
〃　14年(1817)	荒銅30, 000斤	吹銅20, 000斤	50, 000斤
文政元年(1818)	荒銅30, 000斤	吹銅20, 000斤	50, 000斤
〃　2年(1819)	荒銅30, 000斤	吹銅20, 000斤	50, 000斤
〃　3年(1820)	荒銅30, 000斤	吹銅20, 000斤	50, 000斤
〃　4年(1821)	荒銅30, 000斤	吹銅120, 000斤	150, 000斤
〃　5年(1822)	荒銅45, 000斤	吹銅155, 000斤	200, 000斤
〃　6年(1823)	荒銅30, 000斤	吹銅120, 000斤	150, 000斤
〃　7年(1824)	荒銅30, 000斤	吹銅110, 000斤	140, 000斤
〃　8年(1825)	荒銅30, 000斤	吹銅120, 000斤	150, 000斤
〃　9年(1826)	荒銅30, 000斤	吹銅120, 000斤	150, 000斤
〃　10年(1827)	荒銅30, 000斤	吹銅170, 000斤	200, 000斤
〃　11年(1828)	荒銅30, 000斤	吹銅160, 000斤	190, 000斤
〃　12年(1829)	荒銅40, 000斤	吹銅107, 000斤	147, 000斤
天保元年(1830)	荒銅30, 000斤	吹銅119, 100斤	149, 100斤
〃　2年(1831)	荒銅30, 000斤	吹銅120, 000斤	150, 000斤
〃　3年(1832)	荒銅30, 000斤	吹銅120, 000斤	150, 000斤
〃　4年(1833)	荒銅30, 000斤	吹銅120, 000斤	150, 000斤
〃　5年(1834)	荒銅30, 000斤	吹銅120, 000斤	150, 000斤
〃　6年(1835)	荒銅30, 000斤	吹銅120, 000斤	150, 000斤
〃　7年(1836)	荒銅30, 000斤	吹銅140, 000斤	170, 000斤

年　次	内　　訳	合　計
天保８年(1837)	荒銅30,000斤　吹銅142,000斤	172,000斤
〃　９年(1838)	荒銅30,000斤　吹銅131,000斤	161,000斤
〃　10年(1839)	荒銅30,000斤　吹銅131,000斤	161,000斤
〃　11年(1840)	荒銅30,000斤　吹銅131,000斤	161,000斤
〃　12年(1841)	荒銅30,000斤　吹銅131,000斤	161,000斤
〃　13年(1842)	荒銅30,000斤　吹銅131,000斤	161,000斤
〃　14年(1843)	荒銅30,000斤　吹銅131,000斤	161,000斤
弘化元年(1844)	荒銅30,000斤　吹銅131,000斤	161,000斤
〃　２年(1845)	荒銅30,000斤　吹銅120,000斤	150,000斤
〃　３年(1846)	荒銅30,000斤　吹銅120,000斤	150,000斤
〃　４年(1847)	荒銅30,000斤　吹銅120,000斤	150,000斤
嘉永元年(1848)	荒銅30,000斤　吹銅120,000斤	150,000斤
〃　２年(1849)	荒銅30,000斤　吹銅142,000斤	172,000斤
〃　３年(1850)	荒銅30,000斤　吹銅120,000斤	150,000斤
〃　４年(1851)	荒銅30,000斤　吹銅142,000斤	172,000斤
〃　５年(1852)	荒銅30,000斤　吹銅131,000斤	161,000斤
〃　６年(1853)	荒銅30,000斤　吹銅131,000斤	161,000斤
安政元年(1854)	荒銅30,000斤　吹銅181,000斤	211,000斤
〃　２年(1855)	荒銅30,000斤　吹銅181,000斤	211,000斤
〃　３年(1856)	荒銅30,000斤　吹銅181,000斤	211,000斤
〃　４年(1857)	荒銅30,000斤　吹銅181,000斤	211,000斤
〃　５年(1858)	荒銅30,000斤　吹銅181,000斤	211,000斤
〃　６年(1859)	荒銅30,000斤　吹銅181,000斤	211,000斤
万延元年(1860)	荒銅30,000斤　吹銅181,000斤	211,000斤
文久元年(1861)	荒銅30,000斤　吹銅181,000斤	211,000斤
〃　２年(1862)	荒銅30,000斤　吹銅181,000斤	211,000斤
〃　３年(1863)	荒銅30,000斤　吹銅70,000斤	100,000斤

出典：元禄９～明和２年（1696～1765）の出典は215頁註(13)参照。
明和４～文久３年（1767～1863）の出典は三井文庫所蔵史料 D460-25「銅座覚書」。

棒引きにした古貸の一覧である。

表2の番号⑫の宝暦九年（一七五九）六月、銀一四一貫九三〇目「朝鮮渡荒銅代銀銅代り到来之上相済候約定之分」（何らかの輸入品で相殺する分）と、番号⑬の宝暦四年（一七五四）閏二月「銀四貫目、荒銅拾五万斤代残」の項目を「対州藩掛合帳」[16]で照合してみると、⑬は宝暦五年（一七五五）渡し銅一五万斤の代銀残、⑫は明和二年（一七六五）の証文控えの「右之証文受取帰ル、下地古証文兵右衛門持参」という文言から、明和二年（一七六五）の借銀分を書き替えたことがわかる。

さて、元文銅座の廃止にあたり、長崎奉行兼帯の勘定奉行松浦信正は、大坂有力町人を為替御用達に登用した。このころ長崎奉行は、長崎輸出用の銅が余るのに、また資金がないのに、山元から銅の購入を迫られるという事態に陥っていた。そこで大坂商人に銅購入資金を出させ、対馬藩には銅を買わせて打開をはかる策に出た（第三章第四節）。大坂商人からまず寛延元年（一七四八）に借銀し、これは翌年返済した。ついで寛延三年（一七五〇）一六七〇貫目、翌宝暦元年（一七五一）九二五貫目の計二五九五貫目を大坂から借入し、これを「長崎方」（長崎会所の借入）九一二貫目と「対州方」（対馬藩の借入）一六八三貫目に振り分けた。こうして対馬藩は巻き込まれ、大坂商人から借銀することになった。長崎方の分は宝暦元年（一七五一）中に返済した。対州方の分は対馬藩の長期借銀として天明八年（一七八八）当時も滞っていた[17]。宝暦元年（一七五一）対州方一六八三貫目の内訳は次のとおりである（洋数字は引用者）[18]。

　　対州渡

午年《寛延三》御借入銀千六百七拾貫目之内

一　銀七百五拾弐貫九百目壱分八厘壱毛〇五　　古川忠右衛門証文之高

　内五百七拾貫目　1　　古銀代り

百八拾貫八百目八分八厘壱毛〇五　[2]　別子・南部銅十五万斤代
弐貫九拾九匁三分　右荒銅千五百箇荷造賃
〆
未年(宝暦元)御借り入九百弐拾五貫目并午年ゟ持越銀四貫七百弐拾六匁四分六厘七弗五
長崎ゟ御登せ四貫九百九拾三匁五分三厘九毛弐弗五
一銀九百三拾四貫七百弐拾目　右同断
内四百五拾貫目　[3]　古銀代り
四百八拾貫目　[4]　別子銅四十万斤代
四貫七百弐拾目　右荷造賃
〆
合千六百八拾七貫六百弐拾匁壱分八厘壱毛〇五
内四貫九百九拾三匁五分三厘九毛弐弗五　未(宝暦元年)十二月長崎方ゟ取替相渡候分
千六百八拾弐貫六百弐拾六匁六分四厘壱毛八弗　午(寛延三年)・未年御借り入銀を以相渡候分
〆

この借入は対馬藩役人古川忠右衛門名でおこなわれた。内訳は、銅代として[2]一八〇貫目余（寛延三年　別子・南部銅一五万斤）と[4]四八〇貫目（宝暦元年　別子銅四〇万斤）、古銀代として[1]五七〇貫目と[3]四五〇貫目、それに銅荷造賃若干である。銅代は一〇〇斤につき一二〇匁と算定され、この値段は宝暦元年（一七五一）の吹銅相場一三〇～一四六匁（後掲第六章表1）より少し低い。対馬藩が銅をこの値段で購入したのかどうかは分からない。古銀代とは、朝鮮輸出用に藩の要請によって慶長銀並みの高品位で特別に鋳造されたいわゆる特鋳銀の代価であ

備　考
初発不明、連々借用口々を集め一紙年賦に
元文２年12月人参10斤質入67貫500目利付の残
古年賦残銀証文を一紙に集め元銀を年賦に
①④計50年賦の１年分を白糸反物で支払約定
同上
同上
享保15〜19年の貸付４件の利銀の半額を無利息50年賦に
寛政９年６月上げ切り（棒引き）

る。この代銀すなわち[1]と[3]の計一〇二〇貫目を幕府に支払わねばならない。この額は銅代すなわち[2]と[4]の計六六〇貫目余よりずっと高額である。この借入は勘定奉行兼帯長崎奉行松浦の施策の一環で銅の滞貨の処理が核心であるとみてよいが、対馬藩にとっては銅代よりも大きい古銀代返済用を合わせて大坂町人の資金を利用することができる点で好ましい案件であったと考えられる。

この借入は宝暦元・二年（一七五一・五二）に二七五貫目余返済したのちは滞った（本書一六七頁）。天明八年（一七八八）松平定信が指示した調査で判明し（寛政改革の一環）、残銀を一四〇七貫目余と確定の上返済は一〇年猶予し、債権者の大坂町人九人（上田三郎左衛門・鴻池善右衛門・平野屋五兵衛・平野屋文右衛門・泉屋新右衛門・油屋彦三郎・天王寺屋久左衛門・天王寺屋六右衛門・泉屋助右衛門）に対して、公儀の金を当面下げ渡すことになった(19)。もともと松浦が対馬藩に押し付けたからであろう。

右の[4]宝暦元年（一七五一）銅四〇万斤は前掲表1と一致する。[2]寛延三年（一七五〇）の一五万斤はそれとは系統を異にするらしく、また同表で寛延三年（一七五〇）なし、とあることとの関連は不明である。

幕府や長崎からみて銅が余ったときに対馬藩に輸出させるというのは奇策のようであるが、前例

表2　対馬藩に対する住友の古貸一覧（寛政9年＝1797）

番号	銀　額	開　始	註　記
①	12貫817匁922	寛保元年10月	無歩、50年賦約定
②	33貫015匁	同　　年5月	無歩、人参質物差引残
③	43貫878匁	享保4年5月	無歩、要用調達分
④	74貫072匁805	寛保元年10月	無歩、50年賦約定
⑤	41貫701匁5	享保4年5月	無歩、要用調達分
⑥	1貫目	寛保3年9月	白糸反物売立約定
⑦	1貫700目	同上	9朱利付、同上
⑧	1貫700目	同上	9朱利付、同上
⑨	41貫199匁403	寛保元年10月	無歩、要用調達分
⑩	49貫500目	寛延元年12月	1歩利付、荒銅3万斤代
⑪	16貫500目	同　2年5月	1歩利付、荒銅1万斤代
⑫	141貫930目	宝暦9年6月	1歩利付、朝鮮渡荒銅代、銅代り到来の上相済候約定分
⑬	4貫目	同4年閏2月	1歩利付、荒銅15万斤代残
計	463貫014匁63		

出典：住友家文書2－2－2－11寛政9年（1797）6月「新古証文・小手形返却受領の覚」。
註：番号欄の丸数字は原史料記載順による。銀額・開始・註記欄の記載は原史料のとおり。

があり、後年にも例がある。前例をみると、元禄十年（一六九七）の対馬藩の朝鮮売渡し銅は一四六万斤余で突出して多く、[20]値段は前後の年次に比べて極端に低い（それでも長崎輸出銅や仕入れ値段に比べるとまだ非常に高い）。長崎で元禄八年（一六九五）当時銅の滞貨が約六〇〇万斤もあり、[21]それが銅代物替貿易開始の契機となった（本書一〇三頁、一〇七頁）。元文銅座の円滑な廃止のために、余り銅を対馬藩に渡して処分し、代銀を大坂町人に肩代わりさせるということは、必要な施策であった。また後年、文政期（一八一八～三〇）以降の銅輸出増加に際してもこのような関連が認められることを田代和生氏が指摘している。[22]

第二節　近世の鉛鉱業

（一）近世鉛鉱業の位置

鉛は近世の鉱業史上、金銀銅とほぼ表裏一体の展開を示した。そして金銀銅に対しては影の存在であった。十六・十七世紀の金銀銅の大増産にともなって、製（精）錬に使う鉛の消費も増大した。銀の製錬では、水銀アマルガム法は水銀の入手困難のために試用の域を出なかったため、もっぱら鉛が使用された。銅についても、輸出銅をはじめ、吹銅は鉛を利用した南蛮吹によって銀銅吹分けがなされた（荒銅に含まれる銀を分離した）。

鉛の輸入は江戸時代を通じて断続的におこなわれ、その量も少なくなかったが、必要な鉛の大部分が国内産であったことは間違いない。鉛には製錬用の外、銭や各種合金の材料、鉄砲玉、漁具、白粉、鉛丹、鉛硝子など、広い用途があった。

鉛も市場は大坂が最大であった。ただし国内における鉛の流通は、都市の市場を介さない山元相互の取引があり、銀製錬用には鉛鉱石のままの使用や鉱石のままの取引もあった。また例えば秋田藩における専売制など、個々の地域や鉱山での統制がおこなわれるのが一般的で、幕府が全国的に統制したことは一時の例外的なことであった。しかし例外的とはいえ、銅吹屋など関係者にとっては軽からぬ問題であった。にもかかわらず、近世の鉛の生産・流通についての研究は多いとはいえない。(23)

㈡　鉛山の分布

小葉田淳『鉱山の歴史』に、鉛山、あるいは鉛を多く産出する鉱山として挙げられているのは次のとおりである。

南部領十和田鉛山　　秋田藤琴（太良）鉛山・矢櫃沢鉛山・阿仁銅山　　出羽荘内領大中島鉛山　　越後村上領葡萄山鉛山　　越中長棟鉛山・亀谷銀山　　越前大野領鉛山　　但馬生野銀山　　備中小泉銅山

住友による銅山見分の記録である「宝の山」「諸国銅山見分控」(24)にみえる鉛山は次のとおりである。

津軽尾布銀銅鉛山（青森県中津軽郡西目屋村）　　南部とわた鉛山（秋田県鹿角郡小坂町）　　会津小川庄杤堀村

鉛山（新潟県東蒲原郡阿賀町）　秋田ふしこと鉛山（秋田県山本郡藤里町）　出羽立木銅山（山形県西村山郡朝日町か）・月沢山鉛山（同郡西川町月山沢か）・白岩領本道寺鉛山（西川町）　越中永登鉛山（富山市）　美濃松田鉛山（岐阜県本巣市）　遠江大滝村奥の山　紀伊熊野銅山のうち　近江猪谷鉛山　摂津多田のうち　丹後小持松鉛山　但馬あせ鉛山（兵庫県豊岡市）　因幡小岩見鉛山　出雲さつめ銅山（島根県出雲市）近所　石見邑智郡岩屋村（邑智郡邑南町）のうち・周八カ村のうちもちかとう　美作みさか村（岡山県真庭市）・宮部鉛山（津山市）　備中青廻鉛山・赤滝鉛山（新見市）・小泉銅山（高梁市）・野谷鉛銅鏈・簗瀬鉛山（井原市）・横谷銅鉛山（小田郡矢掛町）　備後あるし谷鉛山・小原鉛山（広島県尾道市）・鯨鉛山・大釈鉛山（庄原市）・三谷鉛山（福山市）・柳瀬鉛山　伊予柳谷鉛山

寛政から文政（一七八九〜一八三〇）のころ、大坂に廻着した鉛が産地（主要経由地もある）の名とともに住友の吹所の記録「年々記」[25]に記されており、それは次のとおりである。

松前鉛　津軽鉛・弘前鉛　仙台細倉鉛　会津鉛　秋田鉛・平山鉛　新庄鉛　越後三条鉛　越中鉛　越前大野鉛　紀州楊枝鉛　摂津多田鉛　但馬生野鉛・阿瀬鉛　備中小泉鉛　豊後・日向より出る半田鉛

次に特定の地域の鉛山を挙げた文献をみると、まず松前については、「山機録」[26]に次のようにある。

アカ、ミ　ヨラツフ　トヨベナイ

津軽については、同じく「山機録」に次のようにある。

目屋野沢大沢のうちホチ鉛山・魚留鉛山・金山沢鉛山・黒森鉛山　同大川の内鑑倉沢鉛山・常徳沢鉛山・湯ノ沢鉛山・スミ川鉛山・鴈森鉛山　尾太山のうち八光山鉛山・朝日沢鉛山・ホッタ倉鉛山　相馬のうちカヤツ沢鉛山・藤倉ノ沢鉛山・高次沢鉛山　湯口山のうち岩沢鉛山　大和沢山のうち尾上沢鉛山

三ツ目内山のうち鶏家戸鉛山・笹ノ沢鉛山　早瀬野山のうち小日影沢鉛山　碇ケ関山のうち碇沢鉛山・湯ノ沢鉛山　普明山のうち濁り川鉛山・カネ山ノ沢鉛山　浅瀬石山のうち天下平の鉛山　諏訪の沢のうち大根子沢鉛山　外の浜鬼泊り銅鉛山

さらに津軽について、「諸国金銀山御取調書」[27]には次のようにある。

尾太銅鉛山　目屋野沢のうち鍋倉山銅鉛山・常徳沢銅鉛山・濁沢鉛山・足沢鉛山・赤倉山銅鉛山・虫喰沢銅鉛山・炭川沢銅鉛山　虹貝山のうち鶏家戸銅鉛山・高倉の沢銅鉛山・戸沢山鉛山　碇ケ関碇沢銅鉛山・滝の沢鉛山・湯之沢鉛山・中ノ沢鉛山　外ケ浜滝の沢の内神堤沢鉛山・辺田貝沢鉛山・鬼泊沢鉛山　浅瀬石山のうち温川沢鉛山

仙台領の鉛山について、『細倉鉱山史』は「封内土産考」（寛政十一年＝一七九九）を引いて、次のように挙げている。

刈田郡田鶴沢鉛山　上胆沢郡若柳村下嵐江鉛山　男鹿郡大瓜村鉛山　同郡遠島小淵給分浜鉛山　加美郡小豆沢鉛山　同郡熊沢鉛山　栗原郡一ノ迫鬼首村大深沢鉛山　同郡二ノ迫鶯沢村細倉鉛山（敷銘二八）

同書が松坂家文書によって、文政年間（一八一八～三〇）の仙台領の鉛山を挙げている部分には、次のようにある。

小谷塚（名取）　湯倉彦（加美）　小黒崎（玉造）　東蒲生・西蒲生（柴田）　細倉鉛山（敷銘三一）

ついで、「秋田領内諸金山箇所年数帳」[28]に記載されている秋田領の鉛山は、二〇〇カ所あまりあるが、その中でも重要なものとして、次の諸山を挙げることができる。

阿仁のうち大沢山・小沢山（北秋田市）　藤琴鉛山（山本郡藤里町藤琴）　平戸内沢鉛山（大館市岩瀬）

表3　鉛の産出状況

鉱山名	鉛の産出状況	出　典
十和田鉛山	延宝6～9年(1678～81)　運上鉛10分1を除いて計71,571貫目余産出。平均17,893貫目〔111,830斤〕	『日本鉱山史の研究』
太良鉛山	元和・寛永年間(1615～44)　1カ年買上鉛20,000～25,000貫目〔125,000～156,250斤〕。19世紀前期1カ年33,000貫目〔206,250斤〕産出	同上
阿仁銅山	文化12～弘化3年(1815～46)　小沢・槇沢・三枚・一の又で計14,408箱(16貫目入)産出。1カ年平均7,204貫目〔45,025斤〕	同上
葡萄山鉛山	慶安4年(1651)　佐渡が村上から鉛4万貫目〔250,000斤〕買入	『鉱山の歴史』
長棟鉛山	寛永18年(1641)　10万貫目〔625,000斤〕ないしそれ以上産出。延宝5～貞享3年(1677～86)平均30,863貫目〔192,894斤〕。文政4～天保元年(1821～30)平均4,514貫目〔28,213斤〕	『神岡鉱山史』
平湯鉛山	嘉永6年(1853)　9,451貫目〔59,069斤〕	同上
生野銀山	寛政元～文政元年(1789～1818)　生野領産鉛平均29,666貫目〔185,413斤〕(ほとんどは生野銀山、外に阿瀬など)	『日本鉱山史の研究』

小船木鉛山（北秋田市）　久多利沢鉛山（山本郡藤里町粕毛）　矢櫃沢鉛山（大館市早石）　比立内鉛山（同上）
志根刈沢鉛山（大館市雪沢）　亀山森鉛山（大仙市船岡）　祖父の沢鉛山（北秋田市）

これらの諸山の産鉛は、元文・寛保期（一七三六～四三）の秋田藩鋳銭の地がねに用いられた[29]。このほか土倉鉛山の鉛は、近世初期の阿仁金銀山の盛山期に、精錬用に宛てられた[30]。

『神岡鉱山史』は、近世の神岡地区の鉱山だけでなく、飛騨一円の鉱山について記述しており、また近代になって三井が入手・稼行した長棟鉛山（越中）についても詳細に述べている。同書に挙げられている飛騨の鉛山は次のようである。

吉城郡跡津川村銅鉛山・池ノ山鉛山・
大留鉛山・神坂鉛山・蛇原平銅鉛山・

杉山村鉛山・菅沢銅鉛山・ずり谷銅鉛山・栃尾鉛山・取切山銅鉛山・栃洞銅鉛山・中小屋鉛山・中平鉛山・平湯鉛山・深洞銅鉛山　大野郡塩沢鉛山・部落山銅鉛山　益田郡芦谷鉛山・猪之鼻鉛山・黒石村銅鉛山・わさび谷鉛山

右のうち主要な鉛山について、産出高などを簡単にまとめて表3に掲げた。

（三）鉛の製錬法

鉛の製錬法については、住友家文書「年々記」に収められた文化十一年（一八一四）正月二十五日付「荒鉛山元直立につき住友吉次郎申上書」が、簡単ながら要領よく述べている。(31)

一荒鉛山元直立之儀、御尋被為成奉畏候、則左ニ奉申上候

都而鉛山之儀者銅山と違、石かね・鉛鉑者勿論、敷中脇石迚も別而和ク、稼方骨折無之、其上歩付等も銅鉛石より格別宜敷、吹方仕候砌も、只鉑吹計ニて、直様荒鉛ニ相成候ニ付、炭焼等之雑費無少ニ相掛り申候、尤場所ニより銅鉑・鉛鉑相混候所者、焼竈ニて焼上候得共、元来鉑性柔和ニ御座候ニ付、焼木等多分入用相掛り不申、其外ドジ鉑と相唱候而、鉛鉑ニ相交、似寄之物御座候、是者用立不申、砕女ニて撰分候而者行届兼候ニ付、臼ニて砕き、ふるい上、細末ニ相成候を、ユリ物ニ仕候得共、此雑用も格別之儀、無御座候、尚又鉛伯（鉑）吹方之節者、諸山共ズク鉄多分差交候得共、元来ズク鉄下直之品ニ御座候ニ付、遠方より取寄候而も、又者近郷近国破鍋釜等相用ひ候ても、入用格別之儀、無御座候、万一場所ニより運送不自由之所者、如何可有御座候哉、此儀者難計奉存候、乍併壱ケ年ニ弐三万斤ならて者出鉛不仕候山々者、鉛鉑ニ悪者之ドジ鉑・ドウキシ（シンカ）鉑抔相交り、仕成方手数余慶相懸り、割合より雑用相嵩、元付高直ニ相成申候、都而北国・奥筋之鉛山者、ユリ物師等之雑用相懸り不申様承り及申候、且鏈筋ニよりユリ物師相懸り候所も御座候得共、過半

鉑石之儘吹方仕候、西国筋者、但州生野鉛・摂州多田山・紀州楊枝山・備中小泉山等、其外端山勿論、何れもユリ物師相掛り候義ニ御座候、然共生野山抔者、多分出鉛仕候ニ付、諸雑費無少ニ相掛り候様奉察候、前書申上候振合ニ御座候ニ付、銅鉑石取出し候と者、格別元付下直ニ相成候様奉存候、尤鉛山計之国々者、外稼方も無御座候得共、銅鏀・鉛鏀連山之国々者、元付下直ニて御買上高直ニ相成、稼方便利宜敷、鉛鏀計相稼候ニ付、自銅山方仕入不積りニ相成、銅山方追々不進御座候様奉存候、右御尋ニ付、書付を以奉申上候、以上

文化十一戌年　　　　住友吉次郎

正月廿五日　　　　代官兵衛

銅座御役所

これを摘記すると次のようになる。

（一）鉛は鉑吹きだけで荒鉛になる。

（二）銅鉑と鉛鉑が混ざっている場合は焼竈で焼く（その上で鉑吹き）。

（三）ドジ鉑（鉛鉱石の一種）などが混ざっている場合、臼で砕いて篩《ふるい》にかけユリ物にする、すなわち水洗いし水汰《ゆ》りする（その上で焼竈・鉑吹き、または鉑吹き）。

（四）鉑吹きのときズク鉄(32)（銑鉄、鉛製錬の触媒として）を入れる。

（五）北国・奥筋の鉛山は（一）の場合が多い。

（六）西国の生野・多田・楊枝・小泉などは（三）の例である。

鉛は銀と伴出する場合も多く、「鉱山至宝要録」（秋田藩士黒沢元重著の鉱山書）の次の記述は、「やに(33)」の有無によって製錬法が異なることを述べたものである。「やに」はこの場合、銀のやにであろう。

鉛の鉑は石金と白粉と云有。鉑は鉛の鉑の如く見ゆるなり。其勝れて能きを水入らずと云、白粉と云は白き岩の様なる物也。石金鉑はやに有て、おりかぬる故、ならしを入て吹、炭も多く入るなり。白粉鉑はやになき物にて、おりやすきにより、何も合種を入れずに吹く、炭も多く入らぬ物なり。石金鉑の鉛は、多少は有れども、何れも床尻の銀有。白粉鉑の鉛には、床尻の銀なき物なり。

また前述の「諸国金銀山御取調書」に記されている鉛の製錬法は、津軽の鉛山の場合に基づいたものであろう。その記述は次のとおりである。

一鉛山石かね拵方、鋪出し荷から臼にて踏、籔上ケ致シ、羽色汰板ニて取減、五歩位迄受取、其余仕直しに致し、埏ものハせり船ニて洗もあり、後味石金ハ板にて取、又は木綿ねこにて取も有、買入直段壱貫目ニ付百文ゟ百弐拾文位迄定目、山ハ壱人に付七百目位より壱貫目迄、山次第なり

一焼釜燃込百五拾貫目、炭木壱張、炭三貫目、衣草五貫目位、山に寄り弐度焼も有、三度焼も有、釜差渡五尺、深サ三尺五寸、嵐口壱ツ、嵐ハ木ニて取てよし

ここで述べているのは、右の「住友吉次郎申上書」にいう「ユリ物」にする製錬法である。「諸国金銀山御取調書」には鉛製錬の収支計算も記されており、経費を表4に表示した。これによると、石鉛一五〇貫目を焼釜で三度焼いたのち、床一枚で吹くと、中出鉛六〇貫目が得られる。その売値銀一貫五〇〇目から諸経費四七八匁二三（表示合計では四七八匁二四二）を差し引くと、利益が一貫〇二一匁七七となる。

鉛は鉱石のままで金・銀などの製錬に使用されることも少なくなかった[34]。銀・銅などと伴出する場合には、鉛は副次的な産出物の位置に置かれる。その上、鉛自体の製錬法が比較的簡単であることと相俟って、鉱山書の類で取り上げられることも金銀銅に比べると少なく、研究は進んでいない。

表４　鉛の製錬経費の見積もり

焼釜の経費

石鉛	150貫目	300匁	
焼木	３張６歩	12.6匁	１焼５日、３度焼で14～17日
衣草	５貫目	１匁	
堅炭	９貫目	3.15匁	１焼３貫目、３度焼
釜大工	１人	３匁	１カ月30匁、釜10枚吹
合計		319.75匁	

床屋の経費

吹炭	60貫目	21匁	
鉛	３貫目	10匁	
床大工	１人	4.75匁	１カ月47匁５、床10枚吹
床や手子	２人	６匁	
銭		1.5匁	衣服・敷物・諸道具
鋪内普請		66.66匁	
役人	２人	６匁	
山分役	１人	5.166匁	
鋪方役人	１人	9.5匁	
台所手代	１人		
台所仲間	２人	６匁	
山色取	１人	3.166匁	
鉛駄賃	３個75	18.75匁	山元～弘前
合計		158.492匁	

焼釜・吹床総計	478.242匁

出典：大阪経済大学日本経済史研究所所蔵「諸国金銀山御取調書」。

（四）鉛の消費と流通

近世において鉛の用途として第一に挙げられるのは、金・銀の製錬である。小葉田淳『日本鉱山史の研究』には、「製錬における鉛の使用が、ただちに産銀のそれ（生産量）を正しく示すものではない」と断った上で、「坑場法律」によって、「鉛一万貫目を費消した場合、中品の鉱にて銀一五〇〇貫ほどをうることとなる」という、一つの目安が記されている。日本銀の輸出は、十七世紀初期（一六三〇年代）において、一カ年丁銀四、五万貫にも達したのではないかという同氏の推定[35]と重ね合せると、鉛の消費量の大きさ、ひいては鉛鉱業の盛大さが想像される。

銀の輸出が盛んであった時期、寛永通宝の鋳造が始まった（寛永十三年＝一六三六）。寛永期の鋳銭高を直接に示す史料はないが、四カ年一一銭座で合計二七五万貫という数字が推算されている[36]。これに必要な鉛の量を算定するのに、元文・寛保期（一七三六〜四三）の秋田の鋳銭の場合の混合比率[37]を適用すると、寛永期（一六二四〜一六四四、うち鋳銭は一六三六年から四カ年）の銭の鋳造に必要な鉛は、合計四九万貫（三〇六万二五〇〇斤、年平均七六万五六二五斤）にも上ることになる。

銀の生産は急速に衰退し、まもなく銅の生産が急増して、極盛期の元禄期（一六八八〜一七〇四）には年産一〇〇〇万斤ほどにも達したと考えられている。そして大坂の銅吹屋が南蛮吹のために使用する鉛の消費が増大し、鉛の用途の主要なものとなった。元禄十三年（一七〇〇）五月の大坂の吹屋代表者の報告によると、諸国銅山の出来銅高およそおよそ八〇〇万斤、このうち七〇〇万斤から鍰銀《しぼりぎん》およそ八〇〇貫目余と見積っている[38]。これだけの南蛮吹をおこなうには、銅一〇〇斤当たり燃鉛《もえなまり》（消費される鉛）七斤と仮定[39]すると、燃鉛の合計は四九万斤に上る。

銅の生産が増加しはじめた寛文期（一六六一〜七三）から、銭の鋳造が再びおこなわれるようになり、また正徳・享保期（一七一一〜三六）には金銀貨の品位引き上げのための吹分け用の鉛が必要となるなど、鉛の消費は引き続き大きかったが、近世初期の銀の大増産期に比べると、大分減少しているであろう。

銅の生産が増大し、その精錬・抜銀が大坂に集中され、とくに輸出用銅の精錬・鋳造が大坂の銅吹屋仲間の独占するところとなるのと並行して、大坂が鉛の最大の市場になっていったものと思われる。表5は、鉛の取引値

表５　鉛の値段の概況

年　次	値　　段 〔　　〕内は鉛100斤あたりに換算した値段	出　典
慶長19(1614)	英国商館鉛100斤につき江戸にて60匁で売却。大坂市中相場45匁	註(23)岡田論文
元和２(1616)	英国商館鉛100斤につき京都75匁、大坂74匁、平戸67匁で売却	同上
〃　６(1620)	秋田藤琴鉛買い上げ値段を10貫につき銀45匁〔72匁〕、７年からは５年以前に復して40匁〔64匁〕とする。御払い値段はその４～７倍	『日本鉱山史の研究』
〃　７(1621)	幕府、英国商館から鉛100斤につき45匁で買い上げる	岡田論文
〃　９(1623)	佐渡鉛座、越後村上藩から鉛15,000貫を銀50貫で買う〔53匁３〕	『新潟県史』資料編９
寛永４(1627)	藤琴鉛買上値段を10貫につき50匁〔80匁〕から45匁〔72匁〕に引き下げる	『日本鉱山史の研究』
〃　７(1730)	越中長棟の召上鉛買値は判金１枚(朱封銀430匁)につき鉛110貫〔62匁５〕。富山・宮腰での売値は80貫〔86匁〕	『長棟鉱山史の研究』
〃　17(1640)	長棟の召上鉛(富山渡)は朱封銀１貫につき770貫〔20匁８〕、売値は36貫につき100目〔44匁４〕	同上
延宝元(1673)	長棟の召上鉛値段、通銀(丁銀)１貫につき270貫となる〔59匁３〕	同上
天和２～３(1682～83)	佐渡が加賀・越中から(長棟鉛を)銀１貫につき166貫〔96匁４〕で買う	同上
元禄元(1688)	長棟鉛を山師が仲買へ売るのは10貫につき銀15匁〔24匁〕、召上げ鉛は銀30匁〔48匁〕、平売は銀40匁〔64匁〕	同上
享保20～寛保元(1735～41)	大坂で荒鉛100斤につき、享保20年(1735)古銀40～60匁、元文元年(1736)文銀65～90匁、同２年(1737)70～110匁、同３年(1738)140～180匁、同４年(1739)130～215匁、同５年(1740)230～342匁、寛保元年(1741)235～365匁	「銅座要用控」七番(『住友』㉔)

元文３〜寛政８(1738〜96)	長棟鉛を後見が山師から買い上げる値段、最高延享元年(1744)98匁〔156匁８〕、最低宝暦６年(1756)55匁〔88匁〕	『長棟鉱山史の研究』
延享２(1745)	大坂で棹鉛250目につき、３月銀６匁２〜５匁８〔396匁８〜371匁２〕、４月５匁６〜４匁５〔358匁４〜288匁〕	「銅座要用控」八番(『住友』㉗)
寛政９(1797)10	大坂で100斤につき銀350目	「年々記」
文化４(1804)８	大坂吹屋仲間、紅毛鉛を100斤につき銀380目で買請け願	同上
〃　７(1710)７	大坂で秋田吹返鉛落札値段100斤につき338匁５	同上
〃　13(1716)７	大坂で文化11(1814)まで荒鉛270〜300目余、当時端山もの荒鉛170〜180目、松前鉛は185匁位と値踏み	同上

段について、これまでに判明するところを例示したものである。ここには、山元における買上げ値段、細工人など製造業者が買い入れる値段、輸入鉛の値段など、いろいろな場合が混在しており、しかもごく限られた事例にすぎないが、鉛の生産・流通状況をうかがう上で、ひとつの手がかりとなるであろう。

これによると、一六二〇年代までは鉛の値段は、山元において、江戸や京坂などの都市よりも、はるかに高かった。大坂の陣に当たって、それらの都市で弾丸の材料用の鉛が高騰したときに、山元の値段に匹敵するくらいであった。そのころ、鉛の生産とその主要な用途である金銀の製錬が、日本海沿岸の各地の鉱山で頂上期を迎え、互いに一つの流通圏に結ばれていたようである。そして都市はこれとは別個に、貿易と結びついた流通圏を形成していたと考えられる。

それからまもなく、金銀山の衰退は、鉛値段の下落、鉛山の衰退を招いたようである。一六七〇年代から金銀に代わって銅が大増産期に入り、産銅は銅の精錬技術の高度な大坂へ集中しはじめ、それは鉛の流通状況にも大きく影響したことと考えられる。

元文三年（一七三八）ごろから、大坂で鉛の値段が高騰した。その原因として、元文・寛保期（一七三六〜四四）の秋田の鋳銭のために、秋田鉛の大坂廻着が減少したことが指摘されている。[40] 幕府は寛保元年（一七四一）、鉛細工人以外の者が鉛を買い置くことを禁じ、[41] 翌二年（一七四二）、大坂銅吹屋仲間に鉛の一手買入れを命じた。[42] これは幕府が鉛の流通を統制した最初であり、その眼目は南蛮吹精錬用の鉛の確保にあった。ここでは大坂を中心とする鉛の流通圏の存在が前提されている。元文（一七三六〜四一）から寛政（一七八九〜一八〇一）にかけての長棟鉛の買上げ値段の推移も、大坂のそれにほぼ並行しているようである。[43]

享保期（一七一六〜三六）からは鉛の輸入も相当盛んであった。長崎のオランダ商館は、享保期（一七一六〜三六）の二〇年間に七四八、七六三斤を売り、同八年（一七二三）の二四七、一八六斤が、江戸時代を通じて年間の最高販売量であった。輸入はさらに増え、安永三〜寛政元年（一七七四〜八九）の一五年間に、一、〇一四、七九九斤を売った。[44] 鉛は唐船によって、少量ながら輸出もされている。[45]

明和三年（一七六六）に銅座が設置され、銅吹屋仲間は、鉛一〇〇斤につき銀一五〇目の見積もりで算定された吹賃で、精錬を請負った。寛政（一七八九〜一八〇一）ごろから鉛の廻着が減少したらしく、高値になり、その傾向が続いたために、幕府は再び鉛の統制に乗り出した。

文化九年（一八一二）十一月、近来諸国荒鉛が払底して値段に高下があるので、諸国出鉛を銅座が一手に買い入れる旨の幕府の触が出された。鉛の荷主・問屋は銅座へ売り上げて代銀を即座に受け取り、また鉛の買い入れを希望する者は、代銀を銅座へ納めて売切手を受け取り、住友方で鉛と引き換えるようにとある。

大坂において寛政（一七八九〜一八〇一）ごろから高騰が続いていた鉛の値段は、この仕法が実施されると、鉛の大坂廻着が増加したために急速に下落した。翌年十二月、以前のごとく勝手売買（自由売買）の触が出された。この仕法はその限りでは功を奏したといえる。この仕法を受けて飛驒では高山役所から村々へ、他売りを禁ずる旨の触が出され、茂住《もずみ》村銀山から請書が出された(46)。
このころ、大坂における鉛の需要を見積もって住友が書き上げたのが、文化十一年（一八一四）正月付「鉛一カ年捌方凡積りにつき住友吉次郎口上書」である。銅の南蛮吹精錬用はこれには含まれておらず、それは数万斤程度ではなかったろうか(47)。

乍憚口上

一鉛壱ケ年捌方凡積御尋被為成、奉畏候、左ニ奉申上候

一白粉地　拾万斤内外
一丹地
〆
一硝子地　壱万五千斤余
〆
一漁猟方
一鋳物方　三拾万斤内外
〆　但此分地棹と相唱申候

右凡積りニ御座候、白粉地之分者、直段高直ニ相成候而も、於潰方不同無御座候、丹地者直段余り高直ニ相成候而者、御用丹も相納候儀ニ付、難引合儀も御座候様奉存候、其外硝子地・漁猟方・真鍮・唐金・鋳物幷錫差交候迄、都而地棹と相唱候分、銅より直段下直ニ相成候時者、引合候儀ニ付多分差交、潰方多御座候、鉄砲玉之儀者、鉛より外ニ相用ひ候品も無御座候ニ付、少シ高直ニ御座候而も相用ひ候得共、是等之儀者潰方無少ニ御座候、浦々漁方ハ、近年鉛高直ニ相成難引合、其上身元薄者ニ御座候ニ付、大網之岩沈抔、都而

石・瓦之類交相用ひ候、併瓦・石相用ひ候而も不猟ニ御座候得共、鉛高直之処江引当候時者、矢張瓦・石相用ひ候而も引合候ニ付、自漁方無数ニ御座候得共、鉛直段下直ニ相成候ハヽ、右凡積りより、捌方格別相増候様奉察候、右之通御座候、已上

文化十一戌年

正月

住友吉次郎

代官兵衛

銅座御役所

幕末、金銀の産出は低迷していたが、天保（一八三〇～四四）以降の金銀貨の増改鋳のため、とくに銀の需要が増大し、それまで鉛に含まれるままにされていた程度の銀をも絞るようになった(48)。安政二年（一八五五）、飛驒高山に銀絞吹所が設置されたのも、主として鉛から銀を絞るのが目的であった。しかし鉛は酸化・揮発しやすいため、このような銀の採取は、鉛の損失になるものであった(49)。銀の採取が督励されたため、嘉永・安政期（一八四八～六〇）に飛驒で鉛の生産が伸張している。しかし短期間に老山化し、また諸物価の高騰などもあって永続しなかった(50)。

（五）残された課題

鉛の生産・流通・消費について、現在知られる史料は多くはない。個別鉛山の経営、あるいは藩の鉛に対する統制などの研究のほかにも、次のような点について注意を向ける必要があろう。

（1）鉛山の分布について、鉱山書・地誌類・地方史料などに少しずつ記されている記事を採集・総合する(51)。

（2）鉛の輸送、とくに海運関係史料に現れる鉛に関する記事は少なくないと思われる。

（3）鉛の用途や鉛丹・白粉などの製法の調査(52)。

（4）貿易における鉛について、輸入鉛の量は、国産鉛の不足を補なう程度ではあるが、軍需品としての意味が前面に出ることもあった[53]。輸出鉛についても、その詳細は現在不明である。

（5）鉛の値段・消費量・流通量についての史料もまだ限られている。

（1）薩摩藩の貿易銅は琉球から中国（清）への進貢用で、近世中期以降は住友が、所持銅のうちから隔年に細棹銅三〇〇〇斤余を供給した。明和銅座が設置されると、銅座の許可を受けて供給した。細棹銅は薩摩藩の貿易銅専用の細形の吹銅である。住友家文書一八―五―一「年々記」寛政四年（一七九二）十一月条。薩摩藩の調達銅の数量は対馬藩にくらべてずっと少なく、関連史料も少ないので、本書では論述を省略する。

（2）日本銀行調査局編『図録　日本の貨幣』2近世幣制の成立（東洋経済新報社、一九七三年）、『同』3近世幣制の展開（一九七四年）、『同』4近世幣制の動揺（一九七三年）。

（3）「銅座公用留」（『住友』④）八六頁。翌年の古来銅屋の申し出は「鉱業諸用留」（『住友』⑤）一六八頁。

（4）註(2)日本銀行調査局編『図録　日本の貨幣』3、小葉田淳「銅座の銭座について――大坂高津新地の鋳銭――」（『日本銅鉱業史の研究』思文閣出版、一九九三年）。

（5）「銅座要用控」八番（『住友』㉗）一〇二頁。

（6）「去ル子年ゟ辰年迄五ケ年分諸国江売出候細工向銅高幷売直段之書付」（『住友』⑮）。

（7）「銅会所御公用帳（享保四年）」（『住友』⑱）五四頁、六八頁。

（8）「銅会所公用帳（享保三年）」（『住友』⑮）二九六頁、住友家文書二六―五―六「銅会所万覚帳」。

（9）住友家文書一四―六―一・二「銅方公用帳」二番・三番。

（10）住友家文書一九―三―一〇「吹屋公用帳」一番。

（11）田代和生『近世日朝通交貿易史の研究』（創文社、一九八一年）、同『新・倭館――鎖国時代の日本人町――』（ゆまに書房、二〇一一年）。

（12）「宝永六年日記」（『住友』⑩）一六頁、「年々諸用留」二番（『住友』②）一七七頁。

(13) 表1のうち元禄九～宝暦十二年（一六九六～一七六二）の出典は、「年々諸用留」四番（『住友』⑦）二三七頁、註(9)「銅方公用帳」二番、初村家一一〇―五「宝暦四戌年ゟ同十二午年迄諸山大坂廻銅元ニ立年々潰シ高差引書付」で、調達先は住友だけとは限らない。住友単独売渡分が判明する事例としては、貞享三年（一六八六）銅九〇〇〇斤と延板銅四万斤を販売し（住友家文書二七―三―一三「銀出入帳」）、「上棹銅帳」（『住友』⑤）、住友銅吹所の棹銅製造・売買の記録）によると、貞享四年（一六八七）三万斤、元禄二年（一六八九）一万斤、同三年（一六九〇）一万斤、同五年（一六九二）三万斤、同八年（一六九五）二万斤、同九年・十年（一六九六・九七）各四万斤を販売した。註(3)「鉱業諸用留」によると、元禄五・六年（一六九二・九三）に住友は、荒銅三二万斤、棹銅一万斤、延銅六万斤を販売した。住友家文書一九―二―六「別子銅申年ゟ亥年迄出来高幷御用銅売払方請払留、他」によると、享保元年・二年（一七一六・一七）各一〇万斤、同三年（一七一八）五万斤、同四年（一七一九）七万五〇〇〇斤を販売した。同表の宝暦十三～明和二年（一七六三～六五）の出典は、註(11)田代和生『近世日朝通交貿易史の研究』三六七頁表Ⅱ25、原史料は対馬歴史民俗資料館所蔵宗家文庫史料、記録類Ⅱ／勘定方／F／2明和三年「於大坂吹屋中其外銅ニ携り候売買躰去ル未年以来銅出入御吟味差起り候段内野一郎左衛門阿比留伝右衛門方ゟ申越候書状此方ゟ返答申越候書状其外御支配御方ゟ江戸古川大炊殿御方江被差越候御状覚」。

(14) 註(11)田代和生『近世日朝通交貿易史の研究』二六〇頁。

(15) 住友家文書二―二―二―一一、寛政九年（一七九六）六月「新古証文・小手形返却受領の覚」。拙稿「寛政期、住友本店の古貸の処理について――銀座・対馬藩・津軽藩の例を中心に――」（『住友史料館報』第四〇号、二〇〇九年）にこの史料および関連史料の翻刻と考察がある。このとき、上げ切りで処理して本証文は対馬藩に返却したが、包紙が伝存するもの、関連史料が残っているものがある。註(13)「年々諸用留」四番、住友家文書五―五―三「逸題留書」、同三五―二「対州藩掛合帳」などに記事がある。はじめその都度記載していた記録を、寛保元年（一七四一）から（過去の証文の記事は享保十五年（一七三〇）から）特化した記録が「対州藩掛合帳」である。「銅座方要用控」一番・二番（『住友』㉑）には元文銅座初期の対馬藩への売銅の記録がある。

(16) 註(15)のうち。

(17) 拙稿「長崎貿易体制と元文銅座」（『住友史料館報』第三八号、二〇〇七年）。賀川隆行「天明五年の大坂御用金と対

馬藩」（同『江戸幕府御用金の研究』法政大学出版局、二〇〇二年）一〇五頁、一一三頁で、対馬藩の「長崎御用金」借用残の滞り一四〇七貫五〇〇目として述べている件の発端で、勘定奉行兼帯長崎奉行松浦信正が対馬藩に押しつけたものである。

(18) 初村家一〇八—二〇「銅座記録」。岩崎義則「長崎御用銅会所の財政構造」（『長崎談叢』第七九輯、一九九二年）七一頁に表示がある。

(19) 国立国会図書館所蔵宗家文書八二三—四〇「交易銀御借用之処御返済滞高等記録」。

(20) 註(11)田代和生『近世日朝通交貿易史の研究』二七四頁。

(21) 註(3)「鉱業諸用留」二〇五頁。

(22) 田代和生「対馬藩の朝鮮輸出銅調達について——幕府の銅統制と日鮮銅貿易の衰退——」（『朝鮮学報』第六六号、一九七三年）二〇二〜二〇四頁。

(23) 小葉田淳『鉱山の歴史』（至文堂、一九五六年）。同『日本鉱山史の研究』（岩波書店、一九六八年）。長棟鉱山史研究会編刊『長棟鉱山史の研究』（一九五一年）。同「飛騨平湯鉱山史の研究——明治以前における——」（『三井金属修史論叢』第三号、一九六九年、のち同『続日本鉱山史の研究』岩波書店、一九八六年に収載）。三井金属鉱業株式会社修史委員会編『神岡鉱山史』（三井金属鉱業株式会社、一九七〇年）。佐藤典正『細倉鉱山史』（三菱金属鉱業株式会社細倉鉱業所、一九六四年）。岡田章雄「建設期の江戸幕府による軍需品の輸入について——特に鉛を中心として——」（『岡田章雄著作集』Ⅲ、思文閣出版、一九八三年）。一九九〇年代以後、註(4)小葉田淳『日本銅鉱業史の研究』があり、また長谷川成一氏の津軽尾太銅鉛山の一連の研究がある。「陸奥国尾太鉱山に関する一知見」（『日本歴史』六〇〇号、一九九八年）、「尾太以前——近世前期津軽領鉱山の復元と鉱山開発——」（『青森県史研究』第七号　二〇〇二年）、「延宝・天和期の陸奥国尾太銀銅山——津軽領御手山の繁栄と衰退——」（弘前大学人文学部『人文社会論叢』（人文科学篇）第一二号　二〇〇四年）、「延宝期尾太鉱山絵図の研究——「御金山御絵図」の解析と考察——」（弘前大学人文学部『人文社会論叢』（人文科学篇）第一三号、二〇〇五年）、「天和〜正徳期（一六八一〜一七一五）における尾太銅鉛山の経営動向」（弘前大学人文学部『人文社会論叢』（人文科学篇）第二〇号、二〇〇八年）、「足羽次郎三郎考——その虚像と実像——」（浪川健治・河西英通編『地域ネットワークと社会変容——創造される歴史像——』岩田書院、二〇〇八年）、本書の脱稿後に刊行されたものに、平尾良光・飯沼賢司・村井章介編『大航海時代の日本と金属交易』別府大学文化財研究所企画シリーズ③「ヒトとモノと環境が語る」（思文閣出版、二〇一四年）がある。

(24)「宝の山」「諸国銅山見分控」（『住友』⑥）。

(25) 住友家文書一八―五―一「年々記」（寛政二～享和元年＝一七九〇～一八〇一）、一八―五―二「年々記」（享和二～文化四年＝一八〇二～〇七）、一八―五―三「年々記」（文化五～十二年＝一八〇八～一五）、一八―五―四「年々記」（文化十三～文政三年＝一八一六～二〇）、一八―四―一「年々記」（文政三～八年＝一八二〇～二五）、一八―五―五「年々記」（文政九～天保二年＝一八二六～三一）。

(26) 竹内秀山著、明和八年（一七七一）成立、『日本鉱業史料集』第一期近世篇②（白亜書房、一九八一年）。

(27) 大阪経済大学日本経済史研究所所蔵。この文献は、「金銀銅鉛山仕方」（日本鉱業史料集刊行会編『日本鉱業史料集』第四期近世篇下所収、底本は九州大学工学部資源工学科架蔵）と同内容で、用字・行取り・筆跡が共通する。本来の標題がなく、書名は仮題であることも、九州大学架蔵のものと共通する。この両本は同じころに作られた姉妹本である可能性が高い。なお「金銀銅鉛山仕方」は現在、九州大学デジタルアーカイブNo.五四で画像をみることができる。

(28) 秋田県編刊『秋田県史』第三冊（一九一五年）。

(29) 小葉田淳「元文・寛保期の鋳銭について――秋田の鋳銭――（続）」（『史窓』第三九号、一九八二年）。のち同『貨幣と鉱山』（思文閣出版、一九九九年）に収載。

(30) 註(23)小葉田淳『日本鉱山史の研究』六四〇頁。

(31) 註(25)「年々記」文化十一年（一八一四）正月二十五日条。

(32)「鉱山至宝要録」（『日本科学古典全書』第一〇巻所収、朝日新聞社、一九四四年）三九頁に、「鉄吹おろしたるをづくと云、鎌金とも云ふなり。鉄はづくにて作る也。刀鍛冶もづくにて作る事あるなり。づくを又吹て鉄にするなり、切子鉄と云ふなり」とある。また註(23)佐藤典正『細倉鉱山史』所引の松坂家文書「御山例書」に、「吹候節はならしとて鍋釜類之古地金を入とかし」とある。

(33) 同書三六頁に「金・銀・銅・鉛も、床にてとかしたるを湯と云ふ。其湯に成り安きを、下り安きと云、湯に成りにくきを、こはり物と云ふ。こはり物は湯に成りても、銀滴少くおりて鍰残るなり、夫は碚など多き鉑なり。碚と言は銀の碚なり、（中略）碚はねばる物故、金を包みて下へやらず、其内に金も碚と共に氷りて、からみと成る也。左様の鉑吹に、合種を入る、事なり」とある。山形県編刊『山形県鉱山誌』（一九五五年）には、ヤニは閃亜鉛鉱の通称とある。なお「ならし」については註(32)参照。

(34) 阿仁で金・銀、生野で銀・銅、石見で銀の製錬に石がねを使用している（註23小葉田淳『日本鉱山史の研究』）。石見銀山で、銀の製錬に使用する鉛鉱石を「あへ」と呼んでいる（「石見国銀山旧記」、『近世社会経済叢書』第八巻所収）。

(35) 小葉田淳『金銀貿易史の研究』（法政大学出版局、一九七六年）七頁。「坑場法律」の数字を単純にあてはめると、銀五万貫目を得るには、鉛三三万貫目（二〇六万二五〇〇斤）が必要という計算になるが、銀鉱石の性質や製錬法によって、大きな差があることはいうまでもない。

(36) 註(2)日本銀行調査局編『図録　日本の貨幣』2近世幣制の成立、一三一頁。

(37) 鋳銭の行われた元文三～寛保三年（一七三八～四三）のうち、地がねの配合の判明する元文四～寛保三年（一七三九～四三）の鋳銭高五二万二〇一三貫文につき、鉛は九万三〇二四貫目（五八万一四〇〇斤）である。小葉田淳「元文・寛保期の鋳銭について――秋田の鋳銭――」（『史窓』第三八号、一九八一年）。のち註(29)『貨幣と鉱山』に収載。

(38) 註(3)「鉱業諸用留」一七五頁。

(39) 明和銅座期の南蛮吹の基準では、荒銅一〇〇斤につき滴銀一三匁以下のとき、差鉛二貫八〇〇目、燃鉛七斤、とある。住友家文書一九―四―四「御用諸山銅紀吹留帳」。

(40) 註(29)参照。

(41) 『大阪市史』第三、触一八〇四・一八二四。

(42) 註(41)参照。

(43) 註(23)長棟鉱山史研究会編『長棟鉱山史の研究』、同註『神岡鉱山史』。

(44) 山脇悌二郎『長崎のオランダ商館　世界のなかの鎖国日本』（中央公論社、一九八〇年）八三頁。

(45) 正徳四年（一七一四）一三五〇斤、天明四年（一七八四）一万七五〇〇カテー、同五年（一七八五）一七〇〇カテー。荒居英次『近世海産物貿易史の研究――中国向け輸出貿易と海産物――』（吉川弘文館、一九七五年）一三四頁、一五五頁。

(46) 註(23)『神岡鉱山史』一三一頁。銅座一手買入れ廃止ののちも、茂住の鉛はおもに大坂へ送られた。
(47) 註(25)「年々記」文化十一年（一八一四）正月条。当時秋田加護山銀絞吹所が活動しているなど、銅山山元での南蛮吹が増えてきたことと銅の産出の停滞とが重なって、大坂における南蛮吹が減少していた。
(48) 安政四年（一八五七）から慶応二年（一八六六）の間に、飛騨高山銀絞吹所で平湯鉛から絞った銀は、鉛一〇貫につき最高一八匁三、最低一四匁〇四（鉛一〇〇斤につき二九匁二八から二二匁四六）であった（註23『神岡鉱山史』二四九頁）。文化十三年（一八一六）七月に住友は、鉛一〇〇斤につき含銀四〇匁内外なくては、鉛の値段に関係ない、と述べている（註25「年々記」）。
(49) 註(23)『神岡鉱山史』二四六頁に、「漉鉛は抜銀した鉛で、ふつう四割減るといわれていた」とある。
(50) 註(23)『神岡鉱山史』。
(51) 敦賀の「寛文雑記」に、鉛を移出する国々として、越前、越中、越後がみえる（『敦賀市史』史料編第五巻、一九七九年、八四、八五頁）。また酒田の船問屋加賀屋二木家の史料によって、寛永（一六二四〜四四）中期に、出羽延沢銀山へ長棟鉛が売られたことが判明する。小葉田淳「本間美術館所蔵の一文書（研究余録）」（『日本歴史』第三八五号、一九八〇年、のち同『史林談叢――史学研究六〇年の回想――』臨川書店、一九九三年に収載）。
(52) 住友の古い別家泉屋勘七は、大坂心斎橋錺屋町の白粉商である。なお白粉・鉛丹については大阪絵具染料同業組合編刊『絵具染料商工史』（染料同業組合、一九三八年）参照。
(53) 徳川幕府建設期、とくに大坂の陣の際の軍需品としては、註(23)岡田章雄「建設期の江戸幕府による軍需品の輸入について――特に鉛を中心として――」参照。

第五章　元文銅座と大坂銅商人

第一節　元文銅座の鋳銭

徳川将軍吉宗が元文元年（一七三六）、大岡忠相（江戸町奉行）らの提言を容れて着手した元文改鋳とそれにともなう銅銭鋳造用の銅の大量需要のため、銅相場が高騰すると、それを機に銅座が設置された。この元文銅座の前半期は銅銭の大量鋳造期、おそらく近世最大の鋳造期かつ銅相場の高騰期で、銅製の寛永通宝一文銭の鋳造は採算の限界に達した。また改鋳する銀貨の鋳造にも添加する銅が必要であった。増鋳する銅銭と改鋳する銀貨の素材として需要の高まった市場に対して、元文銅座では元禄銅座同様、鋳銭用の銅は統制の対象外であった。しかも銅座自体が鋳銭活動をおこない、それによって短期間で多額の損失を出した。

第四章第一節で指摘したように、銅値段が一〇〇斤につき二四〇目になると、鋳銭事業は理念的には赤字に転じる。住友家文書によって相場を生野銅の例でみると、大坂相場は享保十五年（一七三〇）十二月に九六匁三ほどであった。元文二年（一七三七）四月上旬から二十日ころには二一〇〜二二二匁、二十日すぎから月末にかけては二一〇匁ほどであった。(1) 六月に銅座が設置されると、生野銅の買い上げ値段は秋田銅に準じ、一七〇目となった。

元文銅座は銭座を経営した唯一の銅座で、その経営は失敗に終わった。銭座の場所は大坂の高津新地で、銅座掛りの銀座年寄徳倉長右衛門・平野六郎兵衛が出願し、元文五年（一七四〇）十一月に認可された。寛保元年（一七四一）三月鋳銭をはじめ、五月から銭を売り出した。延享二年（一七四五）九月に差し止められ、正味四年半という短期間であった。地金の調達に苦しみ、鋳銭歳額二〇万貫文の三分の一も生産できたかどうかといわれる。

小葉田淳「銅座の銭座について――大坂高津新地の鋳銭――」[2]はこの銭座に関する初めての研究で、概要を明らかにし、銅座開設のため公儀から五万両を拝借したという史料を紹介している。同時にこの銭座には不明・不審な部分が少なくないことを指摘している。例えば、各地に置かれていたほとんどの銭座の活動が終了し廃止されたのちに、なぜ開業したのかという理由である。また、延享元年（一七四四）十一月、勘定奉行神尾春央が大坂の旅宿で銅吹屋仲間に語ったなかに、銅座の銭座は本主（銀座年寄）から願い出てできたものではなく地売銅売りさばきのため奉行が申し付けたものとあるが、それは大坂廻着銅・地売銅・銭相場・銅座経営などの種々の変化や困難を踏まえて、奉行が銅座を支援する立場から述べているようであると指摘し、別の箇所では、銅座設置前（元文二年〈一七三七〉五月付と同三年正月付）の銅対策の存寄書（銅吹屋の意向を反映したもの）を紹介して、銭座はこの構想に沿ったものとしている。

この銭座は具体的な内訳は不明ながら多額の損失を出した。判明するものが二件あり、損失の(一)は二四五一貫目余で、長崎会所が大坂御金蔵に延享四年（一七四七）から年賦返納した二一万両余に含めるという処理をされたことは前述した（第三章第四節）。損失の(二)は寛延三年（一七五〇）の「銅座勘定帳」に計上されている一二〇〇貫目余で、これは銅座からの借入であり、「元年寄徳倉嘿斎銭座相勤候節銅座ゟ取替置候分、是者先年銭座御用徳倉嘿斎・平野六郎兵衛へ被仰付候内銅座ゟ取替相成候分、追々致相対可請取分」とある（本書二三七頁㊳）。「銅座勘定帳」については本章第三節で検討する。(一)と(二)の合計は三六五一貫目余にものぼった。

右の損失(一)の銭座失脚（損失）金部分の史料は次のとおりである。(3)

去々丑年渡候銅座鋳銭諸失脚代之分

一銀弐千九百三拾壱貫六百目

但

金弐万七千三百両余　大坂鋳銭座中途止候失脚損金

同弐万千四百両余　吹賃・鉛代三万六拾両之内、八千六百両亥・子年徳残

〆四万八千七百両余

右之所ニ大坂御金蔵ゟ銀弐千九百三拾壱貫六百目銅座へ御取替

内

金ニ而八千両　去々丑年納

銀ニメ四百八拾貫目　延享弐丑年上納

○残弐千四百五拾壱貫六百目

此分右同断

このように、銭座の損金四万八七〇〇両余に対して大坂御金蔵から銀二九三一貫六〇〇目を銅座へ取り替え（立て替え）られ、そのうち四八〇貫目は返済し、残二四五一貫六〇〇目が長崎会所からの返納金二一万両余のうち⑤「銅座鋳銭諸失脚返納残之分」（本書一六五頁）となったのであった。銭座当初の公儀拝借金五万両（金一両銀六〇目替えで三〇〇〇貫目）は当然返済しなければならず、この額は右の損金四万八七〇〇両と近似するが、同一のものか別ものかは分からない。銭座の損失の過半を銅座から切り離すこの措置は、銅座の負債を圧縮することによって、銅座の廃止を多少とも容易にするための布石であったと考えられる。

第二節　元文銅座後半の諸問題

（一）元文銅座期の銅値段

元文銅座期を中心にその前後の時期の銅値段を具体的に示す史料は必ずしも多くないが、その傾向をみると値段の変動は大きかったようである。(4)

秋田・別子御用銅については一〇〇斤につき次のとおりである。

		〈秋田銅〉	〈別子銅〉
元文三年（一七三六）	銅座買上	荒銅一七〇匁一八	荒銅一六四匁九六
同　四年（一七三七）	〃	〃　一七七匁一八	〃　一七一匁九六
寛保三年（一七四三）	〃	〃　一五七匁一八	〃　一五二匁
寛延元年（一七四八）	〃	〃　一四二匁一八	〃　〃
同　二年（一七四九）	〃		〃　一四二匁
同　三年（一七五〇）	長崎買入	棹銅一五六匁五二	棹銅一三九匁四八

大坂における銅相場が判明する事例を示せば次のとおりである。

元文三年（一七三七）四～五月　町売荒銅二七〇～二八〇匁
　　　　　　　　　　六～七月　〃　二九〇～三三〇匁
　　　　　　　　　　八月～十月　〃　三五〇～四〇〇目
同年八月　銅座売出地売吹銅三三五匁
寛保三年（一七四三）閏四月　銅座売出地売銅（吹銅ならん）を二一八匁五替とする

同年十月　銅座地売吹銅一九七匁五とする
延享元年（一七四四）七月七日～二年（一七四五）二月初旬　吹銅相場一九三匁～二〇三匁
同年二月　吹銅相場二一〇匁
同年二月中旬～三月　吹銅相場二二〇匁
寛延元年（一七四八）閏十月の大坂における荒銅相場は表1のとおりである。
このの地売吹銅相場は、第六章表1に表示する。これらによって銅値段の変動の傾向をみると、元文改鋳をきっかけに高騰し、のち大きく低落したが、その底値でも高騰前よりは高値であった。相場の振幅は大きく、かつ短期間で急激に変動した。

(二)　元文銅座後半の諸施策

元文銅座の主要な役割のひとつが、長崎会所が銅の大幅な輸出赤字を輸入貿易の利益で補塡する会所貿易を軌道に乗せるまでの、時間稼ぎであったことは前述した（第三章第四節）。このような役割が、当初から幕府勘定所あるいは銅座の構想にあったのか、試行錯誤の結果であったのかは分からない。当初の荒銅の買い上げ値段を秋田藩と交渉して決めたのは勘定所であった。銅座の運営資金の構成は次節でみるが、銅座を加役として経営する銀座からの資金と、輸出銅を銅座から買う長崎奉行からの資金のほかに、御金蔵や大坂町奉行からの資金があり、これらも当然勘定所が命令した出資である。

前節で述べた銭座の経営と、その損失を長崎会所からの返納に含める措置も、勘定所の命令であった。ただし銭座の設置は銅吹屋の願望の反映でもあった可能性がある。

同じく銅吹屋の願望を反映して、銅座は銅山の開発・稼行に熱意があり、御金蔵から資金が出たが、その結果

表1　荒銅値段一覧（寛延元年＝1748）　100斤につき匁

国名	産銅名	値段	国名	産銅名	値段	国名	産銅名	値段
陸奥	尾太平銅	164.00	紀伊	平野元山銅	159.00	播磨	大天銅	173.00
〃	尾太中銅	127.00	近江	甲津畑銅	175.00	〃	椛坂銅	194.00
〃	尾太床銅	84.00	摂津	卯野戸銅	183.00	〃	八重畑銅	181.00
〃	尾去沢銅	151.96	〃	滝間歩銅	167.00	〃	相之尾銅	174.00
〃	白根銅	150.00	〃	多田鍰銅	156.00	〃	小炭釜銅	227.00
〃	熊沢銅	152.00	〃	黒川銅	136.00	〃	栢野木銅	172.00
出羽	永松平銅	178.00	〃	能勢谷寺銅	156.00	備中	吉岡銅	167.00
〃	永松床銅	193.00	丹波	細谷銅	194.00	〃	牛落銅	180.00
〃	永松幸床銅	189.00	但馬	生野銅	157.00	〃	千荷銅	192.00
〃	永松幸平銅	176.00	〃	明延銅	143.00	〃	山形上印銅	164.00
〃	永松錫銅	180.00	〃	中金木谷銅	167.00	〃	小泉銅	204.00
越後	会津鹿瀬銅	145.00	〃	平野銅	154.00	阿波	東山銅	147.00
越前	大野鍰銅	162.00	石見	笹ケ谷幸銅	147.00	〃	神領銅	143.00
〃	大野荒銅	194.00	〃	笹ケ谷銅	163.00	伊予	別子銅	152.00
〃	角野銅	175.00	播磨	立岩銅	173.00	〃	立川銅	152.00
伊勢	治田銅	147.00	〃	金堀銅	189.00	〃	寒南銅	138.00
紀伊	常谷銅	162.00	〃	小家谷銅	210.00	〃	平沢銅	150.00
〃	永野銅	164.00	〃	寺谷銅	172.00	〃	大洲銅	155.00
〃	尻見銅	166.00	〃	相山銅	207.00	〃	出海銅	142.00
〃	平野北山銅	157.00	〃	鋳物師銅	183.00	日向	猿渡銅	147.00

出典：住友家文書35-2「対州藩掛合帳」。

多額の前貸銀が回収不能になり、また銅の産出を刺激したことが相場の下落の一因になった（鋳銭が終了してその用銅が市場に出たことも大きな要因であった）。相場の下落は、専売機関である銅座の商売に損失をもたらし、銀繰りが悪化した。勘定所と銅座と、権限では勘定所がはるかに上位ではあるが、いろいろな局面で実質的な主導権がどちらにあったのか、またそれぞれの役割や一貫した構想があったのかは疑問で、試行錯誤の連続であった可能性が濃厚である。さらには、商人ではあるが銅に精通しており、銅座に債権も持つ銅吹屋も、幕府高官や長崎役人や銅座役人などに働きかけ、事態の一端に関与した形跡がある。こうして元文銅座は、幕府、長崎、銀座、銅吹屋の意向が交錯する場であり、背景には山元の高い値上げ意欲と生産意欲も存在した。

元文銅座の後半には、御用銅の赤字のさらなる発生を抑制するため、棹銅値段の抑制と長崎廻銅量の抑制が試みられた。棹銅値段の抑制のためには、銅座の荒銅買上げ値段が二度にわたって引き下げられた。これは銅相場の下落に即していた。大規模な鋳銭が終了して銅が市場に余り気味になり、相場は下落した。相場が下落し買上げ値段も下落すると、御用銅の赤字幅は縮小するが、地売銅の買上げ値段は高値が維持されたので銅座は地売銅を高く買い上げておいて安く売ることになり、損失が出る。そこで地売銅は勝手売買（自由売買）に切り替えられた。これが銅仲買が台頭する条件となった。

一方、長崎への廻銅の抑制策としては寛保半減令が出されたが、不徹底に終わった。半減令は長崎の貿易額を半減する（半減商売という）幕府の命令で、唐蘭商売半減令ともいう。おそらく市場で銅が余るのとともに長崎で貿易を拡大して輸入利益を獲得し、長崎会所が御金蔵への返納を果たす必要があったからある。こうした市場の動向と、長崎における会所貿易の本格的出発の施策が進行する間に、銅座の財政悪化が進行したと考えられる。会所貿易の本格化と銅座のなるべく円滑な廃止を進める施策は次のとおりであった。まず年次の順に示し、次にその事項について説明する。

寛保元年（一七四一）三月　銅座の大坂高津新地銭座で鋳銭開始、延享二年（一七四五）九月まで。
同　二年（一七四二）十一月　唐蘭商売半減令。
同　三年（一七四三）十月　銅座の諸国荒銅買上げ値段一〇〇斤につき二〇目引き下げ。
延享元年（一七四四）七月　地売銅勝手売買令。
同　二年（一七四五）　御用銅買上げ高を二五〇万斤に限定。

同　三年（一七四六）三月　長崎で唐蘭商売・銅渡方の仕法を変更し、御金蔵からの銅代取り替えを廃止。
同　四年（一七四七）九月　長崎会所から大坂御金蔵へ金二一万両余返納決定、翌年開始、宝暦十一年（一七六一）完了。
寛延元年（一七四八）八月か　勘定所の指示で長崎会所が大坂町人から御用銅買入れ資金を調達。
同　二年（一七四九）七月　銅座荒銅買上げ値段一〇〇斤につき一〇匁引き下げ。
同　三年（一七五〇）七月　銅座廃止、御用銅は大坂の長崎御用銅会所が棹銅を買い入れる（第二次長崎直買入れ開始）。

寛保二年（一七四二）の唐蘭商売半減令は、幕府が長崎輸出銅半減を指示したのであったが、その理由として文面にある、銅が不足しているという点は疑わしく、相場が高騰して赤字輸出になるという部分は元文銅座前半期の実情であった。銅座が資金的に行き詰まり銅の買上げ高を抑制し、したがって銅の輸出を削減しようとしたが、銅が余るために徹底できなかったと考えられる。岩﨑義則氏は半減令に基づく半減商売の試算を紹介して半減令を検討している(5)。

延享元年（一七四四）の地売銅勝手売買令は、七月六日に長崎奉行が江戸で銅山山元である南部藩の役人に指示したことが『盛岡藩雑書』（刊本第一九巻、一三二頁）にあり、中心市場である大坂では町触が出された。同二年（一七四五）御用銅買上げ高が二五〇万斤に限定され、幕府による銅代の立て替えを抑制するのに一定の効果があった(6)。

延享三年（一七四六）三月に長崎で出された唐蘭商売・銅渡方の仕法変更の触のうちには、銅輸出高唐・蘭計三一〇万斤、御金蔵からの銅代取り替え廃止、長崎貿易の奉行取り扱いを止め、古来のとおりの相対交易とすることなどがあった。この触は元文銅座の廃止を視野に入れて出されたものであろう。御金蔵からの銅代取り替えが廃止され、御用銅買入れ資金は大幅に縮小され、銅座の外部資金は長崎奉行からの銅買銀一五〇〇貫目、大坂町奉行からの借入銀、それに商人からの他借になった。

勘定奉行兼帯の長崎奉行松浦信正は、大坂の有力商人から資金を借入して、寛延元年（一七四八）尾去沢銅七〇万斤を長崎会所に買い入れ、同三年（一七五〇）と翌宝暦元年（一七五一）に別子銅と南部銅の余りを対馬藩に買わせた。銅座が所定の銅を買い上げることも余り銅を処分することもできなかったのを、松浦が解決したのであった（第三章第四節、第四章第一節）。

寛延三年（一七五〇）には銅座が廃止された。正月、所司代引き継ぎのため上京していた老中本多正珍が大坂入りし、二月一日住友銅吹所を見分した（老中の住友見分の初例である）。銅をめぐる諸施策の前面に立つ松浦信正の背後にいる老中が姿をみせて、強力に推進する姿勢を大坂の諸方面に示した。なお、老中の住友見分はこの二年後に二回目があり、大坂を巡見する老中が住友銅吹所を見分するのが恒例になった。

七月二十三日、老中本多正珍から勘定奉行兼長崎奉行の松浦信正に対して、銅座廃止の指示が直接渡された。

午七月廿三日　伯耆守殿御直ニ御渡被成候　松浦河内守へ

長崎廻銅之儀、銀座加役差免、諸山之銅長崎直買入之積り可被心得候

午七月

銀座加役の銅座が廃止され、御用銅は大坂の長崎御用銅会所が棹銅を買い入れることになった（第二次長崎直買入れ）。七月二十五日、秋田藩・南部藩の役人から（おそらく松浦宛に）、秋田銅一六五万斤、南部銅七〇万斤の御用銅請負い証文が出された。秋田銅一六五万斤の請負い証文は前章に掲出した（本書一六八頁）。当時の地売銅相場の下落を背景にして、請負い証文の秋田棹銅一〇〇斤につき一五六匁五二、南部棹銅一三九匁四八というのは、前年引き下げられた値段よりさらに低かった。別子銅も翌月に棹銅売り（南部銅同値段）となった。このよ

うな値段は当時の地売銅相場を反映していた（地売吹銅相場は第六章表1に表示）が、秋田銅と南部銅の値段の差は元文銅座期より拡大された。

この間の動きを南部藩についてみる。南部藩は前述のとおり寛延元年（一七四八）に、長崎会所に尾去沢銅七〇万斤を買い入れてもらい、松浦信正はその代銀を大坂商人から借入した。翌年、在江戸の長崎奉行安部一信は尾去沢銅を長崎会所で買うことはせず、かつてのように銅座に売ることを命じた。『盛岡藩雑書』（刊本第二一巻、一〇八頁）によると、寛延二年（一七四九）六月、南部藩は尾去沢銅七〇万斤を長崎直御買上げにしてほしいと、江戸において長崎奉行安部へ出願して却下された。その書付は次のとおりであった。

最前以書付被申聞候南部竿銅、長崎へ直売願之義遂吟味候処、差支候儀有之候間、直買入ニは難相成候、只今之通銅座以相対可被売渡候、勿論直段合等可成程下直ニ可売渡候ハヽ、銅座ニても随分と買入候様可申付候、依之先達て被差出候書付令返却候

巳七月

最後に元文銅座期以降の銅値段をみておく。尾去沢銅の銅座買上げ値段は前述のとおり、銅座の最初に荒銅一〇〇斤につき秋田銅一七〇匁一八より五匁二二低い一六四匁九六とされ、その後の銅値段の引き上げ、引き下げでも差は同じで、寛保三年（一七四三）秋田銅一五七匁一八、尾去沢銅一五一匁九六であった。ところが元文銅座廃止後の長崎直買入れの棹銅請負い値段は、秋田銅一五六匁五二、南部銅一三九匁四八で、差は一七匁〇四と大幅に拡大した（銅値段の差のほか、秋田銅は南蛮吹し、南部銅は間吹する吹賃の差もある）。別子銅も南部銅と同じ値段であった。秋田銅・南部銅・別子銅のこの値段はこれ以後固定され、手当銀の支給によって実質的に引き上げられた。幕末の安政六年（一八五九）の手当銀込みの御用銅買上げ値段は、秋田銅二一三匁八五、南部銅二一三匁七八、別子銅二二六匁九八であった。差は縮小もしくは逆転している(7)。

第三節　元文銅座の勘定帳

元文銅座廃止時の貸借を銀座年寄が寛延三年（一七五〇）九月に書き上げ、長崎奉行に提出し了解された勘定帳の控があり、関連史料も伝存する。(8) 銅座廃止にあたり、貸借の確定と処理は当然最大の問題である。銅座廃止後はその貸借は、銅座を加役として経営した銀座が引き継いだ。「銅座勘定帳」は銀座年寄尾本が作成し、宛書はないが長崎奉行兼帯の勘定奉行松浦河内守信正宛で、長崎へ定例の下向途中の大坂の本陣（長崎御用銅会所でもある）へ九月十日夜尾本が持参、奉行の側近に提出した控で、奉行が趣旨を了解した旨翌十一日夜伝えられたとある。長文であるが次に引用する（丸数字は引用者が挿入した）。

（表紙）
「銅座勘定帳　　但銀座預り之節尾本氏ゟ之書上」

西之内半切

乍憚書付を以奉申上候

銀座年寄
尾本吉左衛門

去ル元文三午年四月以来銀座為加役銅座被仰付、当午年迄無滞相勤難有仕合奉存候、此度銅御直買ニ被仰出候ニ付銅座御差止被仰付候御旨先達而被仰渡奉畏候、右ニ付去巳年奉請取候御前渡銀千五百貫目之儀、毎例は此節ゟ十一月頃迄廻銅を以返納仕候得共、此度者銀納を以返上可仕御事ニ奉存、依之乍恐奉願上度趣左ニ奉申上候

一　近来銀座御用薄罷成寄灰吹銀年々相劣、別而奥州筋銀山所々出灰吹一向相止候ニ付、大勢之座人共産業無御座甚困窮仕罷有候処、為加役被為仰付候銅座御用方之御余光を以押なりニ仲間之者共相続仕、銀座御用も無滞相勤難有仕合奉存候、然ル処此度銅座御差止被仰付諸向存入も相改り候ニ付、他借等之取入も難仕

貸置候金銀者取建相滞、誠大勢之者共可仕様も無御座十方ニ暮罷在候、銅座元手銀之儀去ル午年以来急御用被仰付、何とそ御間を合せ候様仕度、前後を不顧諸銅山江も過分ニ敷金仕、銅相嵩候様取計候ニ付甚失墜相立、常例之外銅山御前貸幷大坂御役所御闕所銀其外他借等品々之銀調達仕元手相弁候処、追々上納被仰付候ニ付順繰ニ他借を以繰替上納相弁、今日之上急々返納可仕御銀無御座、甚以奉恐入候儀ニ御座候、毎例は廻銅を以返納仕候ニ付他借之内右手当ニ可相成分は去ル頃迄ニ一旦返弁仕、此末追々銅買入候時分迄ニ取入候相対ニ仕置候処、銅座御用相止候ニ付此銀毎例と違立戻り不申、差当り甚難義仕候、尤当時現銀ニ而者持合不申候得共、向々貸付置候銀も御座候間、今暫御猶予被成下候ハヽ、如何様共差繰仕、追々返納仕度奉存候、何卒乍此上御憐愍を以右千五百貫目上納之儀今暫御猶予被成下候様奉願上候

右之趣御聞届被成下御憐愍を以上納方御猶予被成下候様奉願上候、左候得は銀座之者共相続仕御用無滞相勤、右御返納銀も無滞上納仕候様罷成難有奉存候、以上

午九月

銀座年寄
尾本吉左衛門印

「此書付午九月十日夜早川庄次郎殿御旅宿へ吉左衛門持参差上候処、書面之趣尤ニ御請取置候段被仰渡、町野宗右衛門殿・小倉伴内殿・久保田十左衛門殿列座、同十一日夜書面之趣河内守殿へ相伺候処、書面之趣尤ニ思召候、無難義可致義ニ候間何卒了簡之致方も可有之、何分於長崎御申談之上追而可被仰出候間其趣ニ相心得候様庄次郎殿御旅宿ニおゐて吉左衛門へ被仰渡候」(朱書)

酉之内半切

銅代御前渡銀之儀ニ付申上候書付

銀座年寄
尾本吉左衛門

銅代御前渡として去巳年御渡被下候御銀千五百貫目当時遣方内訳之様子奉申上度相しらへ候処、銅座元手銀

之義去ル元文三午年以来御銀并他借銀打混シ、廻銅御用并御上納方共無滞様差繰仕相弁候ニ付、最初ゟ惣勘定仕候ハては委難相知奉存候、何卒大積りニ而も内訳奉入御覧度相しらへ候得共、何分千五百貫目限りニは難相分候ニ付、先最初ゟ元手銀ニ相成候分上納方諸向貸付等打混シ候元払大積り帳面一冊奉差上候、猶委は御勘定仕候上申上候様可仕候、依之奉申上候、以上

午九月

銀座年寄
尾本吉左衛門

「(朱書)此書付大積り訳相知レ書面之趣尤ニ候、格別損銀も有之儀嘸難義ニ可有之、河内守殿ニも御苦労ニ思召候、書面之趣ニ而宜候旨右同断庄次郎殿被仰渡、吉左衛門承ル」

元文三午年銅座御取建以後之元手銀口々并去ル寅年已後長崎御前渡銀之元払、同当時銅座ゟ諸国山々仕入銀并諸向へ貸置候銀等之書付

午九月

覚

一銀千五百貫目　御吹直御用之内銅座為元手銀座ゟ入置候分　①

是者元文三午年四月銅座取建候時分銅買入元手并役所相建年寄役以下役人共相勤候長屋修覆、其外最初諸入用在之ニ付、御吹直御用中銀座ゟ借り入相弁候之高如斯

一銀千弐百貫目　諸銅山為前貸奉拝借候御金弐万両分之銀大坂御金蔵ゟ請取　②

是者於銅座諸国出銅一手ニ支配仕候節出銅嵩之ため御勘定所へ奉伺、諸国銅山へ前貸ニ取計候金弐万両拝借被仰付、去ル申十一月御当地御金蔵ゟ御銀御渡被下候分如斯

一銀六百五拾四貫目余　大坂御番所御闕所銀奉預候分　③

是者去ル未十一月御当地町御奉行所へ奉願銅座銅買入元手銀として御役所御銀奉拝借、追々御預ケ被成下

候分、年々多少は御座候へ共、凡五六百貫目ゟ八百貫目程宛奉預候、其後年賦返納被仰付候節之銀高如斯

一 銀千五百貫目　　銅代為御前貸長崎御奉行所ゟ年々御渡被下候高　④

是者去ル寅年御用荒銅代銀御金蔵ゟ御取替之義相止候ニ付、銅買入元手銀無御座候而者御用相続難相成、則同年秋田付阿波守様大坂御通行之時分奉願上、年々長崎表ゟ之御手当三千貫目宛銅代御前渡被成下候様申上候所、願之通御聞届被成下候得共御銀無数候御旨ニ而、千七百貫目御渡被下年々返納仕又々奉預候処其後相減、当時ニ而は千五百貫目之御高奉預候分如斯

一 銀弐千四百貫目余　　年々他借銀　⑤

合七千弐百五拾四貫目余　⑥

（朱書）「外ニ

六千貫目程宛　　年々銅代長崎ゟ奉請取候分　⑦

是ハ元文三午年最初は御金蔵ゟ竿銅代ニ而御取替相渡、同五申年已後者荒銅代ニ而右同断相渡り、延享三寅年以後ハ長崎ゟ竿銅代御引替相渡り候処、右御銀ハ不残此節迄ニ返納仕候ニ付除之

千六百貫目余　　銅座仕送り仕候銀主ゟ年々他借致候分　⑧

是者元文三午年最初者御吹直御用中ニて元手銀銀座ゟ借り入相弁候処、近来銀座之義御用薄銀くり不手廻シニ付、外ゟ他借仕年々元手銀相弁候高如斯、此銀高此節迄ニ一旦致返弁銅積切被仰付候時分又々取入候義ニ御座候、則此節返弁致切候ニ付除之

三千八百五拾壱貫九百八拾八目　　年々銅座雑用銀従長崎被下置候分　⑨

是者元文三午年ゟ当午七月迄長崎へ差廻シ候竿銅三千九百三拾壱万九千八百八拾斤之内八拾万斤ハ為御奉公相勤雑用銀不奉請取候ニ付除之候、残り之雑用銀如斯、尤此銀も打混シ上納方相弁候へ共、詰ル処

は銅座諸入用ニ相成候筋ニ付除之」

内払

一銀千五百貫目　　銅座為元手銀座ゟ入置候分、追々返弁皆済 ⑩

是者御吹直御用中銅座最初元手として銀座ゟ借り入候分、御吹直御用相納り候ニ付追々致返弁、当時此分致皆済候高如斯

一同五百七拾四貫目余　　大坂御番所御闕所銀奉預り候分返上納 ⑪

是者去ル未十一月ゟ追々奉拝借候御銀子十一月返納方之儀被仰出候ニ付、年賦上納之儀奉願上候処御聞届被成下、同十一月ゟ月々上納仕、去ル卯三月迄皆納仕候高如斯

一同八百四拾貫目　　銅山為前貸奉拝借候御金壱万四千両大坂御金蔵返上納 ⑫

是者諸銅山前貸として御金弐万両去ル申十一月奉拝借候処、右之内壱万両者丑十二月上納仕、残壱万両者寅年ゟ亥年迄年賦上納之積り被仰出候ニ付、寅年ゟ巳年迄四ケ年分四千両上納仕、都合壱万四千両上納仕候分如斯

一同千三百三拾五貫目　　銅座元手として借入候利息銀払捨候分 ⑬

是者元文三午年ゟ当午七月迄之内年々元手銀ニ他借取入候高千三四百貫目ゟ千七百貫目程迄一ケ年中入込候利足銀拾弐ケ年半之高如斯

　但銅座有銀有之時分者内返弁仕候口々も有之候ニ付、元高ニ応し候而者利足すくなく御座候

残三千五貫目余 ⑭

　右之有（カ）

一銀九百貫目余　　諸銅山為前貸幷直稼仕入銅座ゟ渡置候分 ⑮

此訳

四百五拾五貫百目余　御代官所 備中国吉岡銅山仕入銀　⑯

　但寛保二年戌十一月稼始

六貫弐百五拾八目五分七毛　生野銅代為前貸、山元へ貸渡　⑰

　寛保三年亥十一月弐拾貫目貸候内、延享二年丑閏十二月迄引取候残貸

六貫目　富屋九郎左衛門、日州那須銅引当貸、元文五年申六月　⑱

弐貫八百六目　飛州三谷銅引当、長崎屋安九郎貸　⑲

　但元文五申年二月四日貸高金弐百両代拾壱貫八百弐拾目之内、延享三寅三月迄両度引取候残り

弐拾貫目　丸銅屋次郎兵衛・富屋九郎左衛門、備中足守銅山仕入銀、元文五年申十一月貸　⑳

三貫百目　多田屋市郎兵衛、越前大野銅引当、元文六年酉ノ四月貸　㉑

三貫目　生野立林銅山師藤吉へ仕入貸　㉒

　但寛保二年戌四月拾貫目貸之内、同年十一月迄引取残り貸

四百七貫八百目余　銅山仕入損銀　㉓

　是者所々銅山へ為仕入銀相渡候内、稼難逢退山仕候山々棄捐ニ相成候分

　此訳

九拾三貫六百目余　牧野備後守様元御領分 日向国猿渡銅山仕入銀　㉔

　但延享元年子三月稼始、同四年卯八月退山

五拾四貫四百目　御代官所 摂津国黒川銅山仕入銀　㉕

八拾壱貫目余　水野壱岐守様御領分 丹波国細谷銅山仕入銀　㉖
但寛保元年酉五月稼始、延享四年卯七月退山

五貫九百目余　堀田相模守様元御領分 播磨国塩野銅山仕入銀　㉗
但延享二年丑八月稼始、同三年寅二月退山

拾七貫五百目余　金森兵部少輔様御領分 美濃国郡上銀銅山仕入銀　㉘
但延享三年寅三月稼始、同四年卯四月退山

拾五貫八百目余　山名因幡守様御領分 但馬国七味銀銅山仕入銀　㉙
但延享三寅八月稼始、寛延元年九月退山

四拾貫目余　酒井雅楽頭様御領分 上野国根利銅山仕入銀　㉚
但延享二年丑七月稼始、同三年寅六月退山

九拾貫目余　能勢民部殿領分 摂津国出野銅山仕入銀　㉛
但元文四年未六月稼始、延享元年子冬退山

九貫六百六拾目余　諸銅山見分ニ差遣候もの諸入用　㉜

〆九百貫目余

一銀四百三拾八貫目余　銅座元手置居ニ相成候分　㉝

此訳

三百弐拾貫目余　銅座最初取建候節役所地代幷普請、年寄役役人以下末々迄之諸小屋取繕　㉞

五拾三貫五百目　斤料秤・銀箱・皮袋・天秤針口・簞笥・硯箱・挑灯・諸色道具等、品々買入候代　㉟

弐拾貫目余　小役人以下末々之者迄給分前貸、他国へ差遣候節臨時取替置候分品々 ㊱
四拾四貫五百目余　諸買物買入方仕入として順々貸付置候分 ㊲
小以
一銀千弐百貫目余　元年寄徳倉嘿斎銭座相勤候節銅座ゟ取替置候分 ㊳
是者先年銭座御用徳倉嘿斎・平野六郎兵衛へ被仰付候内銅座ゟ取替相成候分、追々致相対可請取分
一同八百貫目余　銀座役所へ取替ニ相成候分 ㊴
是者銅座は銀座加役之儀ニ候得は銀差繰之儀も時々献（融）通致、双方共無滞様取計候処、此節銀座上納方差繰
ニ付取替置候分如斯
合三千三百三拾八貫目余 ㊵
右口々銀之内を以上納銀幷他借銀等相弁候内訳左之通
（朱書）「此内訳
千五百貫目　銅代御前貸長崎御奉行所ゟ奉請取候分、毎例は竿銅ニ而返上仕候得共、銅座御 ㊶
差止ニ付銀ニて上納可仕分
三百六拾貫目　銅山御前貸拝借金弐万両之内当午年之上納残り金六千両分上納之積り ㊷
八拾貫目余　大坂御番所御預ケ銀之内年賦返納皆済之外此節迄御預ケニ相成候株返上納之積り ㊸
但粉川屋ゟ差上候銀之内之由
六百貫目余　銅吹屋共へ年賦ニ可相渡分 ㊹
六百弐拾貫目余　当時他借銀返弁可仕分 ㊺
（付箋）

百七拾八貫目余　㊻

是ハ長崎御勘定幷銅座惣勘定仕上ケ候上可相分ル銀如斯、当時ニてハ内訳委難相知御座候

〆」

「(付箋)一千弐百貫目余　当時他借高　㊼

一四百七貫四百目余　銅山仕入棄捐ニ相成候分　㊽

但追々他借ヲ以可相償高

〆千六百七貫目余　銅座損銀　㊾

但此分他借銀之義ニ付、銅座相止候而者年利息銀相掛り候

ニ付、一ケ年ニ弐百貫目余宛銀座ゟ相払候義ニ御座候」

右之通御座候、去ル午年以来銅座元手銀順くりニ繰替上納仕、又者銅方他借等振替相弁候口々も有之、何れも打混し先御用方無御差支様相弁候ニ付、長崎御前渡銀千五百〆目計之内訳別段ニ者難相知御座候間、最初ゟ之元払大積り相しらへ候処前書之通御座候、猶委は銅座惣勘定仕上候上可奉申上候、以上

午九月　　銀座年寄　尾本吉左衛門

この「銅座勘定帳」全体の趣旨は、長崎奉行所からの前借銀一五〇〇貫目（文中④のこと）は例年長崎廻銅をもって返納のところ今度は銅座廃止のため銀納になったが、銀繰りが極めて困難なので今しばらく猶予を願うというもので、財政状態が詳述されている。この年七月の元文銅座廃止後、松浦の来坂時に提出するようにまとめたものである。この「銅座勘定帳」は元文銅座の会計処理にあたって最も基本的な書類であり、財政に関する基本史料である。ここではなかでも基本的な事項を確認するにとどめ、種々の角度から分析・検討することは将来の課題としたい。

銅座の開設資金は①の銀座提供の一五〇〇貫目で、⑩にあるとおりすでに完済された。銅座の運転資金として基本的なものは、当初は⑦年々銅代長崎ゟ奉請取候分六〇〇〇貫目であったが、④の長崎奉行提供一五〇〇貫目の説明によると、延享三年（一七四六）御金蔵からの取り替えが廃止された（第三章第四節と照応する）のち、改めて出願して認められた年々借入が一七〇〇貫目、それが減額されて当時は一五〇〇貫目である、という。追加的な運転資金として借入したのが、元文四年（一七三九）借入の③大坂町奉行所提供の六五四貫目余と同五年（一七四〇）に借り入れた②御金蔵提供の一二〇〇貫目（二万両）である。③②とも完済されず銅座廃止時の残りがそれぞれ㊸と㊷で、その計は四四〇貫目余である。運転資金の借入先は③大坂町奉行所②御金蔵という公的機関のほかに、⑤年々他借銀二四〇〇貫目余があり、これは民間資金と推測される。

銅座廃止時の貸残としては、⑮の銅山前貸・仕入銀九〇〇貫目余、㊳の銭座取り替え一二〇〇貫目余、㉝の銅座元手四三八貫目余、㊴の銀座役所へ取り替え八〇〇貫目余で、計は㊵の三三三八貫目余である。これが銅座廃止時の資産といえる。この⑮のうち⑯吉岡銅山仕入銀四五五貫一〇〇目余は、寛保二年（一七四二）吉岡銅山を銅座（銀座）が地元の山師大塚家から引き継いで稼行した仕入銀である。

同じく㊳の銭座取り替え一二〇〇貫目余は、銅座が寛保元〜延享二年（一七四一〜四五）大坂の高津新地で経営した銭座の滞りである。ただしこれ以外に銭座失脚代銀二四五一貫六〇〇目が、長崎会所から大坂御金蔵への年賦返納金二一万両余（延享三年〈一七四六〉立案、寛延元年〈一七四八〉開始）に含めて、すでに処理されている（第三章第四節）。

そして資産計㊵の三三三八貫目余に対して、朱書で此内訳として、㊶一五〇〇貫目の銅代前貸、㊷三六〇貫目の銅山前貸拝借金残、㊸八〇貫目余の大坂御番所預銀、㊹六〇〇貫目余の銅吹屋年賦、㊺六二〇貫目余の当時他借、㊻一七八貫目余の不明分があげられている。これらは銅座廃止時の負債で、合計が資産と同額になるよう調整されたと考えられる。これを書き替えると次のようになる。

期末資産

九〇〇貫目余　⑮銅山前貸・仕入銀
四三八貫目余　㉝銅座元手
一二〇〇貫目余　㊳銭座取替
八〇〇貫目余　㊴銀座役所へ取替

計三三三八貫目余　㊵

期末負債

一五〇〇貫目　㊶銅代前貸（＝④）
三六〇貫目　㊷銅山前貸拝借金残（＝②－⑫）
八〇貫目余　㊸大坂御番所預銀（＝③－⑪）
六〇〇貫目余　㊹銅吹屋年賦
六二〇貫目余　㊺当時他借
一七八貫目余　㊻不明分

計三三三八貫目余

勘定帳末尾の付箋に、㊼当時他借高一二〇〇貫目余、㊽銅山仕入棄捐分四〇七貫四〇〇目余、計㊾銅座損銀一六〇七貫目余がある。㊽は㉓の四〇七貫八〇〇目（勘定帳本紙に銅山仕入銀損として計上）とほぼ同額であるから、付箋は勘定帳に対する処分を記したものである。

右の検討から得られる知見は次のとおりである。まず、期末負債をあえて公的資金㊶㊷㊸と民間資金㊹㊺㊻に分類すると、前者一九四〇貫目余、後者一三九八貫目余で、六割弱と四割強となる。民間資金は当初はおそらく皆無だったと推測されるから、民間資金への依存が大幅に拡大したものと考えられる。次に長崎銅貿易用の銅の集荷という銅座本来の業務用の資金が当初⑦にいう六〇〇〇貫目で、期末㊶一五〇〇貫目とすると、期末の額は返済残であり、当時は当初より銅値段も下落しているとしても、銅座の役割の低下は顕著であろう。長崎奉行が銅座を介さず南部藩から買い上げた事例もある（本書一六七頁、二二八頁）。また㊴に銀座役所の取り替えが八〇〇貫目余があり、銀座が銅座に吸着していることも分かる。なお銅座貸残の⑮銅山前貸・仕入銀九〇〇貫目余と

㊳銭座取り替え一二〇〇貫目余は、元文銅座の直営事業による損失である。結果はともあれ直営事業を持ったこと自体が元文銅座の大きな特徴である。

右の㊼当時他借高一二〇〇貫目余は、㊹銅吹屋年賦六〇〇貫目余と㊺当時他借六二〇貫目余とほぼ同じものを指すと考えられる。他借とはおそらく銅吹屋仲間ではないほかの商人たちからの借入であろう。⑤に年々他借銀二四〇〇貫目余があるがこの詳細は不明で、それが㊹＋㊺の一二二〇貫目余に圧縮されたのか㊺の六二〇貫目余に圧縮されたのかも不明であるが、いずれにせよ大幅な圧縮があった。

右にある六〇〇貫目余にのぼる銅吹屋年賦残は、同年の別の史料によって仲間全体の分とうち住友の分を示すと次のとおりであった。これらはいずれも銅精錬業務に関わる未払い銀で、ついに返済されなかった。

〈仲間計〉	〈うち住友分〉	
一五五貫一〇〇目余	八二貫三〇〇目程	吹賃
三四四貫九六〇目	一五四貫〇八八匁	年賦銀（不納灰吹銀引当納付銀とその利銀）
一二〇貫目	九貫目	鉛値違銀未受領分
六二〇貫〇六〇目余	二四五貫三八八匁程	計

住友にはこのほかに、単独での融通分や売り上げた別子銅代の未払い分があったが、それもついに返済されなかった。

寛延四年（宝暦元＝一七五一）十月、銅吹屋仲間は松浦が長崎から帰府する途中で大坂に立ち寄った際に、銅座期の三口滞銀のため困窮しているので救済を願うという趣旨の書類を提出した。三口滞銀とは次の三件の未払い分である。

銀一二〇〇貫目　　鉛高騰のため支給が約束された補償銀四七五貫目余の未払い分

表２　元文銅座の銅山宛て貸残・仕入損銀一覧

番号	国名	銅・鉱山名	種　類	貸　付　先	銀　額
㉑	越前	大野銅	銅引当貸	多田屋市郎兵衛	3.1貫目
⑲	飛騨	三谷銅	銅引当貸	長崎屋安九郎	2.806貫目
⑰	但馬	生野銅	銅代前貸	山元	6.258貫目余
⑱	日向	那須銅	銅引当貸	富屋九郎左衛門	6貫目
㉒	但馬	生野	仕入貸	立林銅山師藤吉	3貫目
⑯	備中	吉岡銅山	仕入銀		455.1貫目余
⑳	備中	足守銅山	仕入銀	丸銅屋次郎兵衛・富屋九郎左衛門	20貫目
㉚	上野	根利銅山	仕入損銀		40貫目余
㉘	美濃	郡上銀銅山	仕入損銀		17.5貫目余
㉕	摂津	黒川銅山	仕入損銀		54.4貫目
㉛	摂津	出野銅山	仕入損銀		90貫目余
㉖	丹波	細谷銅山	仕入損銀		81貫目余
㉙	但馬	七味銀銅山	仕入損銀		15.8貫目余
㉗	播磨	塩野銅山	仕入損銀		5.9貫目余
㉔	日向	猿渡銅山	仕入損銀		93.6貫目余

出典：住友家文書20−４−10「銅座勘定帳」。

銀三二〇貫目　出灰吹銀納付遅滞の引当て四五〇貫目の未返済分
銀二二二貫目余　吹賃の未払い分
計六六二貫目余

これらを回収することは最早不可能なので、これを踏まえて救済策、例えば銅仲買の地売銅商売禁止などを出願した。これらの願意も通らなかったが、宝暦四年（一七五四）仲間の銅会所が吉野屋町に移転して町役御免となり、御用銅吹屋会所と称するようになったのはこの補償であろう。大坂銅会所は正徳二年（一七一二）南木綿町に設置、同五年（一七一五）鋳屋町に移転していたものである。

銭座とともに元文銅座の特徴であった銅山開発と稼行への投資とその成果は、「銅座勘定帳」によると次のとおりである。

②一二〇〇貫目　御金蔵より諸銅山の前貸しのため二万両拝借、八四〇貫目返済、残三六〇貫目
⑮九〇〇貫目余　銅山仕入銀、銅座廃止時の

返済残（負債）計二二三八貫目余のうち銅山仕入銀九〇〇貫目余は、表2に内訳を表示するほかに見分費用を含む。表2は史料に記載されているとおりの表記で、その取引の詳細は分からない。廻銅引当貸付は問屋への貸付けであろう。銅山仕入銀で請負人名がないものは銅座の直稼である。(9) 貸付け先の多田屋市郎兵衛・富屋九郎左衛門・丸銅屋次郎兵衛は銅吹屋である。彼らは住友・大坂屋・熊野屋などと違い、山師としての顕著な実績はなかったが、銅吹屋に元来備わっていた山師という性格が発揮されたといえる。

表2に表示したのは銅座勘定帳に損銀として計上されているものである。銅座から銅山へ貸し付けて返済済みになった分はここには含まれず、例えば住友が稼行した播磨椛坂《かばさか》・金堀銅山への銀一〇〇貫目があった。(10) この表を前掲表1と重ねると、銅座の貸付けが必ずしも廻銅に結実しなかったといえるが、元文銅座期の銅山稼行熱の一端をうかがうことができる。

（1）住友家文書五―五―三「逸題留書」、「年々諸用留」五番（『住友』⑧）一九三頁。

（2）小葉田淳「銅座の銭座について――大坂高津新地の鋳銭――」（同『日本銅鉱業史の研究』思文閣出版、一九九三年）七一三頁に、元文二年（一七三七）五月の存寄書の内容を紹介し、元文銅座の鋳銭や銅山経営に大坂の銅吹屋仲間が共鳴し、何人かが積極的であったことを示すとしている。その史料は住友家文書一九―三―六「乍恐存寄」である。同一九―三―七「金銀銅之儀ニ付乍恐奉申上存寄書」は、元文三年（一七三八）正月に仲間外銅吹屋の潮江長左衛門が住友と大坂屋に同意を求めて長崎奉行などへ提出しようとした類似の存寄書である。そのような気運は元文銅座の根底に存在したと考えられる。

（3）初村家一〇八―二〇「銅座記録」。長崎会所の年賦返納二一万両余の全体は、第三章第四節で提示した。

（4）「銅座方要用控」一番、三番（『住友』㉑）、「銅座要用控」七番（『住友』㉔）、「銅座要用控」八番（『住友』㉗）、「御廻銅高調」（『新秋田叢書』一四、歴史図書社、一九七二年）。

（5）岩﨑義則「寛保――寛延期の貿易改革と銅統制策――」（『住友史料館報』第三一号、二〇〇〇年）。

（6）註（5）参照。

（7）長崎歴史文化博物館所蔵史料六六〇―二五「銅定高並手当銀書付」。

（8）住友家文書二〇―四―一〇「銅座勘定帳」。全文翻刻と関連史料の検討が拙稿「寛政期、住友本店の古貸の処理について――銀座・対馬藩・津軽藩の例を中心に――」（『住友史料館報』第四〇号、二〇〇九年）にある。関連史料のうち本書で触れるのは、住友家文書二〇―四―一一寛延三年（一七五〇）十一月「銅座銅代取替証文類控」と、同二〇―一―七―一寛延四年（宝暦元＝一七五一）十月「乍恐奉願候口上」である。

（9）下稼人がいたであろう。吉岡銅山については小葉田淳「住友の吉岡銅山第二次経営とその後」（『泉屋叢考』第一四輯、一九六九年）に関説がある。これらの貸付は銅生産を相当刺激したと考えられる。

（10）註（2）小葉田淳『日本銅鉱業史の研究』四九五頁。

第六章　明和銅座と大坂銅商人

第一節　明和銅座の設置と銅の総体的統制

大坂の地売銅相場は元文銅座の末期から低落していたが、寛延三年（一七五〇）の銅座廃止後より段々上昇し、宝暦十一年（一七六一）から急上昇した。銅吹屋仲間は相場の規律を維持しきれないようになった。そこで幕府は明和三年（一七六六）、銅座を設置して御用銅だけでなく地売銅をも専売し、銅吹屋や銅仲買の地売荒銅商売を禁止し、荒銅買上げ値段と吹銅売出し値段を公定し、投機的行動を禁止した。この銅座は元禄銅座や元文銅座のような銀座加役の臨時の役所ではなく、長崎御用銅会所を改編して設置した常設の役所で、明治元年（一八六八）まで一〇〇年以上存続した。明和銅座設置前の大坂地売吹銅相場の推移は表1のとおりである。

明和銅座設置の中心人物は石谷清昌であった。明和銅座の設置という施策は、成功しかつ後世への影響の大きい事績となった。石谷清昌（備後守）は宝暦九年（一七五九）勘定奉行に就任し、同十二年（一七六二）勘定奉行兼帯の長崎奉行に就任した。そしてすぐに、長崎で交代し越年する順番にある奉行として下向した。長崎には改革を要する種々の懸案があった。途中大坂で住友の銅吹所を見分し、また御用銅や地売銅市場の事情をいろいろと聴取した。このときすでに地売銅相場の上昇が始まっていた。この時点で銅座設置の構想がどの程度あったのかは分からないが、長崎御用銅会所や銅吹屋等に大坂銅市場に関する相当に立ち入った実態報告を命じたらしい。

表1　大坂地売吹銅相場

100斤につき匁

年　次	相場(匁)
宝暦元(1751)	130〜146
〃　2 (1752)	130〜146
〃　3 (1753)	139〜145
〃　4 (1754)	143〜197
〃　5 (1755)	150〜176
〃　6 (1756)	153〜164
〃　7 (1757)	150〜160
〃　8 (1758)	150〜153
〃　9 (1759)	150〜194
〃　10(1760)	160〜195
〃　11(1761)	190〜240
〃　12(1762)	194〜248
〃　13(1763)	233〜265
明和元(1764)	242〜276
〃　2 (1765)	193〜245

出典：住友家文書14-6-1・2「銅方公用帳」二番・三番。

長崎で越年した石谷が翌年帰府する途中で立ち寄った大坂では、地売銅相場がさらに上昇していた。その翌年再び長崎へ下向する前に石谷は、銅座設置の構想を立て、老中の指示で勘定奉行・長崎奉行が調査検討する案件としたようである。その翌明和二年（一七六五）七月、石谷が江戸へ帰着するより前に、長崎御用銅会所を改編して銅座を設置する旨の答申が出た。石谷は同年大坂町奉行所の与力二人を調査要員として担当の勘定方の下に置き、地売銅の統制策を具体的に検討させた(1)。

明和二年（一七六五）七月の基本構想の段階では、長崎御用銅会所の改編、役人構成の大枠、長崎会所銀をもって全銅を買い入れる、長崎廻銅の取計いは従来通り、山元荒銅値段に吹減《ふきへり》・吹賃・口銭《こうせん》を加えて銅座から市場へ売り出し、銅座の出銀（販売益）から銅座運営費と山元へ値増（増額）をする、などが想定されていた。翌年の銅座設置の触れ出しまでに具体策の詳細が検討されたが、それらについてはのちに述べる。

明和銅座設置に関する明和三年（一七六六）六月の幕府の触（『御触書天明集成』第二八四二号）は、元文銅座設置のそれに比べるとずっと整備されていた。この触は後年まで基本とされ、天明八年（一七八八）に類似の触が出され、寛政九年（一七九七）には設置の触を受けてその趣旨を確認する触が出された。さらに天保十二年（一八四一）には、設置の触と趣旨を同じくし、かつ市場と仕法の変化を盛り込んだ触が出された。明和三年（一七六六）六月の触は次のとおりである（文中の丸数字は引用者による）。

近年諸山出銅不進之上、一体銅方不取締ニ付、此度大坂表ニ有之長崎銅会所を改、銅座ニ申付、諸国之出銅

一手ニ引請させ候間、大坂表にて銅取捌来候問屋吹屋中買、惣て正銅取扱候儀は、銅座より可致差配候、依之国々銅山稼来分は不及申、此上致出精相稼、新山等問堀いたし、銅出方試、出銅少く候共、外売不致、不残銅座え差廻、古地銅ニ至迄、銅座え可相廻候、尤以来銅座え買入候銅代は、無口銀にて即銀払之筈ニ候事

但是迄廻来候問屋え相廻勝手宜山元は、勝手次第問屋え相廻、着船之節、銅座え相届候上、水揚可致候、代銀は銅座より即銀ニ相渡、口銭山元えは不相懸筈ニ付、銅座より仕切書山元え可相渡候間、若問屋より相違之払方も有之ニおいてハ、銅座え可申出事

①一長崎廻銅之分は、此後とても銅座之取扱迄ニて、諸事是迄之通たるへき事

②一諸国銅山之内、長崎え致直廻勝手宜分は、長崎直廻ニ致、尤其後銅座え相届、出銅之斤数年々銅座え可相届事

③一諸山より銅致津出候道筋幷津々浦々又は海上ニて銅売買堅致間敷候、尤囲銅幷質銅停止申付候、若隠置候て囲置或は質入致し候儀於相知は、其銅取上ニ可申付事

但是迄囲置又は質ニ取置候分有之ニおいては、斤高書付、早々銅座え可相届事

④一国々出銅船積致し、大坂え相廻候節ハ、右銅員数書付、廻船之者え相渡、大坂町奉行所え可差出事

⑤一東海廻致間敷候、若差支候訳有之は、其段銅座え相達、差図之上可相廻候事

⑥一年々其国々銅出高凡積を以員数書付、銅座え可差廻斤数前年之冬中銅座え可申出事

⑦一右之通諸国銅大坂銅座え一手に買受、銅座より諸国え売出、大坂吹屋中買えも相渡候間、銅座幷吹屋中買之内より可買取候、尤相場之儀ハ、銅座え張紙出置筈ニ候間、右直段より高直ニ売立候儀、決て致間敷事

右条々、国々所々にて急度可相守、諸国出銅、銅座之外致売買候儀於相知は、急度可申付者也

六月

右之趣、可被相触候

触の前文に「大坂表ニ有之長崎銅会所を改、銅座ニ申付」の長崎銅会所というのは、長崎会所の大坂出張所のことで、本書では銅吹屋仲間が長崎で輸出銅を保管する長崎銅会所との混同を避けるために、長崎御用銅会所と呼ぶ。なお銅吹屋仲間がかつて長崎廻銅を請負って設置して以来の長崎銅会所は、明和銅座の設置後まもなく銅蔵所と改称し、新地に移転して、慶応二年（一八六六）御用銅制度の廃止まで存続した。文久二年（一八六二）にはその新地の銅蔵に銅座出張所が設置された。

明和銅座設置直前の宝暦十四年（明和元＝一七六四）、幕府は秋田藩が阿仁銅山のためにした拝借銀が嵩むのにもかかわらず、銅の産出が不振であるから銅山を取り上げるとして、銅山周辺一万石の上知を命じたが、これは藩が抵抗して取り止めになった。鉱山やその周辺地を幕府領に切り替える措置は従来いくつか事例があるが、阿仁のような大銅山の経営を本格的に手掛けるつもりであったのかは疑問で、前貸しの滞っていた藩に衝撃を与えるのが本来の目的であったのかもしれない。ただこの衝撃が及ぼした影響については、さらに検証する必要があろう。

大坂の長崎御用銅会所には、長崎から出張してくる長崎会所役人（吟味役・請払役）のもとに大坂居住の地役人が勤務していた。御用銅会所が銅座になると、この役人組織のうえに幕府勘定所から支配勘定と普請役、大坂町奉行所から与力・同心が出仕して、これらが銅座役人となった。文久二年（一八六二）の銅座役人は表2のとおりであった。(2) 地役人は当初は七人であったらしいが、段々増大した。

右の銅座設置の触で長崎廻銅（御用銅）については、①に「諸事是迄之通」とあり、この触に特段の規定はない。御用銅の集荷と輸出を第二次長崎直買入れの仕法でおこなうということである。長崎の会所貿易が軌道に乗り、大坂御金蔵への返納が完了し、名目が切り替えられた例格上納金として、長崎会所からの運上がともかくも復旧したことがその前提であった。

また明和銅座は銅の備蓄機能を新たに備えた。長崎からの運上の一部で地売余銅を買い入れて、大坂の難波御蔵で備蓄する仕法が明和五年(一七六八)に発足した。例格上納金一万五〇〇〇両を長崎会所が大坂御金蔵へ上納するのであるが、そこに地売鉸銅三〇万斤を一〇〇斤につき一九〇目替で、すなわち銀五七〇貫目(金一両銀六〇目替で九五〇〇両、運上の六三%余に相当する)分含めることになった。輸出銅が不足した場合に備える制度で、翌年の触で、三〇〇万斤を限度とし、勘定奉行が管理することになった。『長崎会所五冊物』(刊本一七五頁)によると、上納金振替えの備蓄銅には、安永二年(一七七三)から棹銅も充てられた。これは御用銅と地売銅を総体的に統制する具体策で、銅の備蓄は順調に進み、享和元年(一八〇一)には三〇〇万斤に達した。

幕府は、銅座設置の前年に長崎で唐船の来航定数と銅渡高を削減して一三艘・一五〇万斤とし、銅渡高の規定

表2　銅座役人

勘定所	支配勘定	大井三郎助
〃	普請役	副田元右衛門
〃	〃	古郡緑之助
大坂町奉行所	与力	萩野七左右衛門
〃	〃	古屋源之祐
〃	同心	村上佐伝治
〃	〃	中村仙左衛門
長崎会所	吟味役	伊東助三郎
〃	請払役	山本愛助
〃	〃	太田清次郎
地役人		為川住之助
〃		室上隼太
〃		岡本隆吉
〃		野村二郎
〃		野村三郎
筆者手代頭		永井三郎兵衛
筆者		小山雄右衛門
手代		中村為次郎
筆者		中尾積一郎
手代		永井幸之助
筆者		松波録之助
〃		田中貞之助
筆者見習内小使兼		永井保之助
御貸附方用聴		正之助
定番		2人

出典:「金銀銅之留」、278頁註(2)参照。

表3　長崎御用銅買入高と唐蘭輸出高

年　次	買入高	地売へ振向	輸出高 唐船	蘭船	計
	万斤	斤	万斤	万斤	万斤
宝暦元(1751)	310				
〃 2 (1752)	310				
〃 3 (1753)	327				
〃 4 (1754)	346				
〃 5 (1755)	348		186	110	296
〃 6 (1756)	355		186	110	296
〃 7 (1757)	355		171	110	281
〃 8 (1758)	355		214	70	284
〃 9 (1759)	355		209	150	359
〃 10(1760)	344		184	110	294
〃 11(1761)	332		245	110	355
〃 12(1762)	322		173	110	283
〃 13(1763)	326		182	117	299
明和元(1764)	252		171	117	288
〃 2 (1765)	190		164	60	224
〃 3 (1766)	311		190	100	290
〃 4 (1767)	254		151	69	220
〃 5 (1768)	255		152	70	222
〃 6 (1769)	255		128	139	267
〃 7 (1770)	278		186	70	256
〃 8 (1771)	305		151	124	275
安永元(1772)	303		140	60	200
〃 2 (1773)	305		135	134	269
〃 3 (1774)	353	825, 000. 0	193	97	290
〃 4 (1775)	344	825, 000. 0	160	67	227
〃 5 (1776)	301	232, 927. 3	158	127	285
〃 6 (1777)	305	400, 000. 0	125	97	222
〃 7 (1778)	304	400, 000. 0	144	102	246
〃 8 (1779)	297	400, 000. 0	152	97	249
〃 9 (1780)	296	400, 000. 0	135	97	232
天明元(1781)	296	400, 000. 0	160	65	225
〃 2 (1782)	412	1, 100, 000. 0	153	0	153
〃 3 (1783)	291	400, 000. 0	133	70	203
〃 4 (1784)	251		233	57	290
〃 5 (1785)	198		181	70	251
〃 6 (1786)	259		164	132	296
〃 7 (1787)	353		138	120	258
〃 8 (1788)	273		187	120	307
寛政元(1789)	221		137	121	258
〃 2 (1790)	162	30, 000. 0	110	65	175

出典：278頁註(3)参照。

は唐・蘭船合計で二三〇万斤であった。その後、明和五年（一七六八）に唐船の銅渡高が一三〇万斤、蘭船九〇万斤、唐蘭合計で二二〇万斤の規定となった。御用銅買入高と輸出高は表3のように推移した(3)。

安永三年（一七七四）に幕府は、「大坂地売銅払底」を理由として御用銅から地売銅への振り替えを開始し、御用銅と地売銅の総体的統制を本格化した。表3に、御用銅から地売銅への振り替えがある。安永三・四年（一七七四・七五）の振り替えは秋田銅四二万五〇〇〇斤・南部銅四〇万斤、計八二万五〇〇〇斤であった。安永五～天明三年（一七七六～八三）は南部銅、寛政二年（一七九〇）は秋田銅であった。地売銅については後掲表7のように、安永三年（一七七四）銅座の地売吹銅売出し値段を一〇〇斤につき七匁増して二一七匁とし、地売荒銅買上げ値段と銅吹屋に渡す吹賃も引き上げた。

長崎では銅の輸出意欲が高く、唐船一艘につき一〇万斤を越える事例が少なからずあった。唐船の輸出意欲とその背後にある中国における銅需要や長崎の思惑などについては、まだ解明が進んでいない。銅生産は傾向的に漸減しつつ、同時に小規模な再開発も続いた。またこの時期、銭需要に対して銅一文銭の鋳造はすでに不可能になり一文銭は鉄銭であったが、おそらく真鍮産業の勃興を背景として真鍮四文銭の鋳造が開始された。真鍮は銅と亜鉛の合金で、材料の銅には多く古銅（銅スクラップ）が充てられた。安永九年（一七八〇）には真鍮の材料である亜鉛の確保のため真鍮座の設置もあった。さらに寛政六年（一七九四）には真鍮向けが主要な用途である古銅の銅座専売もはじまった。銅の生産でも流通でも活発さが認められる状況を踏まえ、幕府も総体的な銅統制を進めた。

寛政二年（一七九〇）にはいわゆる長崎商売半減令が出された。唐船一〇艘、定高二七四〇貫目、銅一〇〇万斤（代銀一一五〇貫目、俵物代銀九五四貫目、諸色代銀六三六貫目）、銅を見返りとする唐銀輸入は停止、蘭船は一艘、定高七〇〇貫目、銅六〇万斤、商館長参府は五年に一度とする、例格上納金は当分免除、以上を翌年より実施する、というものであった。中村質氏は、近世の長崎貿易を初期から終末まで通して検討したうえで、半減令以後を第三期鎖国貿易体制の崩壊期とした。木村直樹氏はこの半減令を主として対オランダ船について、交付書類、寛保半減令との比較、実効性、奉行や通詞など役人の動向などを詳細に検討し、寛政改革政治の一環としての諸状況を明らかにした。横山伊徳氏はこれを長崎に改革を促す圧力として実施したという見解を示した（4）。なお、本書におけるこれまでの検討との関連でいうと、かつて松浦信正の差配で対馬藩がおこなった大坂町人からの借財（第四章第一節）は、この時期まで滞っていたことも課題のひとつである。

銅に関してみると、従来いわれるような御用銅を優先する旨の単なる消極的な抑制ではなく、使途を絞り一定の利益も追求するといった観点からの御用銅の地売振り替えや、寛政元年（一七八九）の地売吹銅売出し値段の引き上げ策などの延長上に半減令があることが分かる。

第二節　明和銅座の地売銅統制

（一）　地売銅公定値段の決定

明和銅座は荒銅全部を買上げ、吹銅は銅吹屋に吹賃を払って製造させ、銅吹屋や仲買や細工人に公定値段で売った。荒銅の買上げと吹銅の売出しの間に一定の売買益が出るように値段を公定した。銅座の荒銅買上げ資金は当初長崎会所から借入し、年々の利益をもって数年内に完済した。その後は利益を蓄積し、さらにのちには御金蔵に納付した。

銅座がこれまで地売銅を専売したのは元文銅座前半の六年間だけであった。銅座の専売が廃止され自由売買になってから、銅市場に銅仲買が参入して取引が多様化し、銅吹屋仲間の統制力が減退した。地売銅相場が急上昇したのが明和銅座設置のきっかけであったから、地売銅の統制は重要課題であった。質入れや囲置きなど投機につながる行為や、新規の販売先への送付などは、銅座設置の触で禁止した。

銅座設置前に幕府勘定所は、銅の生産・流通の数量・相場の推移、問屋・仲買の人数・業態、銅吹屋の吹立高までも調査した。産銅約四二〇万斤、長崎廻銅三〇〇万斤、地売銅一二〇万斤と見積り、その適正な流通を図ることを目指した。註(1)に示した「大坂銅座書上控」には、商人の投機的行動は否定しつつ、適正な相場を立て、山元・銅吹屋・問屋・仲買・銅座などそれぞれが適正な利益を得られるような妥協点を見出そうと図った経緯の記述がある。そしてそれは銅座設置当初ある程度実現し、銅座の仕法が長期に持続する土台になったと考えられる。

地売銅について、荒銅値段＋吹減・吹賃＋口銭＝吹銅値段という分かりやすい計算式を立て、その式が成立し、かつ各項目も妥当であるように数値を公定した。それは、吹銅売出し値段は数年来の高値相場を多少下げ、荒銅値段は個々の数年来の山元仕切値段の水準をほぼ維持し、質（吹減・出灰吹銀）が同水準の場合の値段は同一か近似とし、吹賃を多少引き上げ、問屋・仲買に口銭を保証し、銅座も利益を得る、というものである。問屋は荷主の代理人として山元から廻着した荒銅を銅座に渡し、代銀を銅座から受け取って荷主に送付する商人である。元来はその間に売買益を得ていたのを、所定の口銭だけ得るように切り換えた。仲買（銅吹屋も含む）は元来は荒銅・吹銅とも自由に売買したのを、これも所定の口銭だけ得るように切り換えた。

そもそも適正な相場を設定するためには、まず荒銅の山元仕切値段を把握する必要がある。「山元仕切値段」とは、山元の出荷値段、すなわち大坂の銅問屋の利益を含まない値段という概念であるが、それを知るのは困難であり、「大坂銅座書上控」によると調査担当役人は、「御料所之外、山元実事者容易難相分」、「御料所之分者御代官江掛合等も仕、追而申上」と報告するのみだった。銅問屋を通じて調査したところ、荒銅の大坂相場は宝暦十年（一七六〇）まで低く、その翌年から連年上昇し、明和三年（一七六六）春以来引き下げたがその値段も上昇以前よりは高かった。実際には同年一～三月の大坂相場をそれぞれの荒銅の仮の山元仕切値段としたようである。

そして荒銅値段＋吹減・吹賃＋口銭＝吹銅値段という計算式によって、廻着のある地売銅全部について算定した。具体例を秋田小沢銅で示す。地売荒銅の買上げ値段は「山元仕切値段」とし、そこから吹減を控除し、それに吹賃を加え、出灰吹銀があればその代銀を戻入して、吹銅値段を算出したことが確認できる。(5)

〈秋田小沢銅〉

①一六〇目　　山元仕切直段（一〇〇斤当たり）

②　六斤　　吹減、此吹銅九四斤

③　一四匁　　出灰吹銀一一匁二、此払代銀
④　三八匁一七　吹賃、燃鉛《もえなまり》七斤代一〇匁五含む
⑤一八四匁一七　①－③＋④
⑥一九五匁九二六　⑤を吹銅九四匁に割、吹銅一〇〇斤値段
⑦　三匁二　　問屋口銭
⑧　四匁二　　中買口銭
⑨　三匁　　座入用
⑩二〇六匁三二六　⑥〜⑨の計、地売見合直段

右の①は銅問屋に調査させた三カ月平均値段と従来の吹銅相場の推移とを摺り合わせて想定した値段で、『大意書』（刊本一一二頁）「巻四　明和三戌年以来大坂地売銅御買入高幷銅座にて売捌方訳書」の平均値段とおおむね同じである。ちなみに『大意書』の秋田銅平均値段一六一匁六七余は、小沢銅一六〇目、板木銅一六六匁、槇沢銅一六二匁、三枚銅一六三匁の全体の平均であろう。②吹減、③出灰吹銀と④の燃鉛は、紅吹師が紅吹して決めた。鉛値段は相場を勘案して銅座が指示した。④の吹賃は、銅座設置にあたり、銅座が指示した。なお、紅吹師の報酬（太儀料）は年間銀三〇〇目であった。

銅座の設置前、地売銅は自由売買で、吹賃も銅吹屋と依頼者が相対で決めた。一方、御用三銅山の御用銅はすでに吹賃込みの棹銅値段で請負われており、銅座が設置されても変更はなかった。その御用秋田棹銅の吹賃の内訳と、銅座が地売銅向けに規定した吹賃の内訳を比較すると次のとおりで、[6]合吹・南蛮吹・灰吹の吹賃は引き下げられ、小吹の吹賃は大幅に引き上げられ、その結果、合吹・南蛮吹・灰吹・小吹の計は、御用秋田棹銅二一匁七九九に対して、銅座の規定では二三匁九七、加算ともで二四匁九七となり、明和銅座によって吹賃は多少引き

上げられたことが分かる。

	合吹	南蛮吹	灰吹	小吹
御用秋田棹銅	三匁一五六	一〇匁五一二	二匁八〇六	棹吹五匁三二五
銅座の規定	二匁七三	九匁一六二	二匁二	地売九匁八七八　加算一匁

なお右の秋田小沢銅（秋田銅の主要銅）の⑩地売見合値段二〇六匁三二六は、御用棹銅請負固定値段一五六匁五二より大分高く、御用銅と地売銅が二重価格であることが分かる。

右の地売秋田小沢銅と同様にして算定した主要銅の地売吹銅製造費は表4のとおりである。

こうしてすべての地売銅一件ごとに地売見合値段を算定した。その全体から銅座の吹銅売出し値段を算定するのであるが、その一方、吹銅売出し値段は数年来の高値相場より下げ、山元仕切値段も検証し、問屋などの口銭や銅吹屋の吹賃をも摺り合わせて検証し微調整したようである。こうして、荒銅値段＋吹減・吹賃＋口銭＝吹銅値段という計算式に基づく地売見合値段の全体から、地売吹銅の銅座売出し張紙値段を一〇〇斤につき二一〇匁とした。

この銅座の荒銅買上げ法は、後年に買上げがはじまる銅に対しても適用された。例えば寛政十一年（一七九九）別子銅を住友が地売銅として売り上げるようになったとき、銅座の付けた値段は一六九匁六二であった。その内訳は、見積もり（当初の値段表へ品質を考慮して位置づけた値段）一六二匁、安永三年（一七七四）規定の値増銀（一%増）一匁六二、寛政元年（一七八九）規定の値増銀六匁である。御用別子棹銅一三九匁四八より大分高く有利であるのはもちろんであるが、銅座の値段の付け方が一貫しており、安定していることが分かる。このような一貫性や公平さが銅座の専売を裏付けたといえる。

このような吹銅のいわば原価計算の原型は銅吹屋には古くからあり、仲間が長崎廻銅を請負った時に公的に運

表4　主要銅の地売吹銅製造費（明和3年＝1766）　　銅100斤につき

産銅名	山元仕切値段 匁	地売見合値段 匁	吹減 斤	出銀 匁	燃鉛 斤	吹賃 匁
秋田小沢	160	206.326	6	11.2	7	38.17
秋田板木	166	206.711	6	18.2	9	41.17
永松床	181.5	208.472	6.5	31.5	10	42.67
永松平①	174.5	212.843	5	17.7	8	39.67
永松平②	173	211.234	5	17.7	8	39.67
越前大野鉸	152.5	198.79	5.5	10	7	38.17
三幸	156	197.379	7.5	0	0	17.03
山野口	163	199.46	7	22.12	8.5	40.42
治田	160	200.755	7	0	0	17.03
永野	154	206.737	6	6	7	38.17
平野元山	154	208.064	6	5	7	38.17
多田鉸	165.5	201.641	4.5	0	0	17.03
生野鉸	148	198.905	6	7	7	38.17

出典：初村家文書110–11「買入銅地売見合直段仕出帳」。
註：永松平銅はこの年2種類あった。

用された（第二章第三節）。算定法の基礎となる吹減・出灰吹銀・燃鉛などの数値は、銅座の絞吹師が決めた。絞吹師は二人いて、一人は銅吹屋の住友で、もう一人は銀座の下請けであった銭屋四郎兵衛が選ばれた。新規に産出した銅や品位が変化した銅はいちいち絞吹した[7]。表5は絞吹の記録によって、明和銅座が絞吹した銅を地域別に配列したものである。明和銅座期に各地で小規模な銅生産が断続的におこなわれていたことが分かる。

銅座設置当初の地売銅売買状況は表6のとおりである。

同じ期間に荒銅から出た灰吹銀は第一章表4に表示した。平均すると年一九一貫目余で、表示の前半六カ年は平均二三八貫目余、後半五カ年は平均一三四貫目余である。ほぼ同時期の銀山の生産高や輸入銀高と比べると、石見銀山より上、生野銀山より下で、佐渡は生野より上である。宝暦十三年（一七六三）から二〇年間に外国から輸入した銀は年平均三九〇貫目余とされ、銅吹屋から出る灰吹銀より上、生野の産出銀より下である。

表5　明和銅座の糺吹銅一覧（明和3～慶応3年＝1766～1867）

国・地域	産　銅　名
蝦夷	松前銅
陸奥	尾太(乙富)銅　南部銅・盛岡銅　仙台大森銅　〃熊沢銅　〃花淵銅　半田銀山銅
同(会津藩、預かり越後含む)	会津小岐銅　〃叶津銅　〃鹿瀬銅　〃黒沢銅　〃塩岐銅　〃品ケ谷銅　〃蟬ケ平銅　〃谷沢銅　〃八田蟹銅　〃滑滝銅
出羽	小沢・板木・三枚・槇沢・秋田銅　永松(長松)銅　大切沢銅　中津川銅　大石沢銅　粂沢銅　小滝村銅　獅子沢銅　新庄銅　長盛銅　松沢銅
下野	足尾銅　大奈沢銅　東方村銅
上野	赤沢銅
越後	柏崎銅　加茂山銅　仙見谷銅　二の口銅　鉢前銅　深沢銅
佐渡	佐州銅
加賀	弘盛銅
越前	入谷銅　大野銅　大雲銅　荷暮銅　細野銅
若狭	三幸銅
甲斐	常葉銅
信濃	赤芝銅
飛驒	山之口銅　和佐保銅
美濃	金生銅　郡上銅　畑佐銅
三河	三州山吹銅
伊勢	治田銅
志摩	大門高山銅
紀伊	貝岐銅　片木銅　尻見銅　永野銅　平野元山銅　楊枝銅
近江	石部銅
摂津	大重銅　金谷銅　多田銅　多田院銅　長谷銅　名月銅　谷寺銅　柳谷銅
大和	吉野紫園銅
丹後	田辺銅
丹波	榎原銅　逢見坂銅　笹木銅　弐ツ尾銅　細谷銅
但馬	明延銅　生野銅　瀬谷銅　田淵銅
播磨	犬見銅　小畑銅　勝浦銅　金堀銅　金子銅　椛坂銅　枯(栢)野木銅　寺谷銅　若狭野銅
因幡	因幡銅　蒲生銅
石見	銀鋖銅・精鋖銅　大金山銅　笹ケ谷銅　同大昌銅　同大上銅　同宝盛銅　猿山銅　朱色銅　勝地山銅　本色山銅
美作	川北銅　坪井銅　土生銅　東谷銅　横入(横野カ)銅　珎盛銅

備前	猿場銅
備中	赤滝銅　愛宕銅　大深銅　金谷銅　北方銅　小泉銅　新船敷銅　山之上銅 吉井銅　吉岡銅
備後	藤尾銅
安芸	岩淵銅　甲山銅　銅亀山銅　深川銅
周防	黄幡銅
長門	蔵目喜銅　長登銅　方便銅
土佐	麻谷銅　田之口銅　長者銅　着谷銅・槻谷銅　安居銅
筑後	栗林銅　成松銅
豊前	香春銅　呼野銅
豊後	河内谷銅　佐伯銅
対馬	久須保銅
肥後	芦北銅
日向	申渡り銅　鷹戸銅　日ケ暮銅　日平銅　古田銅　槇峰銅
大隅	内野銅　国分銅
薩摩	綛田銅

出典：住友家文書19－４－４「御用諸山銅紀吹留帳」。

表６　明和銅座の地売銅売買

年　次	荒銅買入高 斤	吹銅売渡高 斤	吹銅繰越高 斤	地売銅余銀 匁
明和３(1766)	1,687,626.1	429,673.0	1,147,701.6	143,420.615
〃　４(1767)	1,584,164.9	1,086,037.2	1,504,079.2	198,619.031
〃　５(1768)	1,794,872.6	978,012.2	1,705,194.4	179,155.945
〃　６(1769)	1,571,785.2	786,533.2	1,627,148.3	206,275.157
〃　７(1770)	1,537,426.9	765,635.4	1,326,841.4	219,642.300
〃　８(1771)	1,111,352.5	817,148.8	757,553.2	155,727.957
安永元(1772)	1,025,823.9	947,053.4	321,173.1	140,056.521
〃　２(1773)	1,283,274.0	959,722.4	150,636.9	217,163.475
〃　３(1774)	1,526,377.5	680,360.6	490,660.0	403,639.395
〃　４(1775)	1,575,682.9	1,099,305.0	436,655.3	479,619.981
〃　５(1776)	1,164,311.3	1,056,657.2	616,406.4	293,327.574

出典：長崎歴史文化博物館所蔵史料660－16「大坂銅座地売銅代余銀勘定見平均書付」。

（二）　地売銅値段の推移

明和銅座は設置当初に、荒銅値段＋吹減・吹賃＋口銭＝吹銅値段という計算式に則って、荒銅買上げ値段を荒銅すべてについて個々に決め、吹銅売出し値段は一〇〇斤につき二一〇匁と公定したことは前述した。その後安永三年（一七七四）に七匁引き上げ、うち一匁五を荒銅買上げ値段の増額に、二匁を吹賃の増額に充て、残を銅座の取り分とした。その後の吹銅売出し値段などの推移は表7のとおりである。

明和銅座は当初、吹銅を銅吹屋と仲買へ公定値段で売渡した。それまで地売銅を荒銅も吹銅も自由に売買していた銅吹屋や銅仲買は、荒銅商売を禁止されたが、吹銅を銅座から買い受けて販売し利益を得ることはできた。ところが吹銅の相場が高騰したため、銅座は吹銅を細工人へ直売することに改めた。

寛政八年（一七九六）七月、大坂で吹銅の市中相場高騰につき、銅仲買株の高値売買と吹銅高値販売を禁止する旨を、大坂町奉行が銅吹屋・銅仲買・銅細工仲間年寄惣代年行司・古金古道具屋仲間年寄・江戸積鉄釘問屋年行司を呼び出して申し渡した。その旨京都へ通知があり、京都でも銅仲買・諸地金仲間、その他銅を主に扱う商人・職人に申し渡した。さらに京坂とも町全体に触出した。銅吹屋の記録によると、銅吹屋八人（全員）が七月四日大坂町奉行所に出頭し、右の触の趣旨とともに仲買の金屋吉兵衛が延板そのほか細工物を高値販売したので吟味の上咎を申し付けられたと聞かされ、翌日連名で請書を出した(8)。

ちなみに、銅座が地売吹銅を直売するようになると銅仲買は商売を失うため、銅仲買に「古銅売上取次人」の肩書きを与え、古銅統制旁々商売させた。第一章一覧［13］に、安政四年（一八五七）大坂の古銅売上取次人の一覧がある。明和銅座の古銅統制については次節で述べるが、古銅売上取次人（もと銅仲買）は大坂のほか、京都・伏見・堺・大津・兵庫にも存在した。

その後、銅座の荒銅買上げ値段は表7のように推移し、おそらくこれが刺激となって、地売荒銅買上げ高は表

表７　明和銅座の吹銅売出・荒銅買上値段と吹賃の推移

100斤につき匁

年　次	吹銅売値段	荒銅買値段	吹　賃
明和３(1766)	210	新規定	新規定
安永３(1774)	217	１匁５増	２匁増
寛政元(1789)	223	６匁増	—
文化５(1808)	250	増	３匁増
〃　８(1811)	300	50目増	—
〃　14(1817)	270	—	—
文政元(1818)	240	30目減	—

出典：三井文庫所蔵史料D460-25「銅座覚書」、同　D460-26「銅座雑記」、住友家文書18-5-3「年々記」、「年々諸用留」九番（『住友』㉒）59頁、「年々諸用留」十一番（『住友』㉘）30頁、42頁、182頁。

表８　明和銅座の地売荒銅買上高

単位：斤

年　次	地売荒銅買上高
文化７(1810)	285,380.5
〃　８(1811)	267,982.0
〃　９(1812)	270,766.8
〃　10(1813)	287,740.8
〃　11(1814)	371,715.2
〃　12(1815)	342,130.3
〃　13(1816)	825,715.9
〃　14(1817)	1,213,207.5
文政元(1818)	1,176,626.7
〃　２(1819)	825,916.4
〃　３(1820)	750,686.9
〃　４(1821)	735,998.6
〃　５(1822)	799,431.9
〃　６(1823)	774,030.3
〃　７(1824)	739,250.3
〃　８(1825)	492,332.1
〃　９(1826)	694,614.4
〃　10(1827)	814,243.2
〃　11(1828)	956,851.5
〃　12(1829)	922,836.2

出典：住友家文書35-9「万覚帳」二番。

8のように推移した。

同時に表7にある値段変更によって銅座の地売銅余銀も大幅に上昇した。「金銀銅之留」によると、文化二年（一八〇五）の前と後の地売銅余銀は次のとおりである。

明和三～文化元年（一七六六～一八〇四）　六六五九貫六六三匁八九七七　年平均一七〇貫七六〇目余

文化二～万延元年（一八〇五～六〇）　三万二一三〇貫〇九一匁五八　〃　五七三貫七五一匁余

地売吹銅の売出し方法については、「金銀銅之留」に次のようにあり、文政二年（一八一九）から入札払いとなった。その落札値段は表9のとおりである。

表9　明和銅座の入札払い吹銅の落札値段　　100斤につき匁

年　次	落札値段(匁)	年　次	落札値段(匁)
文政2(1819)	227.00～246.30	天保13(1842)	331.29～356.00
〃 3(1820)	241.00～247.87	〃 14(1843)	423.50～450.00
〃 4(1821)	265.50～283.11	弘化元(1844)	516.30
〃 5(1822)	240.20～253.70	〃 2(1845)	501.62
〃 6(1823)	261.60～273.16	〃 3(1846)	476.09～481.39
〃 7(1824)	264.20～279.20	〃 4(1847)	428.00～451.00
〃 8(1825)	331.61～360.21	嘉永元(1848)	486.10～493.79
〃 9(1826)	335.63～352.00	〃 2(1849)	360.70～462.29
〃 10(1827)	322.33～353.65	〃 3(1850)	335.00～380.00
〃 11(1828)	317.12～359.80	〃 4(1851)	388.75～415.60
〃 12(1829)	317.65～333.67	〃 5(1852)	407.40～425.30
天保元(1830)	315.66～320.69	〃 6(1853)	428.90～571.00
〃 2(1831)	318.71～324.21	安政元(1854)	435.15～460.10
〃 3(1832)	311.16～317.77	〃 2(1855)	431.90～436.90
〃 4(1833)	286.10～322.06	〃 3(1856)	376.30～441.90
〃 5(1834)	260.20～277.40	〃 4(1857)	482.19
〃 6(1835)	273.95～292.39	〃 5(1858)	420.10～472.30
〃 7(1836)	262.91～294.26	〃 6(1859)	387.92～411.63
〃 8(1837)	(払いなし)	万延元(1860)	515.00～568.90
〃 9(1838)	268.00～283.50	文久元(1861)	569.60～592.16
〃 10(1839)	274.69～279.38	〃 2(1862)	605.00～951.00
〃 11(1840)	331.12～337.10	〃 3(1863)	1,086.50～1,225.10
〃 12(1841)	360.00～387.12	元治元(1864)	967.50

出典：三井文庫所蔵史料 D460-25「銅座覚書」。

一地売吹銅入札御払并地売銅目当直段之事

此儀明和三戌年銅座被仰出候後、吹銅売払之儀は吹屋并仲買之もの江御定直段を以売渡、夫ゟ市中其筋之者江為売捌来候処、寛政九巳年ゟ銅直売渡被仰付、其後文政二卯年御仕法替被仰出、一ケ年吹銅九拾万斤之高四月・八月・十一月当地并京都・伏見・堺銅望之もの者素人たりとも勝手次第入札可仕段御触流之上、三拾万斤宛三ケ度ニ入札御払ニ被仰付、以前直売出之御定直段吹銅百斤ニ付弐百四拾目を目当直段と定、右目当直段ゟ下落仕候節者御払御見合之積、尤其後追々廻銅不進ニ付御手当銀被下置、右御手当銀之増減ニ寄目当直段高下伺之上相定候、当時弐百九拾目之目当直段ニ相成御座候ニ付、右直段ゟ相進候ハ、御払相成候儀ニ御座候

文政二年（一八一九）入札開始当初、落札値段は目当ての二四〇目をわずかに上回る程度であった。文政八～天保四年（一八二五～三三）は三〇〇目を越えるが、天保五～十年（一八三四～三九）は三〇〇目以下であった。天保八年（一八三七）は払い下げがなく入札がおこなわれないが別段高騰しない。天保十一年（一八四〇）以後安政六年（一八五九）の横浜開港までは三〇〇目台～四〇〇目台で五〇〇目を越えた例はごく少なかった。

半世紀近く続いた銅座の吹銅入札払いのうち、八割を越える回の落札人の名前が判明し、第一章表3に表示した。銅吹屋も一定程度落札したが、断然多いのが銅仲買であった。入札払い期間の前半には、銅仲買を代表とする多数商人の入札組合の落札が目立った。後半期には金物商売との関連がはっきりしない商人の落札も増えていった（第一章第二節）。

明和銅座の地売銅売出高の明和三～安政五年（一七六六～一八五八）九三カ年分の内訳は次のとおりである。(9)

吹銅	七一八五万一〇三七斤三	荒銅	二九三万二九〇〇斤
鉸銅	六〇八万四二八八斤七	間吹銅	一万七九九八斤五

こうして明和銅座は、銅吹屋や銅仲買から地売銅商売とその利益を取り上げて銅座のものにした。そのはじめは銅座が売り出すようになった吹銅は市場で売買されたが、その市場で投機のため相場が高騰することがあったので、銅座は細工人への小口直売にした。その後、年三回三〇万斤宛の入札払いにし、銅の潤沢を背景に相場の安定した時期が相当期間続いた。

第三節　古銅の統制

古銅（銅スクラップ）が銅座の専売の対象であることは、設置触の前文に「古地銅ニ至迄、銅座え可相廻候」と規定があるが、はじめは届け出るだけで、事実上自由売買に近かったようである。やがて古銅の流通が活発化して銅専売の抜け道になりかねないことになった。古銅は多くが真鍮製造向けで、流通の実態は例えば次のようであった。

安永七年（一七七八）、銅座が京都の銅商人に命じた調査によると、京都の鏡屋仲間・仏具屋仲間・鋳物師仲間計九七軒と京都・伏見の真鍮屋仲間計三一軒の遣い銅は計四六万七〇〇〇斤で、内訳は新銅一一万六二〇〇斤、古銅三五万八〇〇斤であった。古銅三五万八〇〇斤の仕入先は、大坂二〇万斤、近国一〇万二八〇〇斤、京都四万八〇〇〇斤であった。一方、この前年の大坂の古銅集計では、銅仲買三〇人の買入れ高一七万八六〇〇斤のうち京都への売渡し高六万一六〇〇斤、ほかの商人一八人の買入れ高五万五〇〇〇斤のうち京都への売渡し高五二〇〇斤で、大坂買入れの古銅計二三万三六〇〇斤のうち京都への売渡し高は六万六八〇〇斤であった(10)。それぞれ相当大きな数量であるうえに、大坂の集計と京都の調査報告に大差があり、銅座が把握できない部分が相当あったことがうかがわれる。古銅の流通の活発化は真鍮産業の発展と深く関連するが、その点は第一章第五節で述べた。

幕府は天明五年（一七八五）、古銅は銅座専売であることを明示した。古銅統制について、文久二年（一八六二）の「金銀銅之留」（註2参照）によると概略は次のとおりである。ただしここでは天明五年（一七八五）に改めて触が出されたことは欠落している（大坂の町触があるが、幕府の触は見当たらない）。また江戸古銅吹所設置のことは、この書付けを記したさいに尋ねられなかったせいか記述がない。

一古銅取扱之事

此儀明和三戌年銅座被仰出、諸国銅山出銅者素ゟ古地銅ニ至迄銅座江売上候様御触流御座候処、兎角真鍮職・鋳物職之もの古銅吹潰し不取締ニ付、寛政六寅年御取締被仰出、大坂表ニ而古銅見改方之もの四人被仰付、一人前一ケ年銀三枚宛御手当被下置、猶又京都ニ而も安政元寅年古銅売上取次人之内三人見改方被仰付、尤当地幷京都・伏見・堺・大津・兵庫表ニも古銅売上取次人有之、右之者幷銅吹屋共取次を以月々売上候分、切屑銅其外古銅之分、上中下品分ケ仕、一ケ年三ケ度吹銅入札御払直段を以先前仕来之定法ニ割合買上直段取極、代り吹銅之儀者右落札直段を以売渡、右売出し余銀之分年々江戸御金蔵江上納仕候事

天明五巳年ゟ万延元申年迄七十六ケ年分古銅方余銀蓮池御金蔵江上納仕候分

一銀千弐拾貫弐百八拾壱匁七分五厘

寛政六年（一七九四）から、大坂で古銅の新しい統制がはじまった。古銅取締りのため町触が出され、古銅見改役四人（銅吹屋二人、銅仲買二人）が任命された。古銅はそのまま使えるものを除いて古銅のまま売買することを禁じ、銅座が買い上げて吹替えて売り渡すこととし、銅吹屋に吹替利益を与えて、現物の統制の中心に据えた。次に掲げたものはこの時銅座宛に提出された三種の請書で、①は古銅見改役四人のもの、②は紅吹師二人のもの、③は銅吹屋仲間八人全員のものである。古銅類は種類が細分化され、処理方法と扱い業者に詳細な規定が示されたことになる。(11)

①四月十一日於銅座御役所被仰渡請書左ニ

差上申一札之事

一諸国ゟ当地江差越候古金之内古銅・切屑銅・はげ銅等入交有之候分撰分之儀は勿論、当御役所江不売上内分ニ而売買仕候儀も有之紛敷候ニ付、以来別段見改被仰付候間、吹屋・仲買并商人共内分ニ而古銅取扱候儀有之候ハヽ、可申上候、且古銅之内生ケ物と唱候品取扱等之儀、今般御触渡有之候様奉承知、無怠心ヲ付紛敷義は早速可申上候、右ニ付於町御奉行所被仰渡候通、為骨折料壱ケ年銀三枚宛被下置、自然不正之取計之儀及見聞申上候ハヽ、当人御吟味之上御取上銅之内御褒美として歩通之代銀可被下置候間、別而入念相勤可申旨仰渡、逐一承知奉畏候、右被仰渡之趣相守、出情相勤可申候、依之御請印形差上申処如件

寛政六年寅四月

銅仲買　金屋六兵衛

同　銭屋五郎兵衛

銅吹屋　大坂屋久左衛門

紅吹師　泉屋吉次郎

幼少ニ付代判仁右衛門

病気ニ付代　真兵衛

銅座御役所

②　差上申一札之事

今般古銅売上候者買戻之節、以来中下古銅之間吹銅を以御売渡御座候付、右間吹銅吹方并其余中下古銅之分は、小吹ニ吹立候迄私共両人ニ限り被仰付候間、右吹方厳蜜ニ取計、且又右間吹銅御売出之節所持之極印打相渡可申旨、尤右之外被仰渡候廉々は、別紙御請書奉差上候間無遺失相守可申候、依之御請書奉差上候処如

件

寛政六年寅四月

銅札吹師　大坂屋助蔵
同　泉屋吉次郎
幼少ニ付代判仁右衛門
病気代真　兵　衛

銅座御役所

③　差上申一札之事

諸国ゟ当表江商人共方江差越候古銅・切屑銅・はげ銅之内、唐金・真鍮・鉄類入交り候儘ニ而取引仕候而は紛敷候間、此節御触之趣不相守古金入交り候儘ニ而差送り候ハヽ不埒ニ付、其者之居所・名前相認、町御奉行所江可申上候事

一古銅買戻之儀以来御差留メ古銅百斤之代り極印有之候間吹銅百斤ニ付弐百拾匁替を以御売出御座候間、尤代り吹銅之儀は是迄之通相心得可申事

一切屑銅直キ売上方不勝手之者ハ、此節ゟ中買取次ハ御差止被仰付候間、吹屋ニ限取次相頼候様可仕、尤古銅之分は是迄之通相心得可申事

一新銅切屑之儀は銅細工中間之者依願御直増被仰付候義付、右切屑銅所々ニ而買集メ其者ゟ売上候節は、古銅ニ准シ買上御座候事

一都而古銅之内生ケ物と唱古キ儘相用候器物銅之るい、又ハ少々宛之損所を繕ひ其形ニ而売買仕候品之内、船金具・瓦板・風呂釜・銅壺・樋此五品之分所持人手前ニ而損所を為繕其形ニ而相用候儀ハ格別、形ヲ替相用候歟又者売買仕候ハヽ、引請候者ゟ相届御改請可申候、若又売出候ハヽ、売人買人双方ゟ御断可申上候、

繕等不相成品は古銅ニ売上可申事
一はげ銅・やすり粉之吹方、萩屋市右衛門・銅屋嘉助・津国屋六右衛門江被仰付候間、右之品々は三人之者江差遣、吹屋共義は吹方仕間鋪候
一吹屋共方ニ而は銅之外品々吹方者勿論、唐金・真鍮・鉄るい等取扱申間鋪候
一古銅売上候者買出し買戻之節、以来中下古銅之間吹銅を以御売渡御座候ニ付、間吹銅吹方幷中下古銅之分は小吹仕候迄も泉屋吉次郎・大坂屋助蔵両人ニ限り吹方被仰付候旨、尤上古銅・切屑銅者右両人は除キ残り吹屋共吹方可仕事
右之趣被為仰渡、猶又於町御奉行所被仰渡候趣幷三郷町中御触渡之趣逐一奉承知、少も違失仕間敷旨被仰渡奉畏候、依之御請印形差上申処如件

寛政六年寅四月

川崎屋千次郎
熊野屋彦太夫
代判彦九郎
病気ニ付代平兵衛
平野屋三右衛門
病気ニ付代与兵衛
大坂屋久左衛門
大坂屋三右衛門
病気ニ付代喜八郎
富屋彦兵衛

病気ニ付代吉兵衛
大坂屋助蔵
泉屋吉次郎
幼少ニ付代判仁右衛門
病気ニ付代　真兵衛

銅座御役所

この規定によると、例えば以下のように細々と定められている。はげ銅・やすり粉ははげ吹屋が吹き、銅吹屋は吹いてはならない。切り屑銅の銅座売り上げは銅吹屋が扱い、仲買は扱ってはいけない。中・下古銅の間吹・小吹は銅吹屋のうち糺吹師の住友と大坂屋が担当し、上古銅・切り屑銅はそれ以外の銅吹屋六人が担当する。諸国から集まった古銅類のうち唐金《からかね》・真鍮・鉄類が混じらないよう仕分けすること。銅吹屋は銅以外に吹いてはならず、唐金・真鍮・鉄類を扱ってはならない。

銅吹屋に吹替えさせることによって銅吹屋を通すことになり、吹賃という利益を与えて古銅を古銅のまま流通させないように銅吹屋を利用したと考えられる。詳細な古銅類取扱い規定は、業種間の紛争を避けるためであるが、従来の慣行では処理できない事態（品物の種類の増加や扱い業者の力関係の変化など）の出現もうかがわせる。なお、古銅見改役への手当は「金銀銅之留」にあるように一人年銀三枚（一二九匁）であった。

明和銅座の古銅買入れ高は、天明五～安政五年（一七八五～一八五八）七四カ年分計一五二六万五八九九斤九で、年平均二〇万斤余、その内訳は次のとおりである。(12)

切屑銅	八二五万六三五〇斤七	上古銅	四三三万〇四四一斤三
中古銅	一七六万六八八三斤三	下古銅	九一万二二二四斤六

表10　江戸における吹銅入札払いの例

年　月　日	事　項	出　典
文政２年(1819) ９月13日	江戸にて吹銅５万斤、落札中嶋屋源七261匁５替	住友家文書「年々記」
文政３年(1820) ２月１日	古銅吹方役所内にて２万8000斤入札払公示	『江戸町触集成』
文政７年(1824) ６月３日	江戸にて吹銅３万斤、落札銅屋徳兵衛280匁63替	住友家文書「年々記」
文政12年(1829) ３月８日	江戸古銅吹方役所にて吹銅３万斤、落札釘屋庄八331匁68替	住友家文書「年々記」
天保２年(1831) ２月23日	江戸にて落札銅屋定七326匁75替	住友家文書「年々記」
天保２年(1831) ４月26日	江戸にて吹銅３万斤、落札つぶし屋仲間328匁95替	住友家文書「年々記」
天保７年(1836) ９月14日	古銅吹替役所有銅２万斤入札払公示	『江戸町触集成』
天保11～弘化３年(1840～46)	両古銅吹所入札払、年５～25万斤、320～428匁２替	小葉田論考119頁
弘化４年(1847) ５月16日	別段古銅吹所にて吹銅３万斤入札払公示	『江戸町触集成』
嘉永元年(1848) 11月15日	別段古銅吹所にて吹銅３万斤入札払公示	『江戸町触集成』
嘉永２年(1849) 閏４月23日	別段古銅吹所にて吹銅３万斤入札払公示	『江戸町触集成』
嘉永３年(1850) ３月24日	別段古銅吹所にて吹銅２万斤入札払公示	『江戸町触集成』
文久３年(1863) ９月22日	銅座出張所にて吹銅３万斤入札払公示	『幕末御触書集成』

ほぼ同じ期間、天明五~万延元年（一七八五~一八六〇）七六カ年分の古銅方余銀（蓮池御金蔵へ上納候分）は、前述のとおり銀一〇二〇貫二八一匁七五で、年平均一三貫目余であった。明和銅座の古銅取扱い高はあまり大きいとはいえず、銅座を通らない分が相当あったことがうかがわれる。

寛政八年（一七九六）には、江戸古銅吹所が設置された。小葉田淳「江戸古銅吹所について」[13]は、江戸古銅吹所に関する先駆的な研究である。江戸本所清水町古銅吹所の設置と同横川町吹屋七郎兵衛吹所との関係、天保八年（一八三七）同町別段古銅吹所の設置、両古銅吹所へ廻着銅の高、大坂の銅座との関係、文久二年（一八六二）に銅座の出張所となったことなどの沿革と、江戸古銅吹所が開発・再開発のあった各地銅山から産出銅の送付先にしばしばなった例を述べている。江戸古銅吹所は大坂銅座に比べて小規模であったが、銅の生産・流通が進展するのに応じた統制の実態をみることができる。江戸古銅吹所では大坂の銅座と同様に吹銅の入札払いをおこなった。表10はその例を示すものである。

文化九~文政二年（一八一二~一九）、銅座と江戸古銅吹所が真鍮を専売したことは、第一章で述べた。

第四節　明和銅座の財政

明和銅座の財政は長崎会所と密接な関係があり、規模は長崎会所のほうがずっと大きい。その関係を的確に表現するのは現況では容易ではない[14]ので、銅の専売機関である銅座の業務に即して、具体的に判明する部分について検討し、将来の課題として両者を含めて把握するための基礎作業としたい。

銅座の前身が長崎会所の出張所である長崎御用銅会所であったという面について、「金銀銅之留」（註2参照）には次のようにある。

一長崎江抱り候諸取扱向之事

此儀銅座之儀者明和三戌年発端之節、地売銅買入元手銀も長崎備銀之内当地御金蔵ゟ八百貫目御下銀幷長崎表ゟ為仕登銀を以御取開相成、且同所ゟ相詰候吟味役・請払役銅座地役江主役被仰付候儀ニ付、諸御用向者都而長崎一体之訳ニ御座候得共、長崎方銀・地売方銀・古銅方銀と銀筋口々ニ相成有之、尤彼地ニ抱候御用向取扱之儀は、長崎商売銀之内を以銅座江為仕登之分唐物問屋之ものゟ取立、長崎方諸上納幷御用納代・俵物代、其外長崎方銀ゟ御出方之分夫々支払仕、且御用銅之内ゟ地丁銅ニ振替浅草御蔵御貯ニ御下之分積廻し、幷御用棹銅吹立出来候分追々船積差下し、猶又長崎御代官所御米代幷御成箇銀其外上納銀、棹銅等を以御納仕候儀者、全長崎方之御用向、当表ニ而取扱候之儀ニ御座候

ここにはまず明和銅座設置当初、地売銅買入れ元手銀（原資）として長崎会所の資金、すなわち御金蔵にある長崎備銀と長崎からの為仕登銀《しのぼせぎん》を充てたとあり、これは後述のように年々の利益をもって数年内に完済した。次に銅座の役人は長崎会所役人が主役となったこと、輸入貨物を上方の商人が落札した代銀を銅座へ納める長崎商売銀が上納に充てられたこと、御用銅のうちから振り替えて地丁銅が備蓄されたことなどがある。

明和銅座は表6に示したように地売銅を売買し、一定の利益と手数料から成る余銀を獲得した。明和三～安永五年（一七六六～七六）の余銀は計二六三六貫六四七匁九五一となり、それによって設置当初に長崎会所から借入した銀二五〇〇貫目を完済した。地売銅売買に関する年々の収支記録の最初と最後の年次は表11のとおりである。

地売銅余銀はそこから銅座の経費を支出した残を大坂御金蔵に納付した。地売銅余銀から支出する経費は同じく「金銀銅之留」によると文久二年（一八六二）当時は次のとおりである。

一地売銅余銀ゟ遣払候廉々之事

此儀長崎ゟ相詰候吟味役・請払役賄道具代並請払役旅雑用、銅座地役受用銀、筆者・手代給料、鈴木町御旅宿御修復入用、同所御用達御手当、其外諸雑用、江戸・長崎飛脚賃、銅座雑用等、内訳別紙を以申上候、

表11　明和銅座の地売銅収支　　単位：匁

明和3年(1766)		安永5年(1776)	
2,500,000.000	長崎会所より仕登銅座地売元方に立	1,682,704.543	繰越銅座地売有銀元立分
3,750.000	為替掛入目銀		
904,071.550	地売吹銅売渡代	2,284,326.276	地売吹銅売渡代
		79,460.000	地売吹銅対州へ売渡代
		204,000.000	鋏銅10万斤江戸鋳銭地銅銀座へ売
254,326.714	地売銅出灰吹銀	134,344.088	地売銅出灰吹銀
9,784.040	地売銅出白目	1,982.400	地売銅出白目
		22,115.951	吹屋吹込銅8万斤
2,252,437.709	翌年へ越銅	1,309,881.642	翌年へ越銅
5,924,370.013	受取銀計	5,718,814.900	受取銀計
2,714,335.268	地売荒銅買入代	1,231,637.653	地売荒銅買入代
424.294	屑銅古銅買入代	557,920.000	南部御用銅地売に振向買入代
		80,000.000	南部増銅手当銀
498,068.362	地売荒銅吹賃燃鉛代	306,712.374	地売荒銅吹賃燃鉛代
55,232.415	地売荒銅問屋仲買口銀	59,987.066	地売荒銅問屋仲買口銀
		14,625.000	南部床銅出灰吹銀代銭屋渡
12,889.059	地売銅吹屋廻船賃他	31,284.856	地売銅吹屋廻船賃他
2,500,000.000	長崎より登銅座へ請入高	800,000.000	大坂御金蔵より請入銀返入残
5,780,949.398	払出銀計	3,082,166.949	払出銀計
143,420.615	差引残、当年銅座余銀	2,636,647.951	差引残、明和3～安永5年銅座余銀

出典：長崎歴史文化博物館所蔵史料660-16「大坂銅座地売銅代余銀勘定見平均書付」。

　尤定番定日雇賃銀并臨時人足賃等之儀者、雑用之内江相籠り御出方相成候事

文久二年（一八六二）の各部門の有銀は、同じく「金銀銅之留」によると次のとおりである。

一　銀銭二五六九枚
一　銀二三貫九〇五匁二九八六　　長崎方銀　是は長崎御用銅代・諸御用銀・俵物銀
一　銀三八五貫三八九匁二〇四二　地売方銀
　　外七〇一四貫目余　　地売方銀より長崎方銀へ振替、追って返入あるべき分
一　銀二三八貫二八三匁三四三二　古銅方銀
一　銀五二五貫一五五匁九一五　御貸附方銀

ただしほかに借入銀が三一三四貫目あった。

右のうち「古銅方銀」については前述した。「御貸附方銀」について「金銀銅之留」には次のようにあり、大坂御金蔵より五万両を、文化十二年（一八一五）から銅山手当銀の名目で諸家廻米引当で貸付運用した。大坂廻米を担保とするもので一種の大名貸である。

一地売銅余銀ゟ銅山御貸附等者無之哉之事

　此儀地売銅余銀之内ゟ御貸付者無御座候得共、銅座取扱候銅山御手当御貸付銀之儀者文化十二亥年金五万両此銀三千弐百五拾貫目当地御金蔵ゟ御下ケ、諸家方江廻米引当年一割之利銀を以御貸渡、右利銀之内九歩通者年々当地御金蔵江上納、残壱歩通之内五厘は積銀、五厘者御貸附諸雑費ニ相成、右之内ゟ御勘定方・御普請役・御町方銅座詰・御貸付懸り吟味役御手当御出方、銅座地役・同筆者・手代・小頭并御貸附方用聴之もの御手当御出方、其外諸雑用人足賃等遣払ニ相成、尤文政七申年以前御貸渡之分者天保二卯年御仕法替ニ被仰出、年壱割利銀五歩ニ利下ケ五歩者元入被仰渡、其後依願右御仕法通又者年賦等ニ被仰付

候向も御座候、且又積銀之儀者去ル未年迄四百拾八貫拾弐匁七分五厘八毛引分ケ候内弐百弐拾四貫六百三拾七匁三分七厘五毛御貸渡相成候儀ニ御座候

文化十二~万延元年(一八一五~六〇)の利銀収入は計七五五一貫七六八匁九〇三であった。その機能は大名金融への補塡であった。(15)

銅座は文政二年(一八一九)には三井組と住友を登用して金銀出納を扱う掛屋を置いた。「金銀銅之留」に次のとおりある。

一於銅座長崎方銀幷地売方銀其外取扱之事

此儀銅座発端ゟ正銀を以納払取計来候処、文政二卯年より三井組幷住友吉次郎江銅座掛屋被仰付、都而納払共手形を以取計、追々御勘定方江相伺、右手形御見届御調印相成申候、尤差引銀之儀者月々懸屋之ものゟ勘定帳差出御突合相成申候

住友は銅吹屋の筆頭で別子銅山師でもあり、銅座とは最も関係の深い商人であった。明和銅座との資金融通関係は具体的にはあまり分からないが、一例をあげると次のようであった。文政元年(一八一八)十二月、銅座から住友に対して、地売吹銅八〇万斤を預けるので、それを引当(担保)に銀一二〇〇貫目を他借で調達するよう申し付けがあった。理由は「地売銅御買上代銀御差支」であった。地売荒銅買上げ値段引き上げの効果で買い上げ高が急増したのに、それまでの地売銅余銀の蓄積は「銅山御手当銀」として貸付をはじめたばかりで、資金が欠乏していたようである。銅座は買上げ値段を大幅に引き下げるとともに、住友に買上げ代銀の調達を命じた。住友はともかくもそれに応じ、返済もされた。(16)

三井も越後屋(呉服屋)が長崎輸入貨物落札商売を営み、その代銀を銅座を通じて長崎会所に納める立場にあったから、銅座とは関係の深い商人であった。

明和銅座の財政の全貌を解明するのは簡単ではないが、長崎会所の資金繰りに関わる役割を除いてみた銅座は、基本的に鎖国とともにある徳川幕府の銅専売機関であった。その限りで山元や銅商人たちの動向をある程度くみ取る姿勢を持ち、収益をあげ続けた経営には、企業的な性格も認められるであろう。それゆえ明治維新後には鉱山司として維新政府の機関に移行したのであろうと考えられる。

第五節　専売制の継続と御用銅の廃止

天保十二年（一八四二）に銅座の仕法確認の触が出された。『幕末御触書集成』第四一〇二号の天保十二年四月五日の触は次のとおりである（文中の丸数字は引用者による）。

　水野越前守殿御渡

　　大目付江

諸国より出銅者勿論、古地銅ニ至迄銅座江可相廻旨、明和三戌年相触置、其後天明八申年、寛政九巳年触渡候之処、近年不進ニ相聞、国々銅山稼来候分ハ不及申、出精相稼、新山等問堀いたし、出銅之分ハ、聊たり共外売不致、不残大坂銅座江可相廻、尤江戸古銅吹方役所幷別段古銅吹所江是迄廻し来候分、且新規之分ハ申立之上相廻し、諸山より津出道中幷津々浦々又ハ海上ニ而、銅売買堅致間敷候、若又心得違之ものも有之、山元より銅座之外江相廻売払候歟、又ハ山元ニ而、荒銅買手ニ而延板、器物或者真鍮地、鏡地等ニ仕立候儀者、堅令停止事、其外囲銅幷質銅停止申付候段、先年より相触置候通可守之候

①一国々出銅致シ船積、大坂江相廻し候節ハ、右銅員数書付、廻船のものへ相渡、船宿之者より、大坂町奉行所幷銅座江廻着毎ニ可届出候事

②一銅はけ之儀、京幷大坂共はけ吹職之もの申付置有之候間、右之者江差廻シ候儀者勿論、真鍮はけ之儀も紛

敷有之候間、以来者一応銅座之改を請可申事

③一諸国より荒銅を白目と名付、勝手ニ売買致候趣相聞候条、不埒之事ニ候、以来者白目たり共、一旦銅座之改を請売買可致事

④一古銅之儀、天明五巳年より、古銅切屑銅共不残銅座買入ニ相触置、寛政八辰年より、関八州之分ハ江戸表江可相廻之旨相触置候之処、近年相弛ミ古銅売上相減、若心得違不正之売買致候歟、又ハ真鍮職、鋳物職之者ニ而、勝手ニ吹潰候儀者決而不致、前々より相触置候通急度相守、古銅切屑銅ハ不及申、はけ銅ニ至迄、大坂銅座幷江戸古銅吹方役所、別段古銅吹所之内江売上可申事

右之趣、国々所々ニ而急度可相守候、若心得違、触渡之趣不相用者有之ニおゐてハ、其品取上急度可申付候也

三月

この触は、明和三年（一七六六）の銅座設置触とその後に出された専売を維持する趣旨を確認する触を踏まえ、実際には従来特段に取り上げなかった古銅・切屑銅・はげ銅・真鍮はげの統制や、関八州・江戸の統制を明言している。

安政五年（一八五八）に幕府は修好通商条約を、アメリカ・オランダ・ロシア・イギリス・フランスとの間で調印した。その中に日本銅は余分があれば日本の役所にて公の入札をもって払渡すという規定がある。条約で棹銅は輸出が禁止されたが、そのほかの銅が相当に輸出されたので、幕府は外交交渉や国内流通統制によって輸出を事実上禁止した(17)。

開港によって、従来の鎖国制を前提とする銅貿易は事実上廃絶状態となった。文久二年（一八六二）には、銅座の出張所を江戸と長崎に設置し、専売制を維持する方針を打ち出した。同時に御用銅買上げ高を一八五万斤か

表12　明和銅座買入地売銅一覧（文久２年＝1862）　100斤につき

国名	産銅名	３カ年平均目当高	買入値段	別段手当	吹減	灰吹銀	出白目	燃鉛
陸奥	盛岡捨錫銅	3万2793斤7	199匁3	30目	4斤6			
出羽	秋田山鉸銅	7万8876斤7	200目6		3斤			
出羽	大切沢床荒銅	3万6131斤	181匁5		3斤3	12匁75		13斤
佐渡	大印荒銅	8905斤	185匁9		11斤6	13匁6		6斤3
〃	無印荒銅	（同上のうち）	181匁1		2斤9	12匁7		6斤
越前	大野鉸荒銅	5万斤	185匁9	30目	4斤9			
若狭	三幸平荒銅	11万4491斤5	168匁6		10斤4			
〃	同床荒銅	（同上のうち）	128匁4		30斤8			
紀伊	楊枝荒銅	2万0253斤6	174匁5	20目	7斤6			
摂津	多田鉸荒銅	1万5457斤1	176匁1		5斤6			
但馬	生野鉸荒銅	3万8496斤1	172斤6		7斤	7匁3		8斤
石見	銀鉸銅	7358斤4	175匁3		23斤6	14匁9	5斤7	1斤
〃	大昌荒銅	1405斤1	207匁4		17斤8	25匁	15斤6	10斤1
備中	北方平荒銅	4536斤7	238匁5		5斤6	29匁5	1斤7	9斤6
〃	同床荒銅	（同上のうち）	155匁1		38斤4	26匁7	2斤2	11斤8
〃	吉岡平荒銅	3万2910斤3	218匁5		5斤8	23匁25		9斤
〃	同床荒銅	（同上のうち）	222匁5		8斤7	28匁25	1斤2	9斤8
〃	小泉荒銅	621斤1	196匁8		27斤4	23匁25	8斤	7斤2
伊予	別子立川銅	8万5395斤3	189匁6	10匁	6斤			
日向	日隠荒銅	目当高なし	171匁8		8斤9			

出典：「金銀銅之留」、278頁註（２）参照。

ら九三万斤に削減し、慶応二年（一八六六）には御用銅買上げを廃止した。銅の専売は地売銅のみとなった。

文久二年（一八六二）当時の銅座買入れ地売銅全体の値段と吹減など銅の質を、「金銀銅之留」によって表示する（表12）。三カ年平均目当高というのは、それを越えて売り上げた場合に別段手当を支給するという目当ての高である。また、御用銅の買い上げ値段は固定されていたが、手当銀が次第に増額され、安政六年（一八五九）当時では、棹銅一〇〇斤につき秋田銅二一三匁八五、盛岡銅二一三匁七八、別子立川銅二二六匁九八で、地売銅との差はほとんどなかった(18)。

廻銅目当高の最大は若狭三幸銅であった。御用銅を出す秋田・別子がこれに続き、大野がその次であった。紀伊楊枝《ようじ》銅は目当高は多くないが別段手当を受け、当時好調であった。廻銅目当高の合計は五〇万斤に満たなかったが、長崎の銅貿易で余る御用銅を融通することで、地売銅の入札払いは持続した。この荒銅買入れ値段と前掲表9の吹銅落札値段を照合すると、地売銅商売で銅座が利益を得ていたことが分かる。

銅産業は近世を通じて輸出産業であった。明治政府のもとで銅輸出が再開されて軌道に乗るまでの間、幕末・維新期に著増した貨幣用の銅需要が銅産業にとって大きな意味をもっていたのではないかと考えられる。(19)

(1) 銅座設置までの調査は「大坂銅座書上控」(『大阪編年史』第一〇巻収載)に記録がある。三井文庫所蔵史料D四六〇―二三「大坂銅座書上控」はその写本のひとつである。石谷の長崎における改革については、鈴木康子『長崎奉行の研究』(思文閣出版、二〇〇七年)の研究がある。

(2) 三井文庫所蔵史料W―一―一〇九「金銀銅之留」。「金銀銅之留」は文久二年(一八六二)銅座役人が銅座の仕法全般につき「御尋之廉々申上候書付」である。宛先は記載がないが、幕府勘定所かと考えられる。この年には銅座の出張所が江戸と長崎に設置された。その参考資料の一つであろう。「金銀銅之留」は明和銅座の仕法を概観できる史料である。

(3) 表3「買入高」と「地売へ振向」の出典は、長崎歴史文化博物館所蔵史料六六〇―一四「宝暦元未年以来　長崎御用銅御買入高幷長崎廻銅高訳書」。この史料の宝暦元～安永三年(一七五一～七四)は、『大意書』巻三(刊本七八～一一一頁)と同一である。輸出高の出典は『吹塵録』、『長崎実記年代録』。

(4) 中村質「東アジアと鎖国日本――唐船貿易を中心に――」(加藤榮一他編著『幕藩制国家と異域・異国』校倉書房、一九八九年)三七二頁。木村直樹「寛政二年貿易半減令の再検討――オランダ貿易の視点から――」(同『幕藩制国家と東アジア世界』吉川弘文館、二〇〇九年)。横山伊徳『開国前夜の世界』(日本近世の歴史5、吉川弘文館、二〇一三年)。

(5) 初村家一一〇―一一「買入銅地売見合直段仕出帳」。

(6) 御用秋田棹銅の吹賃は『泉屋叢考』第一九輯付録一七頁収載、銅座の規定は三井文庫所蔵史料D四六〇―二六「銅座雑記」。

(7)　拙稿「「御用諸山銅紐吹留帳」について」(『住友修史室報』第一四号、一九八五年)。

(8)　「年々諸用留」十番(『住友』㉕)四六頁。

(9)　三井文庫所蔵史料D四六〇―二五「銅座覚書」。

(10)　初村家一〇八―三六「吹屋中買共内分申出候書付」。

(11)　『大阪編年史』第一四巻に「銅仲買・銅吹屋四名ニ、不正銅売買ノ取締ヲ命ジ、間吹銅吹師二名、剣銅鑪粉師三名ヲ定メ、古銅売買ニ関スル条規ヲ制定ス」という綱文で、町触と『住友家史垂裕明鑑抄』を出典とする請書三通がある。ここでは住友家文書一八―五―一「年々記」寛政六年四月十一日条と四月条によって請書三通を掲出する。『大阪編年史』はここに掲出する請書と比べると細部に異同がある。

(12)　註(9)三井文庫所蔵史料「銅座覚書」。

(13)　小葉田淳「江戸古銅吹所について」(同『日本経済史の研究』思文閣出版、一九七八年、初出は『日本歴史』第三四一号、一九七六年)一〇八頁。

(14)　賀川隆行「文政・天保期の大坂銅座の財政構造」(同『江戸幕府御用金の研究』法政大学出版局、二〇〇二年、初出は『三井文庫論叢』第一六号、一九八二年)は、銅座掛屋の実態を三井組の史料によって分析した成果である。この論考には、大坂銅座の財政は長崎会所の財政と連結している(二三四頁)、長崎会所の財政収支には大坂銅座の財政の一部が組み込まれている(二六〇頁)、とある。山脇悌二郎「統制貿易の展開」(『長崎県史』対外交渉編、吉川弘文館、一九八六年)六一三頁には、銅座も長崎会所もそれぞれ独立の企業体であったが、両者は互いに唇歯輔車の関係にあるパートナーであった、とある。終末期の銅座については安国良一「幕末期の銅座とその終焉」(一)(二)(『住友史料館報』第四四・四五号、二〇一三・一四年)。

(15)　註(14)賀川隆行「文政・天保期の大坂銅座の財政構造」。この仕法には次のような謎がある。まず、賀川氏は銅座掛屋の三井・住友のうちこの御貸付銀は三井のみが扱ったとされ、この論考の限りではそのとおりで間違いない。ただし住友の別家泉屋(大橋)与四郎が文化十二年(一八一五)から扱ったよく似た仕法があった。伝存する関連史料は断片的であるが、註(2)「金銀銅之留」によると銅座役人の「御貸附方用聴正之助」が御貸附方利銀のうちから銀六貫五〇

○目を受領しており、正之助は大橋の子孫なのである。あるいは最初大橋が住友を背景にして請け負い、のち三井に移され、大橋に用聴の肩書きと手当だけが残されたのかとも想像されるが、確証はない。もうひとつは、大坂におけるいわゆる文化期御用金の貸付運用を示す文化十二年（一八一五）融通方一四人からの渡銀のうち、銅座へ三二六〇貫五五八匁があり（『新修大阪市史』第四巻、六五頁）、五万両に近似しているが、管見の限りではこの関連史料が見当たらない。

(16) 住友家文書一八―五―四「年々記」。

(17) 石井孝「幕末における幕府の銅輸出禁止政策」（『歴史学研究』第一三〇号、一九四七年、のち加筆修正して同『幕末開港期経済史研究』有隣堂、一九八七年に収録）、沼田次郎「開国と長崎」（『長崎県史』対外交渉編、第八章、吉川弘文館、一九八六年）。

(18) 長崎歴史文化博物館所蔵史料六六〇―二五「銅定高並手当銀書付」。

(19) 註(14)安国良一「幕末期の銅座とその終焉」(二)、高村直助『明治経済史再考』（ミネルヴァ書房、二〇〇六年）。

終章

近世日本の銅の歴史を考察するには、研究史や史料の厚薄の現況を踏まえると、大坂銅商人の動向を軸にするのが最も適切である。したがって、大坂銅商人社会の構成と変容の実態を把握する作業が、本書のまず第一の課題であった。

銅生産・銅貿易の上昇期・最盛期（十七世紀後半～十八世紀初頭）、銅商人社会の中心に、銅を輸出する銅屋にして輸出用棹銅を製造する銅吹屋であり銅山師・銀主でもある数人の商人が存在し、その周囲に銅貿易には直接参加しない小吹屋や小吹屋から輸出銅を購入する銅屋、中小銅山師や銅加工業者など多数の銅商人が存在したことを確認した。銅産出が最盛期をすぎて漸減に転じると、中心にいた銅屋兼銅吹屋兼銅山師たちは銅輸出をやめて銅山稼行を縮小し、銅吹屋として銅座の配下に入り、細工向き銅の流通を掌握した。やがて銅仲買が台頭し、銅吹屋・銅仲買・加工業者・銅問屋など銅商人全体が銅座の統制下に入るという経過をたどったこと、さらに十八世紀後半から真鍮産業など新たな分業が展開し、銅商人社会は全体として成熟することを確認した。これが第一の課題に対する回答の概略である。

第二の課題としたのは長崎銅輸出値段についてである。輸出銅値段は、長崎会所が荷主になってのちは固定値段であり、ある時期以後はまったく固定されて輸出は赤字であった。一〇〇斤につき唐人向け一一五匁、オランダ向け六一匁七五という固定値段での赤字輸出がいつ、いかにして始まったのか不分明であることが、長年長崎貿易史研究の隘路のひとつであった。本書ではその経緯の解明に取り組んだ。銅の輸出値段は、享保三年（一七一八）の新金銀通用令の適用によって半減され、唐人売り六七匁七五、オランダ売り六一匁七五とされた。享保十八年（一七三三）に改訂されて唐人売り一一五匁、オランダ売りはそのままの六一匁七五とされ、それが固定されたが、そこにいたる経過には必ずしも一貫した積極的な意図や政策が存在したとは感じられない、というのが一応の回答である。

第三の課題は、三回にわたって設置された銅座の実態を解明することである。三回の銅座はその性格がそれぞれ異なるが、共通しているのが、銅座設置の時期には銅相場が上昇しており、幕府は専売によってそれに対処しようとしたことである。そして元禄銅座については銅吹屋からの御用銅安値買上げが対処の核心であること、明和銅座では地売銅のすべてについて荒銅買上げと吹銅売出しの値段の決定に、恒久的に適用できる方法を確立したことが核心であることを明らかにした。それらは流通機構を補強し改善する役割を果したといえる。一方、元文銅座の場合は、相場の上昇を長崎に転嫁するという生産流通の構造改革の一端を担ったと考えざるをえない。

このような考察の結果、近世の銅は前半と後半でその生産・流通の様相が一変することを確認した。その境界は享保・元文期（一七一六～四一）である。それが元文銅座の特異性の根本原因となった。変化の原動力や経緯を分析して銅の近世史をまとめるには、大坂銅商人以外のほかの側面の考察が必要であるが、その中で「山元」の動向が重要であることを指摘して、本書のまとめとしたい。

右に、大坂銅商人社会の構成・変容の実態把握と、長崎銅貿易における赤字輸出値段確定の経緯、それに銅座の実態解明という課題と、それへの一応の回答を略述したが、次に本書の成果をもう少し詳細にたどり、元文銅座の実態と「山元」の動向を解明する必要性を考えてみたい。

まず大坂銅商人社会の構成を概観し（第一章第一節）、業種すなわち、1銅屋、2銅吹屋、3銅問屋、4銅仲買、5銅細工人、6古銅類取扱い業者、7真鍮地銅屋・真鍮吹職の別に、名前と居住町の判明する史料一六点（時期は元禄元〜安政四年〈一六八八〜一八五七〉）を掲出し、これに属する計二二五人の名前を、居住地域である天満地区・上町地区・船場地区・西船場地区・島之内地区・堀江地区に大別し（それぞれその周辺を含む）、さらに居住町ごとに掲出した。

こうして集住の状況、すなわち天満砂原屋敷と南木幡町に銅細工人が、船場一丁目筋と安堂寺町に銅問屋・銅仲買が、横堀炭屋町や新難波東之町・同中之町・道頓堀釜屋町・同湊町に銅屋・銅吹屋が、それぞれ集住する状況と、他方で各種銅商人が大坂三郷に広く散在し、分業を展開する状況を確認した。また1・2は近世中期以前に活発に活動し、4〜7は中期以降台頭することが推測された（第一章第一節）。

長崎銅貿易に従事する銅屋は、元来だれでも自由に商売できたが、延宝元年（一六七三）幕府が公認する銅屋（古来銅屋という）の独占になった（第二章第一節）。古来銅屋は大坂だけでなく京都・堺・長崎・豊後にも所在した。大坂在住の有力銅屋の業態は、銅吹屋・山師それに貨物輸入商を兼ねるものだった。小吹屋は多くは銅屋に銅を供給し、間接的に銅貿易に従事した（第一章第一節）。銅山開発初期の繁栄期、銅の主要な用途が輸出だったため、資金力のある銅屋が山師や銀主として山元を支配したと考えられる。

大坂の銅吹屋が長崎銅貿易の標準品である棹銅を製造する技術に長じていたために、大坂が銅の中心市場になったが、その棹銅製造法（地売用の型銅製造法も基本的に同じ）を、山元における銅鉱石の製錬からはじまって順に説明した。その工程には銀を含む荒銅から銀を分離する南蛮吹や棹銅を鋳造する棹吹技術が含まれ、それらは日本で独自に発展した技術である（第一章第三節）。なお荒銅を精錬して棹銅や型銅に鋳造する前の鋑（しぼり、鉸・絞とも書く）銅・間吹銅も、合金の原料として市販された（第四章第一節）。銅吹屋の南蛮吹（抜銀）の副産物である灰吹銀は、銀山の生産が衰退した十八世紀には主要銀山の産銀に並ぶほど採取され、また銅吹屋は南蛮吹の技術をもって銀座の銀貨改鋳事業にも協力するなど、幕府の貨幣政策にも深く関わった（第一章第四節）。

大坂銅商人の4～7は、主として細工向き銅を扱い、近世中期以降に台頭して、大坂銅商人社会の変容を推進させた（第一章第二節）。主要な推進力と推定される真鍮産業の発展の状況については、第一章第五節で取り上げた。地売銅については第四章で改めて、鋳銭用銅、細工向き銅、対馬藩の貿易銅の動向を通覧し、あわせて銅と関係の深い鉛鉱業の推移も通覧した。

大坂銅商人社会の成立と変容の状況の通覧に続いて、最大の用途である長崎銅貿易の形態と大坂銅商人との関連を検討した。そして銅商人が荷主として、あるいは荷主（一手請負の桔梗屋ら・元禄銅座）への供給者として、商売（営利事業）をしていたことを確認し（第二章）、荷主をやめたことが大きな変化であったことを確認した（第三章）。荷主であった時期の動向を年次を追って再確認する。

正保三～寛文十二年（一六四六～七二）　銅貿易に銅屋が自由に参加、各人が荷主として営利事業を営む。

延宝元～元禄十年（一六七三～九七）　古来銅屋が独占、各人が荷主として営利事業。元禄十年（一六九七）運上賦課開始、運上分の銅屋の利益が減少。

元禄十一～十二年春（一六九八～九九）　桔梗屋らが一手請負いの荷主となる。輸出銅を古来銅屋から集荷、銅屋の手取りが減少する。

元禄十二年夏～十三年（一六九九～一七〇〇）　諸商人が自由参加、大半は古来銅屋、各人が荷主で営利事業。

元禄十四～正徳元年（一七〇一～一一）　元禄銅座が荷主となる。輸出銅を銅吹屋から安値で集荷するが、銅吹屋の利益が減少するも商売は赤字ではないと推測される（それ以前の利幅の大きさも逆に推測される）。

正徳二～五年（一七一二～一五）　銅吹屋仲間長崎廻銅請負い。銅吹屋が共同で荷主となるが、償い銀（補助金にあたる）を受領して辛うじて営利事業として成立。大坂銅商人が荷主である最後の形態。

次に大坂銅商人が荷主でなくなり、その最初は幕府勘定所が荷主、長崎会所が窓口という仕法を検討した。

享保元～六年（一七一六～二一）　幕府勘定所が荷主。御割合御用銅という仕法で山元に割付供出させた銅を輸出。棹銅の製造は銅吹屋仲間、輸出の実務は長崎会所が担当。その間集荷値段の大幅な上昇によって輸出が赤字となり、その負担（財源は運上金）に耐えずに撤退（第三章第一節）。

この間の享保三年（一七一八）に新金銀通用令が出される。長崎貿易にも適用され、輸出銅値段は二分一になる。定高、すなわち貿易の限度額も縮小されて、一応均衡させたらしい。外国商人を含めた影響の解明は今後の課題である。

享保七年（一七二二）からは長崎会所が銅貿易の荷主になり、幕末の開港まで続く。この間輸出銅の集荷方法に変遷があり、次のとおりである。

享保七～元文二年（一七二二～三七）　第一次長崎直買入れ。うち享保七～十七年（一七二二～三二）の間、銅は赤字輸出であったことは間違いない。赤字補塡の財源は輸入貿易の利益であったはずである。

享保十八年（一七三三）　長崎貿易の改革がおこなわれ、銅の唐人売り値段が一〇〇斤につき一一五匁に改定された（もと六七匁七五の約七割増／第三章第二節）。これで黒字になったかどうかは未解明であるが、大幅な赤字ではなくなったことは間違いない。

第一次長崎直買入れの期間、荒銅を購入する市場は大坂銅市場であった。例外は享保九年（一七二四）長崎奉行が江戸で秋田藩と交渉して値段などを決めた事例、長崎銅吹所の経営主が肥後球磨銅を直接買い入れる事例などわずかである。荒銅を長崎会所が購入して、長崎銅吹所や大坂の銅吹屋に賃吹させたり、棹銅を銅吹屋から購入したり、大坂の新吹屋から購入したりするなど、輸出銅の集荷方法は多様かつ変動が激しく、長崎会所にとっては、毎年の交渉の負担が大きく集荷の見通しも立て難い時期であった（第三章第二節）。まもなく元文元年（一七三六）金銀改鋳と大量鋳銭が開始され、銅相場が高騰した。元文三年（一七三八）大坂に銅座が設置され、銅座が買い上げ銅吹屋が製造する棹銅を、長崎会所は大坂御金蔵の資金をもって購入し、それを輸出するという、長崎銅貿易の実務担当機関になった。いわば公的資金を注入された荷主である（第三章第四節）。銅座の買上げ値段は高騰した相場を反映した（第三章第三節）。御金蔵が銅代銀を立て替え、それで時間を稼いでいる間に、長崎会所が銅の輸出赤字を輸入貨物の国内販売益でまかなう体制を確立した。国内の銅相場が高騰し輸出値段を値上げしない以上、鎖国制のもとでは不可避の方法である。

元文の改鋳金銀は享保金銀との引き替えに増歩（貨幣価値の公認の格差）が付されたが、長崎銅貿易への適用はなかった。銅の輸出値段は前述のように、享保三年（一七一八）の新金銀通用令の適用によって半減され、唐人売り六七匁七五、オランダ売り六一匁七五とされ、享保十八年（一七三三）に改訂されて唐人売り一一五匁、オランダ売り六一匁七五とされ、そのままで固定された。この値段は従来の研究で不当に安い輸出値段と評されるが、ここに至る経緯は意図的・政策的というよりは場当たり的な感じがする。銅相場の上昇が転嫁されたこの値段を受容した長崎の貿易構造がどのように変化したのかの検証は今後の課題である。

延享三年（一七四六）幕府御金蔵からの銅代銀取り替えが打ち切りになり、関連する種々の借財の年賦返済計画が決定し（第三章第四節）、長崎銅貿易における大幅な赤字を輸入貿易の利益によってまかなう会所貿易が開始された。

寛延三年（一七五〇）元文銅座が廃止され、第二次長崎直買入れが開始した。輸出銅は長崎会所が山元から値段・数量を固定して購入する（第三章第五節）。

明和三年（一七六六）の明和銅座設置後は輸出銅は銅座を介して調達するようになった。幕末の安政五年（一八五八）オランダ貿易の会所貿易が終了し、慶応二年（一八六六）御用銅買上げが廃止された（第六章第五節）。なお、御用銅の買上げ値段は、手当銀の支給によって実質的に引き上げられていった（第五章第二節）。

ここまで、大坂銅商人が輸出の当事者であることを止めたのちの長崎銅貿易と大坂銅商人との関係を検討して、①荷主が銅商人から幕府勘定所へ交代するのと同時に、銅貿易が赤字になるという激変があったこと、②銅輸出値段が一〇〇斤につき唐人売り一一五匁、オランダ売り六一匁七五になるのが享保十八年（一七三三）で、③それが固定されるのが延享三年（一七四六）の長崎会所による会所貿易の確立であるという経緯も確認した。

一方、地売銅の動向を通覧すると、元文銅座のころに大きな変化が認められた。まず鋳銭用の銅についてである。元文金銀改鋳にともなう大量の鋳銭があったが、銅相場の高騰のため寛永通宝銅一文銭の銭鋳造事業が採算割れになる（第四章第一節）。銭相場が一応安定し、鋳銭の目的が達成されたのと採算割れとのために鋳造が終了すると、銅が余ることになって相場が下落し（第五章第二節）、余った銅の処理が幕府の課題になった。

次に細工向き銅の動向については、産出銅をすべて買い上げると銅が余るので、元文銅座が地売銅の買上げを中止して自由売買にしたところ、地売銅売買に銅仲買が参入するようになった（第一章第四節、第四章第一節）。銅仲買の台頭は、銅吹屋による地売銅市場の支配を動揺させた。銅仲買の台頭の背後には真鍮産業の発展が認められた（第一章第五節）。

さらに余り銅の処理のために、幕府がこれを対馬藩に買わせることにし、そのための資金を大坂町人に命じて対馬藩に貸し付けさせた（第四章第二節）。こうして大坂町人と対馬藩を巻き込む余り銅の処理という、前後に例をみない施策がおこなわれた。

元文銅座に関しては後に改めて検討することとし、先に明和三年（一七六六）に設置された明和銅座をみておく。明和銅座による銅の専売制は明治元年（一八六八）まで続いた。この専売は長崎輸出銅も地売銅も鋳銭用の銅も古銅も一括して支配する完全な統制であり、それが一〇〇年持続した。この大枠が揺らぐことは幕末の開港までなかった。序章や第一章で推測した「銅吹屋の時代」から「銅仲買と真鍮屋の時代」への推移は、明和銅座統制下の地売銅市場での出来事なのであるが、平穏にみえる大枠の内が決して停滞していなかったことを示している。

次に明和銅座統制下における銅の生産・流通の状況をみていく。

長崎輸出銅については、寛延三年（一七五〇）に元文銅座が廃止された時、秋田銅・尾去沢銅・別子銅を長崎奉行が固定値段・固定数量で買い上げる仕法（第二次長崎直買入）が基本的に存続した（第三章第五節）が、のちには実質的に引き上げられた（第五章第二節）。大坂で輸出銅を買い上げる長崎御用銅会所を改編して、地売銅を統制する機能を付加したのが明和銅座である。ただし付加部分が大きく、その性格まで改変されたとも評価できるが、扱う銅の数量ではやはり輸出銅のほうが大きかった。

明和銅座の地売銅統制策は市場の規律を保ち、投機的行動を禁止するのが原則である。そもそも明和三年（一七六六）の銅座設置の契機が地売銅相場の高騰であった（第六章第一節）。また吹銅が公定値段を無視して高値で売買されたのを契機に、寛政九年（一七九七）に銅座の直売にした（第六章第二節）。さらに備蓄機能を備えたことはこの銅座の特徴で、これによって輸出銅と地売銅との調整が可能になった（第六章第一節）。

地売用の荒銅を独占的に買い上げ、吹銅の値段を公定するのに当たってとった方法は、この銅座の根幹である（第六章第二節）。それは荒銅値段に吹銅製造費・銅問屋口銭・仲買口銭・銅座手数料を加えて吹銅売出し値段とするのである。荒銅値段は相場によらず「山元仕切値段」（生産原価、推定）による。吹銅製造費は吹賃と銅の質（吹減・出灰吹銀、紦吹による）を公平に適用する。銅問屋口銭・仲買口銭・銅座手数料は一律である。当時の産出銅のすべてについてこれらを算出したうえで、吹銅売出し値段を公定した。荒銅買上げ値段も、吹銅売出し値段も、吹銅製造費、手数料も適正化し、なおかつ銅座にも手数料と売買差益として一定の利益を確保するのである。これよりのちに産出する荒銅の値段も、紅吹によって質を判定して、荒銅値段表に位置づけて決めることができ、公平性を保持することができる。

銅座は投機的行動を禁止しつつも、相場の動向は注視した。荒銅買上げ値段を引き上げて産出を誘導し、増大すると引き下げた。吹銅が潤沢になると入札払いにして値段を引き立てた。吹銅入札払いは文政二年（一八一九）から銅座が終わるまで続き、年間九〇万斤の規模で、幕末開港までは相場に極端な変動はなかった（第六章第二節）。

地売銅売買では一定の利益をあげ、開設資金返済後その利益を御金蔵に納め、のちに御金蔵から借用した資金を運用して一種の大名貸を営んだ。また銅座掛屋として御為替三井組と銅山師兼銅吹屋の住友を登用した（第六章第四節）。しかし銅座の財政は長崎会所と関係する部分が大きく、その全体像の解明は今後の課題である。

古銅（銅スクラップ）の統制もこの銅座の特徴である。真鍮用の銅は初めは新しい銅であった（第一章第五節、第四章第一節）が、銅の産出が減少し真鍮産業が発展すると、ほとんど古銅になった。明和銅座は古銅を専売にし、統制の末端に銅吹屋と銅仲買を充てた（第六章第三節）。

真鍮産業への銅供給を背景に銅仲買が台頭する。銅吹屋は地売吹銅の商売では仲買に並ばれるものの、銅精錬を独占し、銅の現物の管理（山元からの受領、紅吹、棹銅・吹銅の保管、長崎における輸出銅の保管など）では専門性を発揮した。銅吹屋仲間はかつて銅座同様の存在であった（第一章第一節）から、銅座の業務は銅吹屋の業務の公的な部分を拡大強化したものともいえる。

一般に物価変動の要因をあげるのは簡単ではないが、十八世紀以降の銅相場変動の要因には、需給や改鋳の影響のほかに、山元の値上げ圧力の影響があるとみられ、おおむね次のように考えられる。まず元禄改鋳（元禄八年〈一六九五〉開始）の影響があり、これは銅吹屋が元禄銅座と銅吹屋仲間長崎廻銅請負いの仕法を通じて吸収した（第二章第四・五節）。御割合御用銅期の上昇の要因は山元の値上げ圧力である。元文銅座前半の上昇は元文改鋳（元文元年〈一七三六〉開始）と鋳銭用銅の需要と山元の値上げ圧力である。ここで「山元」として念頭に置くのは包括的な存在である。幕府に対して、あるいは大坂銅市場において、値上げ圧力を発揮するのは、個々の山師や領主ではない。例えば秋田藩が値上げに積極的に活動しても、結果は山元全体に波及する。そのような「山元」の実態を解明するのは今後の課題である。

銅山開発の初期には稼行費用が軽少であるが、採掘が進み坑道掘削・排水・製錬用燃料などの経費が増大することを「遠丁深鋪《えんちょうふかじき》」といい、鉱山で一般的にみられる現象である。経費の増大を値段に転嫁できるかどうかは鉱山経営の分かれ目である。開発初期の繁栄期、主要な用途が輸出であったため、山元は銅商人に依存し支配される傾向にあったのが、繁栄期が過ぎて稼行費用が増大し、山師となる商人側の資金力が減退するのを機に、銅商人の支配が後退したと考えられる。そこで領主の関与が増大したり、稼行を続ける銅商人が経営の合理化を進めたりした。それを背景とする値上げ圧力が大きな要因となって、日本の銅山は制度として経費の増大を相場に転嫁することを成し遂げた。それでも地質鉱床の複雑な性質と近世の技術による限界を前にして産出は漸減が続いたと考えられる。

山元の値上げ圧力が顕著なのは御割合御用銅の時期（享保元〜六年＝一七一六〜二一）であるが、その徴候は正徳二年（一七一二）からみられる。第二章表11に示すように、秋田銅は正徳二年（一七一二）には大坂で銅問屋が銅吹屋と相対で販売したが、銅問屋は山元の意向を受けて次第に高値を要求するようになり、銅吹屋は町奉行の威光をもって抑制せざるをえなくなった。続く御割合御用銅の仕法では、銅代を幕府勘定所が山元の申告に基づいて支給したので銅代は高騰し、勘定所の資金力が尽きた（第三章第一節）。山元に値上げの圧力が生じている時に、勘定所の施策がそれを公認し助長したといえる。

元文改鋳ののち、秋田藩は鋳銭用銅の販売値段を連年引き上げ、長崎輸出用銅販売値段をそれに追随させた（第三章註16）。それが元文銅座の買上げ値段に反映し、秋田藩は要求を通したことは先に述べた（第三章第三節）。しかもこれが銅座買上げの標準値段となり、産出銅の全体を銅座はこの水準で買い上げた（第三章第三節）。

金銀改鋳にともなって銭相場を安定させるための大規模な鋳銭事業に随伴して産銅地が拡大し、鋳銭の終了後も産出はしばらく続いたと考えられる。近世後期における小銅山・小規模産銅地拡大（第五章表1・表2、第六章表5）の発端かと考えられる。概括的にいうと、初期の繁栄期よりも増大する採掘費用が相場に反映されるような流通機構が構築されたことで、山元の稼行意欲を支えることになったと考えられるのである。

元文銅座の買上げ値段は高騰した相場を反映した（第三章第三節）。御金蔵が銅代銀を立て替え、それで時間を稼いでいる間に、長崎会所が銅の輸出赤字を輸入貨物の国内販売益でまかなう体制を確立したが、この方法によって幕府の運上が大きく減少したことは明らかである。

幕府の運上は享保十八年（一七三三）に、それまでの五万両から一万五〇〇〇両減の三万五〇〇〇両になった（第三章第二節）。会所貿易が確立し、会所から御金蔵への年賦返納金が一万五〇〇〇両に確定し、予定どおり完済した後に同額の例格上納金に切り替えられた（第三章第四節）。金額の変化だけでなく幕府財政上の位置づけも変化したと推定される（第三章第四節）が、その検証も今後の課題である。

元文銅座が山元の値上げ圧力を受け入れ、長崎にそれを転嫁し、長崎は輸入貿易の利益を割いて銅の輸出赤字をまかない、幕府も運上を相当に犠牲にするというこのような結果を、当初から銅座やその設置母体である銀座はもとより、幕府も意図したとは考え難い。ここに銅座の活動の推進力として、銅吹屋仲間を中心とする大坂の銅商人に着目する必要がある。

銅吹屋が産銅を奨励し鋳銭もする銅統制機関に関心を持っていたことを示す史料は、第五章註(2)にあげた二点の住友家文書があるが、ほかに多くはない。またその事業の成果も芳しくないので、経緯の詳細は必ずしも明らかではない。ただ、銅座が長崎輸出銅を集荷するため以外の資金、具体的には第五章第三節で掲げた「銅座勘定帳」の科目②銅買入元手銀や科目③各地銅山への前貸資金として、大坂町奉行所や御金蔵の資金を引き出したことは、右の銅吹屋の銅座構想に沿うものであろう。銅座が経営した銭座も勘定所の命令で設置したとはいうものの、先の構想に沿うものである。これらの事業には勘定所も乗り気であり、少なくとも反対しなかったようである。

元文銅座廃止時の勘定帳を分析（第五章第三節）すると、元文銅座の運転資金は民間資金への依存が大幅に拡大していたことが認められるが、民間人である銅吹屋の意向が運営に反映していた可能性を示唆する。そして銅吹屋も多額（六〇〇貫目余）の不良債権を抱えることになった。

このように享保・元文期（一七一六～四一）の変化は、近世の銅の生産・流通の歴史を前後二分するほどの激変であった。最後に、この変化の前後の様相を概観する。

山元では、採掘費が軽少で輸出に依存し銅商人が支配する状態から、輸出依存が続くが採掘費が増大し、領主や地元の関与が増大するという状態へと変化した。長崎は、貿易の場から輸入貿易の主体へ、さらに輸出入の経営主体へと変化し、会所貿易を確立して銅を赤字輸出し、運上金も軽減された。鋳銭では、寛永通宝銅一文銭が間歇的かつ大量に鋳造される状態から、鋳銭が採算分岐点を越えるため銅一文銭の鋳造が終了する状態へ変化し、請負い商人が経営する銭座から、金座・銀座・銅座が統制する銭座へと変化した。銅市場では、中心市場となった大坂を銅吹屋が支配する状態から、銅仲買が参入し、明和銅座が銅商人を統制する状態へと変化した。

銅吹屋は、銅の売買・精錬・輸出と銅山経営を商売として兼業し銅市場を支配する状態から、銅座配下で銅精錬と銅の現物保管を担当し、一定の吹銅売買に従事する状態に変化した。銅吹屋は山師を兼ねるという意識を潜在的に保持し、実際一部の銅吹屋は合理化を進めて銅山経営を継続した。銅仲買は、古銅取扱い業者から発展して細工向きの荒銅と吹銅の商売にも進出し、銅吹屋と競合するようになった。真鍮産業は、古来京都で生産があった状態から、大坂・堺・伏見・江戸に拡大し、近代伸銅業の母体になった。

こうした変化を経て登場した明和銅座は、山元における生産費の増大が不可避であり、相場に反映せざるを得なかった以上、銅座の地売荒銅買上げ値段は山元の生産原価を反映するものとなった（第六章第二節）。一方で銅座の側から買上げ値段を引き上げて産出を刺激する策をとることもあった。総じて山元の生産費を反映した水準、少なくとも無視しない水準をとろうとしたと考えられる。

山元の生産原価を反映した地売荒銅買上げ方法と、元文改鋳にともなう大量鋳銭の置き土産ともいえる小銅山・小規模産銅地の拡大とが結びついて、近世中後期には小銅山の存在が目立つ。小銅山に関する個別研究はまだごく少なく、おそらく大銅山とは相当異なると思われる稼行の実態も明らかではない。それでも概して地元の稼行意欲が高いようで、維新後の鉱山の近代化を下支えする力として無視できないと考えられる。これら小銅山の実態の解明も今後の研究の課題である。そして大坂銅商人は、大坂銅市場はもとより各地の山元とも、さまざまな変化に対応した形で関係を保ち続けたのである。

あとがき

近世長崎貿易における銅の輸出値段、一〇〇斤につき唐人売り一一五匁、オランダ売り六一匁七五が、幕府による銅鉱業政策の核心をなすとする一説が、その値段に至る経緯や背景の検証抜きに、定説化したことは印象深い。おそらく一九七〇年代までは、多くの研究者から、その驚くほど安い値段は、もっと経緯が明らかになれば歴史上にしかるべく位置づけられると、楽観視されていたように思う。その楽観視は、住友家文書の利用が進展することへの期待（逆にいうと非公開への批判）とも通じていたと思う。

このきわめて安い銅輸出値段に至るまでには、本書でみたように、国内通貨の変更（新金銀通用令、通貨の品位を引き上げて表示価値を引き下げる）に準じて変更された長崎銅輸出値段が、その後の国内通貨の変更（元文改鋳）や銅相場の変動にもかかわらず、固定されてしまうという経緯があった。それは鎖国制のもとで、幕府勘定所、長崎会所、大坂銅商人、銭座、山元などの間に展開された、対抗・連動・依存など種々の動きの結果であった。例示すると、秋田藩を代表とする山元が、御割合御用銅期と元文銅座初期（享保・元文期＝一七一六〜四一）に示した対幕府値上げ攻勢は顕著で、それは従来の幕府と山元に関する見方（幕府が山元を抑圧）と正反対である。

このような変動を山元側から通覧するとどうであるのか。住友が一貫して稼行し史料が残る別子銅山は、考察に適した対象であるはずである。じつは一九九一年に刊行された『住友別子鉱山史』（住友金属鉱山株式会社）でその部分を分担したのは私であった。そこでは元文銅座にも一応は触れながら、大きな変動を認識・摘出することができなかった。今にして忸怩たるものがある。弁明すると、銅相場の史料の所在は分散的で、相場に関して考察が及ばなかったのである。おそらくその時期、別子の経営は好調だったのであり、そのために住友は、銅吹屋の立場で負わされる巨額の負担に堪えることができたのである。

また、日本の地質鉱床の特性（大陸の端で現在も続く激しい地殻変動が重なり、日本列島ができたことに由来する）のために、近世の多くの鉱山では市況もさることながら、まず鉱床の状況が稼行の状況を左右した。別子においても計画的採掘に近いことができるようになったのは、第一に鉱床に恵まれていたからであり、それに加えて経営努力があったからである。したがって別子の事例を単純に一般化して多くの鉱山に当てはめることはできず、個々について稼行状況をみていく必要がある。

私は住友史料館において、住友家文書の翻刻事業、『住友史料叢書』の刊行に従事し、上述の変動期の銅貿易関連史料を在勤中に刊行することができた。それでも、それを活用した研究が進展したとはいい難い。大坂銅商人たちはもちろん、銅生産・流通の当事者たちは、幕府役人との、あるいは彼ら相互の交渉において粘り強く駆け引きした。その経緯を列記した記録には、似ているが少しずつ異なる記事がいくつも載っている場合があり、それらのなかから大きな筋を摑むことが必要である。本書は『住友史料叢書』を多く使用しており、結果としてその利用案内の一面をもつことになった。これを契機に利用が進めば幸いである。

顧みると、高校のころ歴史に関心をもち、大学で日本近世史を専攻し、三井文庫に勤めることができた。住友修史室（のち住友史料館と名称変更）に転じ、二〇一一年まで勤務した。三井文庫と住友史料館の先輩・同僚のかたがたには大変お世話になった。とりわけ、中井信彦先生、小葉田淳先生、朝尾直弘先生から懇切なご指導を賜ったことは忘れることができない。また本書がこのように上梓できるのは、田代和生氏のご親切に負うところが多く、ここに厚く御礼を申し上げる。

著　者

索　　引

【人　名】

あ

い

う

は

ひ

ふ

ほ

ま

み

め

【事　項】

◎著者略歴◎

今井　典子（いまい・のりこ）

1942年京都市生まれ.
1965年東京大学文学部（国史学）卒業.
1968年東京大学大学院人文科学研究科修史課程（国史学）修了.
1978年住友修史室勤務，住友史料館に名称変更，2011年退職.

近世《きんせい》日本《にほん》の銅《どう》と大坂銅商人《おおさかどうしょうにん》

2015（平成27）年5月20日発行

定価：本体7,500円（税別）

著　者　今井典子
発行者　田中　大
発行所　株式会社　思文閣出版
〒605-0089 京都市東山区元町355
電話 075-751-1781（代表）

装　幀　佐々木歩
印　刷
製　本　亜細亜印刷株式会社

ISBN978-4-7842-1805-9　C3021